"十三五"国家重点图书出版规划项目

中国逻辑史研究丛书

翟锦程　主编

张美玲　著

先秦谬误思想研究

本书受到云南省哲学社会科学
学术著作出版专项经费资助

南京大学出版社

前　言

谬误问题是逻辑学的基本问题之一，这一问题在世界逻辑思想起源的三大体系中均有所体现。而在中国古代谬误思想中，尤以先秦时期的谬误思想贡献最大、成果最多、最具中国古代逻辑特色。因而，有必要以先秦时期的谬误思想为研究对象，对先秦谬误思想进行系统梳理和总结，揭示其历史发展脉络；并通过与西方谬误思想的比较分析，明确先秦谬误思想的特点；运用当代谬误研究的新方法和新视角挖掘其合理的思想价值。

先秦时期的谬误思想主要有两条基本线索：以名实关系为线索的关于名的谬误和在古代论辩中各派互訾而出现的关于辩的谬误，二者构成了先秦时期谬误思想发展的核心。名的谬误是以名实是否相符为标准加以评判的，其实质是要求思想以及表达思想的语言要与存在相一致，三者中的任两者不一致都会造成谬误。辩的谬误则涉及论辩过程中有关推理规则、论说内容、语言、道德等多方面的要求。它是随着先秦思想家们为了维护自家学说的地位，试图掌握论证自己观点的正确、找出对方论证的错误的方法这一必要工具而产生的。先秦谬误思想与其产生的历史文化背景、个人的哲学思想、社会政治追求等因素有着密切的关系。先秦时期，诸子思想呈现出多元化特点，不同学派的思想分别代表不同阶级的利益，体现不同的价值观。百家争鸣实质上是诸子是己非异的批判与反批判过程。这使得诸子皆以自己学派的思想导向作为判别谬误与否的标准，它构成了先秦谬误思想的分类主线。秦汉时期的《吕氏春秋》和《淮南子》，继承、发展了先秦时期的名辩谬误思想并对其进行了总结。

现阶段先秦谬误思想的研究是以前人研究的成果为基础的。近代中国学者借助传入中国的西方谬误思想对先秦谬误思想进行了初步研究，其成果主要有：梁启超首次运用以西方谬误理论进行中国古代谬误思想研究的方法，阐述了墨家的谬误思想；胡适在运用中西比较方法的基础上，更注重历史分析的方法，因而他结合中国古代社会的政治文化背景以及各家的社会政治理想，考察并分析了先秦时期的谬误思想；章士钊以亚里士多德的谬误思想作为体系架构，将先秦时期零散的谬误思想纳入一个整体的系统中加以研究。另外，当代西方学者立足西方文化视角，主要从语义学和语用学角度对先秦谬误思想进行了细致的分析和研究。近代中国学者和当代西方学者对先秦谬误思想研究的成果和局限，为现阶段对先秦谬误思想的重新挖掘和整理提供了坚实的基础和重要的借鉴意义。

先秦作为我国谬误思想的初创时期，其时对谬误的分析与研究相对浅显、零散，没有形成系统的论述。为了使先秦谬误思想更为系统，以便我们更为深入地了解其特征，应该对先秦谬误思想进行重新分类与现代分析。从重新分类上看，先秦谬误思想虽然在范围上并不仅限于逻辑，而是涉及传知达意的整个言语交际过程，但其对各种谬误的讨论，都是围绕着名、辞、说、辩的思维形式而展开的。因而我们以名、辞、说、辩这四种思维形式为线索，将先秦谬误思想分为名的谬误、辞的谬误、说的谬误和辩的谬误。从特点上看，先秦谬误思想主要不是关于语形的谬误，其更注重从语词的内涵而非从外延方面分析名、辞、说、辩，而且有关名、辞、说、辩及其谬误的思想主要是一个关于语言在社会生活领域中的运用的问题。因此，它更多的是关于语义和语用的谬误。这跟当代非形式逻辑视角下的谬误研究有许多相似之处。因此，运用非形式逻辑视角下的谬误理论，对先秦谬误思想进行现代分析，可以挖掘其现代价值，帮助实现对先秦谬误思想的透彻理解和深入反思。

目 录

1 / 导 论

2 / 第一节　研究背景

14 / 第二节　研究意义

17 / 第三节　研究现状及存在的问题

29 / 第四节　研究对象及范围

40 / 第五节　研究方法

43 / **第一章　儒家的谬误思想**

44 / 第一节　孔子的谬误思想

53 / 第二节　孟子的谬误思想

64 / 第三节　荀子的谬误思想

84 / **第二章　名家的谬误思想**

84 / 第一节　邓析的谬误思想

92 / 第二节　公孙龙的谬误思想

102 / **第三章　墨家的谬误思想**

102 / 第一节　墨子的谬误思想

114 / 第二节　后期墨家的谬误思想

134 / **第四章　其他学派的谬误思想**

134 / 第一节　道家庄子的谬误思想

143 / 第二节　宋尹学派的谬误思想

155 / 第三节　法家韩非的谬误思想

170 / 第四节　纵横家鬼谷子的谬误思想

182 / **第五章　秦汉时期对先秦谬误思想的发展与总结**

182 / 第一节　《吕氏春秋》的谬误思想

196 / 第二节 《淮南子》的谬误思想
207 / **第六章 中国近代对先秦谬误思想的研究与评价**
208 / 第一节 西方谬误理论的传入
220 / 第二节 借助西方逻辑展开的先秦谬误思想研究
237 / 第三节 对中国近代先秦谬误思想研究的评价
243 / **第七章 当代西方学者对先秦谬误思想的研究与评价**
244 / 第一节 西方中国逻辑研究的兴起
249 / 第二节 西方学者对先秦谬误思想的研究
273 / 第三节 对西方先秦谬误思想研究的评价
277 / **第八章 先秦谬误思想的重新分类与现代分析**
277 / 第一节 先秦谬误思想的重新分类
292 / 第二节 先秦谬误思想的非形式逻辑思考
316 / 第三节 正名问题中谬误思想的社会文化性思考
323 / 第四节 对名家因"独特"而遭非议的所谓谬误的辩证思考
332 / 结　语
336 / **参考文献**
349 / 后　记

导　论

正确的思维与认识和谬误是逻辑研究过程中享有同等地位的正反面，"谬误问题也应当成为逻辑著作的'半边天'"①。在西方逻辑史上，谬误研究的传统一直没有中断。而在中国，谬误研究也同样具有连绵不断的历史。武宏志、马永侠将中国谬误研究史分为四个阶段：先秦的名辩谬误论、汉代王充的虚妄论、唐代因明学过失论以及明清以来中西融合的谬误论。② 在这四个阶段中，尤以名辩谬误论，亦即先秦两汉时期的谬误研究在中国古代谬误研究中贡献最大、成果最多，同时也最具中国古代逻辑特色。因而，本书的研究目的就是对先秦时期关于谬误的思想进行系统的梳理和总结，揭示其谬误思想的历史发展脉络；通过与西方谬误思想及因明过论的比较分析，明确先秦谬误思想的特点；并运用当代谬误研究的新方法和新视角挖掘其合理的思想价值。

---

① 李匡武：《论逻辑谬误》，《华南师院学报（社会科学版）》1982年第2期。
② 武宏志、马永侠：《谬误研究》，陕西人民出版社1996年版，第243页。

第一节 研究背景

一、作为逻辑学基本问题之一的谬误问题在世界逻辑思想起源的三大体系中均有所体现

(一) 亚里士多德开启了西方系统谬误研究的传统

亚里士多德的《辩谬篇》集中研究了谬误的定义、分类、产生的原因及消除办法；《修辞学》分析了九种假冒的修辞式推论；另外在其《前分析篇》和《论题篇》中也都有对谬误问题的探讨，这些构成了西方谬误研究的源头。

《辩谬篇》被看作西方历史上第一部系统进行谬误研究的专著。在《辩谬篇》中，亚里士多德详细研究了强辩的推理，以此为基础对论辩性推理谬误进行了系统的分析和说明。他指出，如果在辩论过程中，推理的建立只是为了在竞争或竞赛中争辩取胜而强词夺理，从似乎是普遍接受但实际并非如此，即从实际上不可信的虚假的或然前提出发进行推理，或者前提可信，但所得到的结论却不是从这些前提中推出的，那么这种推理就应称为强辩的推理，亦即"诡辩"。早期智者学派即专门从事这种辩论竞赛的实践并以此对学生进行专门的训练，从而成为专业的辩论家，即"诡辩家"。

在《辩谬篇》中，亚里士多德将谬误定义为诡辩的反驳，即表面的、虚假的反驳。亚里士多德认为，所谓反驳是"推出所给结论的矛盾命题的推理"[①]。也就是说，反驳首先是一个证明，它也是从前提必然地得出结论，只不过此结论是一个与原有结论相矛盾的命题，对这一矛盾命题的证明过程就是一个反驳。反驳必须遵循以下要求："反驳是具有同

[①] 苗力田主编：《亚里士多德全集》（第一卷），中国人民大学出版社1990年版，第551页。

样单一谓项的矛盾命题,它并不是与一个名词,而是与一事件矛盾,这一事件在两个命题中并不是同义词,而是同一个词,反驳就是在同一的方面,以同一的关系、同一的方式,就同一的时间,从所给予的前提出发(不包括在争论中的出发点),进行必然推论。"① 违反上述任一要求,都不是真正的反驳,从而造成谬误。亚里士多德讨论了十三种违反反驳要求的谬误,并按照是否与语言相关,将它们分为依赖语言的和不依赖语言的两种类型。语言作为表达思想的工具具有不完善性。依赖语言的谬误,就是由于不正确地运用语言表达方式而产生的错误,具体分为六种:语词歧义、语句歧义、合谬、分谬、错放重音、变形谬误。② 不依赖语言的谬误分为七种:起自偶性、混淆绝对的与不是绝对的、对反驳的无知、假设了欲证的初始观点、结论误推、错认原因、把多个问题误认为一个。③

《辩谬篇》以语言作为谬误的分类标准,一方面跟古希腊的辩证法和争辩方法有着直接的联系,为了反驳智者的诡辩,亚里士多德不得不首先攻击智者所玩弄的语言魔术;另一方面,是因为亚里士多德认为,思想中的结合与分离反映了事物的结合与分离,而一切思想都存在于语言表达之中,因而语言是联结思维与实在的工具。因此,亚里士多德非常重视语言在推理中的作用,他在《辩谬篇》中对谬误的分析"具有一种精确解释和一贯地运用语言表达的方法的意义,因而也具有预防和言语含义有关的错误的方法的意义"④。

《辩谬篇》是亚里士多德逻辑体系初建时期的成果,随着他的思想越来越成熟,亚里士多德逐渐对推理的形式方面产生了更大的兴趣。

---

① 苗力田主编:《亚里士多德全集》(第一卷),中国人民大学出版社1990年版,第559页。
② 参见王路:《亚里士多德的逻辑学说》(修订版),中国社会科学出版社1991年版,第196—198页。
③ 同上书,第199—202页。
④ [苏]阿·谢·阿赫曼诺夫:《亚里士多德逻辑学说》,马兵译,上海译文出版社1980年版,第338页。

在他的成熟的逻辑著作《前分析篇》中,他对三段论做了纯形式的考察。与之相应,他在《前分析篇》中对谬误的考察,实质是将《辩谬篇》的十三种谬误中能就推理形式所讨论的谬误进行了形式上的分析处理。例如,亚里士多德对诉诸和假设初始问题、虚假原因、由于词项安排而产生误解等谬误进行了详细的形式分析。因而,《前分析篇》中对谬误的讨论实质上是对《辩谬篇》中所讨论的谬误的继续和补充。

在《修辞学》中,亚里士多德也讨论了有关谬误的问题。亚里士多德认为,修辞学是论辩术的补充。如果人们在论辩过程中更突出其实践的关切,以面对作为提问者的听众来提出论证,并力图彻底说服听众的时候,就涉及修辞学所研究的内容。《修辞学》主要讨论了政治家、律师、法官等在演说、演讲过程中所最能说服听众的方法。这些说服方法既有正确的,也有谬误的。在谬误方面,主要包括九种假冒的修辞式推论:源于特定用词、混淆整体与部分、使用表示情感的语言、仅凭"迹象"或个别事实作证据、把偶性当本质、从结论论证、误认原因、不提时间和具体环境、混淆绝对的与不是绝对的。①

《修辞学》中对这九种修辞式推论谬误的说明,虽然不能与《辩谬篇》中对谬误的分析相提并论,但是它在谬误研究中也具有一定的影响。不过学界对这九种谬误的认识有分歧,大多数学者都认为这九种谬误并没有超出《辩谬篇》中十三种谬误的范围。如汉布林认为,在这九种谬误中,只有第三种和第四种是《辩谬篇》中没有论及的②;王路认为,这九种谬误虽然具有修辞学的特点,但是基本没有超出《辩谬篇》十三种谬误的范围。③ 武宏志和马永侠则认为,把九种修辞式推论看作对《辩谬篇》十三种谬误的重复或不同表述,并用后者注解前者,实际上

---

① 参见王路:《亚里士多德的逻辑学说》(修订版),中国社会科学出版社1991年版,第206—207页。

② 武宏志、周建武、唐坚:《非形式逻辑导论》(上),人民出版社2009年版,第247页。

③ 王路:《亚里士多德的逻辑学说》(修订版),中国社会科学出版社1991年版,第207页。

是对这九种修辞式推论谬误的误解。他们认为,《修辞学》不仅提出了《辩谬篇》中的谬误目录未曾提到的六种谬误,而且它对这九种谬误的论述具有不同于《辩谬篇》的几个显著特点,即明确规定了推论为谬误的论域,语言问题不再居于核心地位,与哲学范畴的联系淡化。这九种假冒的修辞式推论,在今天看来,甚至有若干种比《辩谬篇》中提出的某些谬误更有意义。①

此后,西方谬误研究的传统一直延续至今而没有中断。中世纪,学者们因袭亚里士多德谬误论的传统,并在此基础上做了一定程度的诠释与发挥;同时,由麦加拉学派发展而来的斯多葛学派针对麦加拉学派提出的有关谬误问题,又发展出了不同于亚里士多德传统的谬误论。近代,谬误研究的领域得以扩展,涉及整个认识过程,因而注重谬误非逻辑因素的探究。与之相应,这一阶段对于语言谬误的讨论也与传统有所不同,它关注的是哲学体系中的语言谬误,"是一种语言-哲学的谬误论"②。之后的怀特莱明确以逻辑标准进行谬误分析,给出了系统的谬误分类框架;密尔给予归纳谬误在谬误系统中的应有地位;德·摩根继承亚里士多德谬误论传统,对其透彻分析并加以发挥,引发了一种回归亚里士多德谬误传统的倾向。之后柯比的谬误论也沿袭这一回归方向,他被公认为标准谬误论的典型代表。后来,汉布林对标准谬误论进行了批评,成为谬误研究中的重要转折。之后人们或追随或反对汉布林开辟的道路,展开了对谬误的广泛研究,引发了谬误理论的当代复兴。

(二)印度因明学中的"过论"对印度的谬误理论做出了全面探讨

因明产生之初,是为了宣扬宗教教义。但在教派林立的印度,要想让自己的教派为人所接受,就需要在论辩中取胜。为此,避免自身的谬

---

① 武宏志、马永侠:《谬误研究》,陕西人民出版社1996年版,第155—158页。
② 同上书,第179页。

误、找出对方的过失,就非常重要,因而过失论在因明中占有重要的位置。①

早期的因明著作中,过失论研究的内容主要包括误难和堕负两种。误难,又称"倒难",指的是错误的诘难。最早对误难的讨论,可以追溯到最先传入我国的佛家典籍《方便心论》中对"相应品"的讨论,即考察宗、因、喻三者之间有无内在的必然联系。具体指立者的论证本无过失,而敌者强加于对方为过失,结果反而成为敌者(反驳者)本身的过失。此书研究了二十种"相应"。在印度正理派的哲学经典《正理经》第五卷中,将误难分为二十四种,且用名"倒难"。至《如实论》的"道理难品"中,将误难分为三类十六种。堕负,又译为"负处",即堕入负处,指在辩论中由于误解或不解对方的论旨,或违反逻辑,或缺乏论辩的技术等原因而败北。《遮罗迦本集》中列有堕负十五种,《方便心论》的"明负处品"列有十七种,《正理经》中列有二十二种,《如实论》的"堕负处品"中列出了二十二种负处。

过论是经由"误难论"和"堕负论"发展而来的。陈那在《正理经》和《如实论》的误难论的基础之上加以修订,于《集量论》第六品"观过类品"中分为十四种过类,将原本属于宗、因、喻上的负处划归到论式中去解决,不再专门讨论堕负的问题。陈那之后反破的谬误论在佛家因明经典中不再占有独立的地位,其弟子商羯罗主就将此类反破的谬误归入了缺减和宗、因、喻的过失之中。至此,因明的过论终于成型。商羯罗主作《因明入正理论》,在此书对"似能立"的讨论中,将过失依照宗、因、喻三支加以划分,形成似宗九过、似因十四过、似喻十过,共三十三过。

所谓似宗,即不正确的宗(论题),它指所立之宗违反了违他顺自(不管论敌的看法,或者要与论敌看法不一致,只需顺从自己的观念做

---

① 以下关于因明过失论的介绍参见淮芳:《因明过论研究》,南开大学博士学位论文,2011年。

出断定)、宗依极成(立敌双方共许某事物为实有)、体义和顺(前陈、后陈之间不能矛盾)的规定,造成"五相违""四不成"的谬误,此即"宗九过"。《入论》中对似宗的叙述为:

> 虽乐成立,由与现量等相违故,名似立宗。谓现量相违、比量相违、自教相违、世间相违、自语相违、能别不极成、所别不极成、俱不极成、相符极成。此中现量相违者,如说"声非所闻"。比量相违者,如说"瓶等是常"。自教相违者,如胜论师立"声为常"。世间相违者,如说"怀兔,非月有故",又如说言"人顶骨净,众生分故,犹如螺贝"。自语相违者,如言"我母是其石女"。能别不极成者,如佛弟子对数论师立"声灭坏"。所别不极成者,如数论师对佛弟子说"我是思"。俱不极成者,如胜论师对佛弟子立"我以为和合因缘"。相符极成者,如说"声是所闻"。如是多言,是遣诸法自相门故、不容成故、立无果故,名似立宗过。①

所谓似因,即不能使宗成立的因。似因之过在于它不具备"因三相",即没有遵循遍是宗法性、同品定有性、异品遍无性兼备的规定,造成"不成因"四种、"不定因"六种以及"相违因"四种,共十四种因过。

所谓似喻,即不正确的喻。喻是帮助因来证成论题(宗)的。它包含两类,同喻(用同品立喻)和异喻(用异品立喻),与之相应,喻过也就包括同喻过五种和异喻过五种,称为"喻十过"。

(三) 中国先秦时期思想家大量关于谬误的论述构成了具有中国思想文化特点的谬误思想

先秦时期谬误思想成果的最主要代表就是荀子的正名论和《墨辩》中对辩的谬误的集中论述。

在荀子所处的时代,整个社会仍然延续着自春秋以来的诸侯割据、

---

① [印]商羯罗主:《因明入正理论》,玄奘译,《大藏经》(卷32),中华电子佛典 No.1630,CBETA,2009年版,p.11,b24—c9。

战争不断的混乱局面。荀子认为,造成这种混乱的根本原因在于名实相悖,"今圣王没,名守慢,奇辞起,名实乱,是非之形不明,则虽守法之吏,诵数之儒,亦皆乱也"(《荀子·正名》)。为此,荀子提出"正名"的政治主张,并建立了一套较完整的"正名"思想体系。荀子将当时社会上所有的"邪说辟言"(《荀子·正名》)所犯的谬误归结为三种有关名的谬误,即"三惑":"用名以乱名""用实以乱名""用名以乱实"(《荀子·正名》)。同时指出了产生"三惑"的原因以及破除办法。荀子对"三惑"的分析和批判,从反面要求名与其所指称之实的关系保持确定,是思维的确定性要求在名实关系上的表现。这样,名实关系一经确定,就可以实现对事物的"辨同异"(《荀子·正名》)。另一方面,荀子对"三惑"的批判,更多地是荀子价值取向的一种体现,"三惑"中所批判的问题,涉及的多是其他学派中以政治伦理道德为内容的社会政治方面的观点。因而,他对名的谬误的分析亦服务于其通过"法仲尼"(《荀子·非十二子》)以齐整百家异说,最终实现"一天下"(《荀子·王制》)的政治理想。

后期墨家在《墨辩·小取》中对辩的谬误进行了集中的论述,初步分析了谬误的表现、成因及如何克服等问题。后期墨家认为,在他们所讨论的有关辩的论式中,辟、侔、援、推四种在实际应用过程中非常容易产生谬误,因而应加以特别注意。"辟、侔、援、推之辞,行而异,转而危,远而失,流而离本,则不可不审也,不可常用也。"(《墨辩·小取》)这里似乎涉及推理论式在处理日常论证时的局限性,以及具体情境、条件的变化对论证评估的影响。按照非形式逻辑的观点,一个合情理的论证型式,可能因为某个具体情境的变化而成为谬误。也就是说,论证型式的评价取决于它们是否满足特定的条件。在某一条件下,某一论证型式是合情理的;而在另一条件下,该论证型式则是谬误。《墨辩》似乎看到了具体情境的变化对论证结果的影响,因而要求我们在进行以上推论时,必须审慎地对待,不能不管条件、范围等具体情况而呆板地使用。《墨辩》认为,造成以上推论困难的最重要原因,在于人们对事物类别归属认识的困难。为了正确地"知类""明类",我们应注意区分事物之间本质上与表面上的同异关系，同时还要注意考察事物的所以然之故，避免因"不知类"而引起谬误。同时，论辩过程中，如果没有立辞的理由或者理由不当，也会造成谬误，"立辞而不明于其所生，忘也"(《大取》)。此外，《墨辩》还注意到了语言方面对词义认识不清、运用不当所造成的谬误。《墨辩》将造成谬误的原因总结为"言多方、殊类、异故"(《墨辩·小取》)，并且要求对产生谬误的各种情况全面加以考察，"不可偏观"(《墨辩·小取》)。只有这样，才有可能有效地避免谬误的产生。

与亚里士多德谬误论、印度因明的"过论"相比，对先秦谬误思想的研究还不系统，因此有必要对其进行系统研究。

二、中国近代学者对先秦谬误思想的初步研究推动了我们对先秦谬误思想的重新整理与研究

西方逻辑传入中国后，近代学者开始用西方逻辑的理论和方法整理和分析先秦时期的逻辑思想，同时，也对先秦时期的谬误思想进行了初步研究，形成一系列研究成果。但由于先秦思想家的思想传统取向存在差异，对谬误的理解和认识也不全相同。因此，用单一的西方逻辑标准来衡量先秦时期的谬误思想，难以充分展现先秦时期谬误思想的多样性和丰富性。因此，有必要结合先秦时期思想文化发展的历史过程和特点，重新研究和整理先秦谬误思想，展现其丰富性和多样性。

中国近代的谬误研究始于对英文逻辑学著作中谬误部分的译述。其成果主要表现为：以耶方斯的《逻辑入门》（又称为《逻辑初级读本》）为底本，在华西方人士艾约瑟译《辨学启蒙》，严复译《名学浅说》，详细介绍了耶方斯的谬误思想。王国维的《辨学》，也介绍了耶方斯的谬误思想，它翻译自耶方斯的《逻辑基础教程：演绎与归纳》(*Elementary Lessons in Logic：Deductive and Inductive*)。与艾约瑟和王国维的直接翻译不同，严复的《名学浅说》采用的是边讲边译的形式，在介绍原作者基本思想的同时，还会结合严复自己的观点对原著进行注释，或者结合中国典籍，引喻设譬。因而他在翻译西方谬误理论的同时，也对其进

行了中国化的阐释。随着日本明治维新的成功，近代中国向西方学习的眼光逐渐转向了与中国文化差别较小的日本，对谬误思想的介绍也就随之转向了翻译更容易被理解的日本论理学著作。田吴炤所译的十时弥的《论理学纲要》、胡茂如所译的大西祝的《论理学》、李信臣所译的高山森次郎的《论理学纲要》，都有对谬误思想的专章论述。西方逻辑的广泛传播，使得西方传统逻辑理论已经逐渐为我国学者所吸收和消化。此时，我国学者已经不满足于仅仅译述西方和日本的逻辑著作，而是开始自编自著逻辑教材。林可培的《论理学通义》、张子和的《新论理学》等都对传统逻辑体系中的谬误思想进行了研究。

以上对西方谬误思想的系统介绍，不仅促进了西方谬误思想在中国的传播，同时也开启了近代学者用西方谬误思想的理论和方法对先秦时期谬误思想进行的初步研究，形成一系列研究成果。

梁启超的《墨子之论理学》(1904年)、《墨子学案》(1921年)。在近代中国逻辑史的研究中，梁启超首开运用西方逻辑进行中国古代逻辑思想研究的风尚。梁启超认为，西方逻辑在我国古已有之，即墨家逻辑，"欧洲之逻辑，创自阿里士多德，后墨子可百岁"[①]。他研究墨家逻辑的方法，可以概括为"凭借新知以商量旧学"[②]，即通过与西方逻辑、印度因明的比较，阐述墨家逻辑思想。梁启超将墨子的"三表法"与西方逻辑中的归纳法相对应，将《墨辩·小取》中所论述的或、假、效、辟、侔、援、推七种论式与七种论理法则相对应，阐述了其中的谬误思想。

胡适的《中国哲学史大纲》(卷上)(1919年)、《先秦名学史》(1921年)。胡适在进行中国古代逻辑思想的研究中，也运用了中西比较的方法。但是他的比较是将西方逻辑作为帮助整理和解释中国古代逻辑思想的工具，其最终目的是要找到中国逻辑思想自身内在的历史联系，即

---

① 梁启超:《饮冰室合集·饮冰室专集之三十八》，中华书局1989年版，《自序》第1页。
② 同上书，《自序》第2页。

"研究事物如何发生,怎样来的,怎样变到现在的样子"①。因而胡适更注重以历史的方法来考察中国古代谬误思想,关注诸如地理环境、时代和文化背景、个人才情等各种情况对思想及其自身特点的形成的影响。他结合中国古代社会的政治文化背景以及各家的社会政治理想,考察并分析了先秦各家的"正名"思想、墨家的"三表法",从中国古代推理以类推为主的特点出发,分析了《墨辩》中的谬误思想。

章士钊的《逻辑指要》(1943年)。章士钊逻辑研究的特点是"以欧洲逻辑为经,本邦名理为纬,密密比排,蔚成一学"②。他在论述逻辑体系中的每一个基本思想和理论的时候,都运用中国古代的逻辑思想和实例去加以说明。他专论谬误的"诸悖"一章,被认为是"中西谬误论融合的典型表现"③。他以亚里士多德的谬误思想为体系架构,将中国零散的谬误思想纳入一个整体的系统中去。章士钊采用亚里士多德谬误分类的方法,将谬误分为与语言相关的"语悖"和与语言无关的"质悖"。在分析"语悖"和"质悖"的各种表现形式时,章士钊引用中国古代文献中的大量实例对它们进行了解释。在这种解释的过程中,也就对中国古代谬误思想进行了梳理和分析。

如上所述,近代的中国谬误思想研究取得了许多有意义的成果,这为我们开展现阶段的先秦谬误思想研究提供了坚实的基础。当然,这一时期的研究也不可避免地具有一定的局限性。从认识上来讲,近代学者将先秦时期的类似谬误的思想简单对应于西方逻辑或因明过论,而忽视其自身的特点研究;从方法上讲,他们用单一的西方逻辑框架分析先秦各家取向不一的谬误思想;从范围上讲,其研究只限定在墨家、荀子、公孙龙等先秦几家,而未能扩展到更丰富的其他学派以及中国古代的其他时期。因而,其研究没能充分展现先秦谬误思想的多样性和丰富性。因此,有必要对先秦谬误思想重新进行梳理。

---

① 胡适:《胡适文存》(第一册),黄山书社1996年版,第216页。
② 章士钊:《章士钊全集》(第七卷),文汇出版社2000年版,第293—294页。
③ 武宏志、马永侠:《谬误研究》,陕西人民出版社1996年版,第260页。

三、当代西方学者对先秦谬误思想的研究也推动了我们对先秦谬误思想的重新整理与研究

中国古代逻辑思想独立存在的价值已逐渐被国际逻辑学界所认可,中国古代逻辑史研究日益引起国际逻辑学界的关注。国际逻辑学界陆续有关于中国逻辑研究的著作出版以及大量的论文发表,其代表人物有葛瑞汉、陈汉生、何莫邪、成中英等。他们从不同视角对先秦时期的谬误思想进行了详细的考察,如葛瑞汉的《后期墨家的逻辑学、伦理学和科学》(Later Mohist Logic, Ethics and Science)运用文本考证的方式,经过逻辑反思,尤其是概念和哲学的澄清、说明,对《墨辩》进行了建构和详细解释。陈汉生的《中国古代的语言和逻辑》(Language and Logic in Ancient China)和何莫邪的《传统中国的语言和逻辑》(Language and Logic in Traditional China)则从语言和逻辑的关系角度出发研究先秦时期的逻辑思想。吕行的《古代中国公元前 5 世纪至公元前 3 世纪的修辞学:与古希腊修辞学的比较》(Rhetoric in Ancient China, Fifth to Third Century B. C. E. : A Comparison with Classical Greek Rhetoric)则侧重对先秦诸子的哲学观点和原则以及其所处时代的社会和文化背景的考察,强调在全面了解先秦思想家的历史、道德、政治、认识论等方面思想的基础上去理解他们的修辞思想。在这些有关中国逻辑研究的著作中,包含着对先秦谬误思想的分析,其中包括对正名思想,主要是儒家和墨家的正名思想的论述,对后期墨家有关各种推理谬误情形的重点分析,对先秦有关"悖"及"悖论"思想的解释等。西方学者从西方文化视角对先秦谬误思想的分析对挖掘先秦谬误思想、扩大其影响有积极作用,但在一定程度上也不可避免地带来一些对先秦时期谬误思想的误解,使先秦谬误思想在一定程度上成为西方谬误思想在中国的影子。因此,有必要对先秦谬误思想进行更为全面、准确的研究。

四、当代国内外谬误理论发展的最新成果和方法为系统研究先秦谬误思想提供了新的分析工具和研究平台

继汉布林之后,很多学者展开了对标准谬误论的批评,这种批评结合当时人们对形式化逻辑的批评,带来了谬误研究的大转折,开辟了谬误研究的新方向。至当代,谬误理论研究已经成为逻辑研究的一个热点问题,并且取得了丰富的成果:在美国、英国、加拿大、澳大利亚、荷兰等国家,出现了大批谬误研究的专业人员,他们多为一些著名大学的博士、教授;有关谬误研究的论文、著作大量涌现,而且具有很强的学术性;研究的范围更加广泛,包括谬误的本质、分类、评估、谬误模式分析等众多问题;研究的程度更加深入,如加拿大学者沃尔顿,"仅1992年以来出版了谬误模式分析的8本专著"①,对一些著名的谬误模式进行了深入细致的分析研究。谬误研究不再局限于传统逻辑,而是与论辩理论、非形式逻辑、语用学、新修辞学、认知心理学等学科直接相关,从而引发了谬误理论的当代复兴。当代谬误理论的主要代表有:谬误的语用-辩证理论、谬误的新辩证法理论、谬误的批评理论、谬误的修辞学理论等。当代的谬误研究呈现出多元化、综合化趋势,谬误理论向更深层次发展,使得我们向建立统一的谬误理论的目标越来越靠近。正如我国学者武宏志、马永侠所言:"谬误研究已越来越向着建立理论范畴、梳理概念术语、锤炼分析工具,进而完善作为批评理论的谬误学说的方向发展。"②

自20世纪后期开始,我国很多学者如李匡武、李先焜、王路、黄展骥、武宏志、马永侠、丁煌、刘春杰、刘邦凡、黄华新等纷纷进入谬误研究的领域,提出了富有见解的观点,为我国的谬误研究做出了巨大的贡献。如在武宏志、马永侠合著的《谬误研究》一书中,作者对谬误预备理

---

① 武宏志、马永侠:《论谬误模式》,《江汉论坛》2001年第8期。
② 武宏志、马永侠:《谬误研究》,陕西人民出版社1996年版,第242页。

论的分析、谬误的定义、本质、分类等问题的新见解,在一定程度上具有理论上的首创意义。黄展骥站在谬误研究的崭新角度,扩展了谬误研究的范围,对谬误的分析不仅更广泛,而且更深入,发现、概括并界定了谬误新种类。① 以上学者的努力使我国的谬误研究取得了很大的成就。

国内外谬误理论研究的最新成果和方法,为开展先秦谬误思想的研究提供了理论指导,为系统研究先秦谬误思想提供了可能。

第二节 研究意义

一、理论意义

(一)展现先秦谬误思想的丰富性与多样性

先秦时期的文化具有多元化的特点,与此相应,中国古代谬误思想,尤其是先秦名辩谬误思想,也是开放的、多元的。先秦谬误思想受各学派不同阶级利益、不同价值观以及不同思想取向的影响,呈现出不同形态。即使是同一学派内部,在不同阶段也有不同表现。不同的学派、不同的个人对谬误的界定、划分标准皆有不同,纠正谬误的方法也有所差异。这些不同形态的产生与其各自的社会政治文化背景有着密切的关系。因而立足先秦谬误思想自身的产生、发展过程,并结合其产生的社会政治背景以及中国文化的特点对其进行系统的梳理、研究,有助于揭示先秦谬误思想自身的特点,展示先秦谬误思想的丰富性与多样性。

(二)推动中国古代逻辑思想研究的拓展与深化

西方谬误研究的历史可以追溯到亚里士多德,正是智者的诡辩、谬误从反面刺激了亚里士多德逻辑学的诞生。先秦时期逻辑思想的产生

---

① 张斌峰:《面向生活世界的谬误研究——黄展骥先生的谬误研究评述》,《晋阳学刊》2002年第2期。

也与之类似，名辩学也是被当时社会政治生活中频繁出现的名实不符、名实相乱的事实谬误或价值谬误所逼迫出来的。逻辑学自产生之初就与谬误有着天然的联系。正确思维与谬误是相对应的，只有将二者相对照，才能显示正确思维的意义。谬误并不是把正确的东西从反面再说一遍，研究正确思维的理论并不能代替谬误理论。谬误现象比正确思维的现象更丰富多样，更复杂艰深。谬误理论有大量的问题需要进行深入探讨和研究，如谬误本质、分类、谬误模式的具体分析、谬误的形成原因、克服谬误的方法等，这些都不是逻辑形式理论所能解决的。"我们只有充分地了解了事物反面的时候才能说真正地了解了某一事物，为了完整地说明推理的哲学，应该就像包括好的推理一样，同时包括不好的推理。"①中国逻辑思想的研究也应如此。当前我们已经从正面对中国逻辑思想做了大量的研究，如在此基础上加大对古代谬误思想关注程度，必然会从广度和深度上拓展和深化中国逻辑思想的研究。

（三）促进谬误理论的丰富与新发展

先秦谬误思想研究有助于引发人们关于谬误理论研究的古代反思，从而丰富谬误研究，促进谬误理论的新发展。

首先，先秦谬误思想研究有助于人们对谬误研究本身的合理性存在进行有效辩护。西方谬误研究的传统自亚里士多德开始至今几乎没有中断过，先秦谬误思想的研究说明我国的谬误研究也有连绵不断的历史。中西自古至今都有对谬误研究的关注这一共性不是偶然的。如果谬误研究本身不存在合理性、必要性，古今中外无数学者就不会投入其中。

其次，先秦谬误思想研究对谬误理论中的一些基本问题的解决具有借鉴意义，如：谬误的本质应如何界定？谬误的研究对象包括哪些？谬误应如何分类？有效分析谬误的方法有哪些？谬误研究如何帮助人

---

① John Stuart Mill. *A System of Logic* (eighth edition), Harper & Brothers Publisher, 1882, p. 895.

们分析谬误产生的原因并最终避免谬误？这些问题至今仍无定论，需要广大研究者继续深入探索，而中西历史上对以上问题的研究对当今谬误研究具有重要的借鉴和启发意义。

再次，先秦谬误思想研究有助于促进谬误研究的新进展。先秦谬误思想是先哲们留给我们的优秀遗产，其中有些观点在当今社会仍具有重要的理论价值，有些观点经过创造性诠释转化有可能发展出新的谬误理论。因而，先秦谬误思想研究有助于扩展谬误研究的范围，加深谬误研究的程度，促进谬误研究的新进展。

二、现实意义

谬误研究的现实意义主要表现为其有助于人们避免谬误。谬误不利于我们进行正确推理，形成正确认识，对人们日常的表达、交流、论辩也会造成困难。但谬误并不那么容易识别，它总是以不同的面貌出现于人类社会生活中，隐藏在我们所不注意的每一个角落。即使是在一定时期内被人们公认的认识也可能内含谬误[1]，即使是受过教育，甚至具备一定逻辑修养的人也可能犯逻辑错误。尤其是当今社会，随着科技的发展，各种通信工具飞速发展，人们每天通过不同的渠道获得大量丰富的信息，其中更是不乏各种形式的谬误。这更增加了我们识别谬误的难度，即使了解正确推理、论证的规则也并不能避免人们犯错误的倾向。而系统的谬误研究及相关的谬误知识则会为我们提供一种检测工具，它一方面帮助我们检查自身的谬误，避免进行荒谬的推理、论证，从而减少谬误的产生；另一方面帮助我们及时发现并能纠正别人的谬误。正反两方面结合，才能更有效地避免谬误。先秦谬误思想研究作

---

[1] 例如，古希腊哲学家亚里士多德曾经提出了一个著名的论断："重的物体落地速度快，轻的物体落地速度慢。"这个论断流传了一千多年而没有人怀疑。但16世纪的意大利科学家伽利略，发现由这个论断可以引出逻辑矛盾，于是进行了比萨斜塔实验，从而推翻了亚里士多德的这个论断，并得出一个新的结论："重的物体和轻的物体下落速度应该一样快。"

为谬误研究的一部分,也具有帮助人们避免谬误的现实意义。而且先秦时期的思想家对谬误原因的探讨以及对去谬方法的分析是以中国人的思维特征为依据的,因而在破除我国日常生活中的谬误方面,相较于西方的谬误理论可能更具本土化的特点。

第三节 研究现状及存在的问题

一、关于谬误的一般研究

先秦谬误思想研究需要谬误基本理论的指导,因而有必要厘清谬误基本理论的研究现状。而中国谬误理论的独创性研究较少,理论体系不成熟,不能单独成为中国古代谬误思想研究的指导理论。中国谬误研究的开始与最新发展都离不开西方谬误理论的影响,所以需要综观西方谬误理论的研究现状。

(一)西方谬误理论的研究现状

自20世纪70年代起,西方社会掀起了谬误理论研究的热潮,使当代谬误研究呈现多元化和系统化的发展趋势,形成了侧重点各有不同的谬误理论,其最新发展的主要代表如下。

谬误的语用-辩证理论,代表人物是荷兰学者爱默伦和荷罗顿道斯特。其代表著作主要有:《论辩·交际·谬误》《重构论辩性话语》《论辩理论基础——历史背景与当代发展》《批评性论辩:论辩的语用辩证法》《论辩巧智——有理说得清的技术》等。根据语用-辩证理论的观点,论辩有外在化、功能化、社会化和辩证化四个特性,而日常生活的对话类型主要是一种批判性讨论,因而爱默伦和荷罗顿道斯特讨论了批判性讨论的四个阶段并制定了讨论规则。而谬误与论辩相联系,是对批判性讨论规则的违反。

谬误的新辩证法理论,代表人物是加拿大学者沃尔顿。沃尔顿在其研究初期运用形式分析方法分析谬误,后期才逐渐转到语用和辩证的方法。这种转移的迹象最先可见于其著作《逻辑对话——游戏和谬误》,标志其理论真正转向语用学的是《非形式谬误:朝向一种论证批评的理论》和《非形式逻辑:批判性论辩手册》。"谬误的语用理论最为系统的叙述是在《对话中的承诺:人际推理的基本概念》(与克雷伯合著,1995)和《谬误的语用理论》(1995)中。"[①]到 1998 年《新辩证法》为止,沃尔顿的新辩证法理论得以建立。新辩证法理论是建立在语用-辩证理论基础上的一种更广泛的理论。沃尔顿认为仅仅研究批判性讨论这一种对话类型过于狭窄,于是扩展出八种常见的对话类型,并分析了这些对话的论证型式。这样,沃尔顿的谬误理论就是基于论辩模式的,谬误是一个对话类型向另一个对话类型的不合法转移。

谬误的批评理论,代表人物是约翰逊、布莱尔和菲欧切阿罗。约翰逊认为,谬误是对好论证所必须满足的标准的违反。符合好论证的标准是相干性、充分性和可接受性标准,与之相对应的三种基本谬误就是不相干理由、仓促结论和成问题的前提。其他谬误都可归于这三种谬误。要注意的是,每一种谬误必须根据可辨识的条件被提出,这些条件决定一种谬误之所以为谬误的理由并使之与其他谬误相区别。菲欧切阿罗在《六种类型谬误》中将谬误定义为"结论不能从前提得出的论证"[②]。他把谬误分为六种类型,并强调要结合语境对其进行理解。

谬误的修辞学理论,代表人物是廷代尔和威拉德。佩雷尔曼的《新修辞学》主张听众是修辞学的核心概念。与此相适应,谬误也是相对于听众而言的。修辞学关注论证者与听众间的论证过程,而谬误是一个坏的过程,因为它没有说服普遍听众。谬误普遍表现为三种方式:论辩的框架可能不适合;一个论证的出发点可能未达成;论辩的特殊技术可

---

① 武宏志、周建武、唐坚:《非形式逻辑导论》(下),人民出版社 2009 年版,第 686 页。

② 马永侠、武宏志:《谬误理论的新进展》,《安徽大学学报(哲学社会科学版)》2002 年第 3 期。

能不是有效力的。①

西方当代谬误研究既有针对谬误理论本身的系统化理论探索,又有针对单个谬误的深入分析,形成了种类繁多的谬误模式。"著名的学术期刊,如《心》《分析》《哲学杂志》《美国哲学季刊》《哲学逻辑杂志》《科学哲学杂志》《哲学与修辞学》《亚里士多德学会会刊》《加拿大哲学杂志》《澳大利亚哲学杂志》等发表了不少谬误模式分析论文。更有《非形式逻辑》《论辩》《言辩季刊》《修辞学会季刊》等专门研究论辩的期刊,登载大量的谬误模式研究文章。在因特网上,我们也可以很容易地找到关于谬误模式的众多网页,甚至已有人做出了谬误模式分析的软件。出版的谬误模式研究著作和包括谬误模式分析的普及读物真可谓汗牛充栋。"②在谬误模式方面,沃尔顿做出了突出的贡献,仅 1991 年以来便出版了谬误分析的数本专著,*Begging the Question: Circular Reasoning as a Tactic of Argumentation* (Greenwood Press, 1991)、*Slippery Slope Arguments* (Oxford University Press,1992)、*Arguments from Ignorance* (Pennsylvania State University Press,1996)、*Appeal to Expert Opinion: Arguments from Authority* (Pennsylvania State University Press,1997)、*Appeal to Pity: Argumentum Ad Misericordiam* (State University of New York Press,1997)、*Ad Hominem Arguments* (University of Alabama Press,1998)、*Appeal to Popular Opinion* (Pennsylvania State University Press,1999)、*One-Sided Arguments: A Dialectical Analysis of Bias* (State University of New York Press,1999),"研究了乞题、'油滑斜坡'论证、根据无知的论证、诉诸权威、诉诸怜悯、人身攻击、诉诸公众意见、片面论证等典型而著名的谬误模

---

① Christopher W. Tindale. *Act of Arguing: A Rhetorial Model of Argument*, State University of New York Press, 1999, pp. 145 – 147.
② 武宏志、马永侠:《论谬误模式》,《江汉论坛》2001 年第 8 期。

式"①。当代谬误分析有了非常重要的进展,这表现为不仅分析了更多的谬误模式,而且分析工具也更加多样、有效,最重要的是细致地分析了一个合情理的论证如何逐渐演变成谬误的过程,辨识了合情论证不发展为谬误的约束条件,从而有效地帮助人们排除谬误。

(二) 我国谬误理论的研究现状

我国有关谬误理论的研究已经取得了阶段性成果。

对西方谬误理论最新成果的翻译著作有:1991年出版了施旭翻译的爱默伦和荷罗顿道斯特合著的《论辩·交际·谬误》②,2002年出版了张树学翻译的爱默伦和荷罗顿道斯特合著的《批评性论辩:论辩的语用辩证法》③,2006年出版了熊明辉、赵艺翻译的爱默伦和汉克曼斯合著的《论辩巧智——有理说得清的技术》④。

我国一般逻辑学著作中多包含有对西方谬误理论的评介部分。具有代表性的如武宏志、周建武、唐坚合著的《非形式逻辑导论》⑤,其中第六、十五、十六章详尽阐述了汉布林及之后的谬误理论及其发展过程。相关论文更是常见于各学术期刊,如武宏志、丁煌合写的《谬误研究总论》(上、下)⑥与《谬误研究史论》⑦,武宏志、刘春杰的《谬误模式分类与界定》⑧,马永侠、武宏志的《谬误理论的新进展》⑨,李永成的《当代谬误理论研究综述》⑩,梁彪的《不同历史时期谬误研究的特点》⑪,马永

---

① 武宏志、刘春杰.《谬误模式分类与界定》,《苏州铁道师范学院学报(社会科学版)》2001年第3期。
② 北京大学出版社1991年版。
③ 北京大学出版社2002年版。
④ 新世界出版社2006年版。
⑤ 人民出版社2009年版。
⑥ 《辨谬漫话》1995年第5期、第6期。
⑦ 《湖北师范学院学报(哲学社会科学版)》1995年第5期。
⑧ 《苏州铁道师范学院学报(哲学社会科学版)》2001年第3期。
⑨ 《安徽大学学报(哲学社会科学版)》2002年第3期。
⑩ 《重庆工学院学报(社会科学版)》2008年第5期。
⑪ 《现代哲学》2002年第4期。

侠的《谬误研究的新修辞学视角》①。也有的论文以人物为主题,对西方谬误理论的主要代表人物(如沃尔顿、汉布林、怀特莱、柯比等)的谬误思想进行评介。这些成果对于我国学界熟悉西方谬误理论的最新发展做出了重要的贡献。

武宏志和马永侠合著的《谬误研究》②是当代中国研究谬误理论的第一部具有较强理论性和系统性的学术专著。该书分序篇、理论篇、历史篇、分析篇,共二十章,进行了系统、深入的谬误研究,提出了很多深刻新颖的见解和观点。"首次提出了一个包容所有可能谬误情形的崭新的谬误定义。在界定谬误的预备理论分析中,得出了一些重要结论,如关于论证预设的四条规律、关于不可用于论证的有效推理形式、不可能对论证形式做出演绎或归纳的分类等等。在谬误分类中,作者贯彻了彻底的逻辑标准,并引入'谬误光谱(频谱)'的概念和分层评估的程序。特别是他把'关联谬误'的分析完全纳入逻辑轨道,揭示了它的归纳(广义)谬误的本质。这在理论上是一个首创。"③该著作对我国后来学者的谬误研究具有重要的影响,对我国谬误理论的发展具有重要的意义。

我国其他学者也有若干谬误专著问世,如余式厚、汤军的《悖论、谬误、诡辩》④,丁煌、武宏志的《谬误:思维的陷阱》⑤,黄华新、汤军的《雾区的寻觅:谬误学精华》⑥,梁彪的《思维的赝品:日常生活中的谬误》⑦,刘春杰的《论证逻辑研究》⑧(该书不是谬误学专著,但其中对谬误也进行了较深入分析)。还有我国香港学者黄展骥先生,持续进行谬误研究

---

① 《延安大学学报(社会科学版)》2008年第1期。
② 陕西人民出版社1996年版。
③ 陈如松:《一部探索谬误逻辑的学术力著——〈谬误研究〉评介》,《佳木斯师范专科学报》1997年第2期。
④ 浙江人民出版社1988年版。
⑤ 延边大学出版社1990年版。
⑥ 上海文化出版社1990年版。
⑦ 广东人民出版社1993年版。
⑧ 青海人民出版社1999年版。

三十余年,其谬误著作主要有《谬误与诡辩》①、《思维与智慧》②等。他站在谬误研究的崭新角度,扩展了谬误研究的范围,对谬误的分析不仅更广泛,而且更深入,发现、概括并界定了谬误新种类。③

大量谬误研究的论文成果更是层出不穷。仅武宏志、黄展骥发表的谬误分析的论文就各有数十篇之多。其他学者如李匡武、李先焜、王路、马永侠、丁煌、刘春杰、刘邦凡、黄华新等也都发表了许多文章。

二、关于中国古代谬误思想的研究

迄今为止,中国古代谬误思想研究未尽如人意。系统、全面研究中国古代谬误思想的学术专著比较缺乏。只是在有关中国古代逻辑思想的著作中,或多或少涉及对中国古代谬误思想的研究。

1992年孙中原先生就出版了《诡辩和逻辑名篇赏析》④,较为系统地介绍了中国古代的谬误思想,但受写作宗旨的限制,故以通俗性为主。其后的《中国逻辑研究》⑤一书中,第二十七、二十八章讨论了谬误和诡辩及其辨正。在书中,作者并未对谬误和诡辩做绝对的区分,二者几乎是在同一意义上,即貌似有效而实际无效的推论的意义上使用的。作者认为,中国古代文献中,包含了对谬误和诡辩的分析和说明。因此,作者结合古文献所记载的事例探讨了谬误和诡辩的性质、常见类型(论据不足、心理相关、语言歧义)及其辨正。

董志铁的《名辩艺术与逻辑思维》(修订版)⑥一书第四至七章包含了对中国古代谬误思想的研究。作者认为,中国的名辩学就是中国古代的逻辑学。他将名辩学之"名"与逻辑学概念理论、名辩学之"辞"与

---

① 蜗牛丛书1971年版。
② 远方出版社1999年版。
③ 张斌峰:《面向生活世界的谬误研究——黄展骥先生的谬误研究评述》,《晋阳学刊》2002年第2期。
④ 中国人民大学出版社1992年版。
⑤ 商务印书馆2006年版。
⑥ 中国广播电视出版社2007年版。

逻辑学判断理论、名辩学之"说"与逻辑学推理理论、名辩之"辩"与逻辑学论证理论相对应而加以讨论。在此基础上，对中国古代关于名的谬误、类似悖论的辞、"言意相离"的谬误和"说"的谬误及其防止进行了详细的分析。

张晓芒的《中国古代论辩艺术》①和《先秦诸子的论辩思想和方法》②对古代思想家们在论辩过程中有关推类的谬误和其他谬误的特点及原因进行了解析。

武宏志、马永侠合著的《谬误研究》一书中的第十五章，对中国谬误研究的历史——从先秦直至近代，进行了简要而明了的梳理。他们将中国谬误研究史分为四个阶段：先秦的名辩谬误论、汉代王充的虚妄论、唐代因明学过失论以及明清以来中西融合的谬误论，并对这四个阶段的谬误研究的内容、类型、特点等进行了简要的论述。

有关中国古代谬误思想的论文数量也相对较少。其成果主要表现为：

以传统逻辑的谬误理论为分析工具对中国古代作为思维形式的名、辞、说、辩的谬误进行了一定的考察和整理。即将中国古代的名、辞、说、辩与传统逻辑中的概念、判断、推理、论证相对应，将传统逻辑中有关概念、判断、推理、论证的谬误分析运用于对中国古代名、辞、说、辩的谬误的梳理。例如，李匡武的《论逻辑谬误》③、李卒的《先秦逻辑史中有关"名"的谬误的探究》④和《中国古代逻辑史关于"立辞"谬误之探究》⑤，郑立群的《明故知类　有所止而正——中国古代逻辑中关于"说"的谬误》⑥和《简论中国古代学者对论证谬误的批判》⑦、《中国古代

---

① 山西人民出版社2001年版。
② 人民出版社2011年版。
③ 《华南师院学报》1982年第2期。
④ 《广西师范大学学报(哲学社会科学版)》1990年第4期。
⑤ 《广西社会科学》1997年第3期。
⑥ 《襄樊学院学报》2001年第6期。
⑦ 《湖北财经高等专科学校学报》2001年第6期。

逻辑中的谬误论》①、燕静君的《中国古代逻辑关于"辩"的谬误理论》②，就是从名、辞、说、辩的范畴角度出发，对中国先秦各家，乃至古代各时期思想家的谬误思想进行的分析和研究。有的学者则是利用这种方法对某一家，主要是对墨家的谬误思想进行了探讨，如张万玲的《墨辩对谬误的研究》③、胡毅敏的《试述墨辩逻辑谬误理论》④。

还有学者以非形式逻辑视角下的谬误理论为分析工具对中国古代谬误思想进行了分析和研究。张斌峰认为，墨家的谬误论包含着极为丰富的非形式逻辑思想。他认为，墨家对语词和语句歧义的考察，不仅从语句的意义状态，而且从交际双方的态度两方面共同决定了谬误的结果和谬误的责任者。⑤《墨辩》"辩"的谬误最主要体现为语义谬误和语用谬误，而不是语形谬误。在墨家那里，关于谈辩的谬误问题主要不是关于辩的逻辑形式（即语形学）的问题，而是一个语言在社会领域或生活世界的运用的问题，即语用学或社会语用学或普遍语用学的问题。⑥ 因而，对于墨家的谬误思想，应该在非形式逻辑的视角下进行创造性诠释。刘邦凡在《论墨家对谬误学的贡献》中指出，墨家的谬误研究领域涉及了当今谬误学研究的基本领域。墨家关于名、辞、说、辩的一系列阐述，从一定程度上、从一个角度展现了由于语用、语义而导致谬误的汉语言文化背景。⑦ 关兴丽在《墨家对语用谬误的研究》一文中也指出，墨家对谬误的研究侧重于语用谬误。她认为，这一特点在一定程度上是受中国古代汉语的特点影响的，因而词项符号的语义、语用理论不仅是墨家思想的特点，也是中国辩学的特点。⑧

---

① 《逻辑与语言学校》1991 年第 5 期。
② 《黑龙江教育学院学报》1997 年第 4 期。
③ 《中州学刊》1999 年第 2 期。
④ 《求实》2004 年第 6 期。
⑤ 张斌峰：《略论墨家关于"立辞"的谬误》，《中州学刊》2000 年第 6 期。
⑥ 张斌峰：《略论〈墨辩〉"辩"的谬误》，《江汉论坛》2000 年第 11 期。
⑦ 刘邦凡：《论墨家对谬误学的贡献》，《甘肃理论学刊》2005 年第 1 期。
⑧ 关兴丽：《墨家对语用谬误的研究》，《人文杂志》2001 年第 1 期。

有学者将中国古代谬误思想的研究置于其得以产生的社会政治文化大背景之下,结合各学派的哲学主张、政治伦理理想、价值观等各方面,揭示了中国古代谬误思想的独特性。曾昭式认为,先秦时期多元的文化观、价值观决定了各家不同的名实观,各家对谬误思想的探讨也仅仅是为了服务于各自所代表的阶级利益的需要,服务于宣传自己的学说、批判其他思想的需要。① 他指出,荀子的"三惑"虽然有其逻辑意义,但荀子"三惑"的提出并不是为了揭露违反思维确定性的逻辑错误,而主要是为当时的社会、政治、儒家思想服务。② 至于韩非的"名"之谬误思想,则完全是出于政治需要,与逻辑学的谬误理论绝无相同之处。③ 翟锦程在《先秦名家论名及其谬误》一文中,抓住名家注重对"物"进行考察和分析的特点,重点分析了宋尹"正形名"和公孙龙的正名思想。④ 訾其伦则将尹文的"名"之谬误思想置于先秦诸子关于"名"之谬误思想的整个发展过程中,阐述了尹文"名"之谬误思想与儒、法"名"之谬误思想的联系。⑤ 张晓芒在《先秦诸子的谬误观及其时代精神》一文中对先秦诸子的谬误思想进行了简要的梳理,分析了在诸子的谬误思想中所熔铸的逻辑求治、求真,而且求治甚于求真的时代精神,并指出这一精神既是先秦谬误思想的特点,也是先秦谬误理论进一步发展的绊脚石。⑥

有学者对中国古代谬误思想与西方谬误思想进行了比较研究。早在 20 世纪 80 年代初,李匡武的《论逻辑谬误》就对古代思想家们,尤其是荀子、王充的谬误思想进行了较为全面的研究,并将中国谬误研究的历史与西方谬误研究史进行了初步的比较研究。他认为中西学说各有侧重,"大抵西方比较着重语言含糊、观察和论证失误、种种偏见,特别

---

① 曾昭式:《荀子关于"名"之谬误思想刍议》,《江汉论坛》2000 年第 11 期。
② 同上。
③ 曾昭式、崔秀荣:《韩非"名"之谬误思想探析》,《中州学刊》2001 年第 2 期。
④ 翟锦程:《先秦名家论名及其谬误》,《中州学刊》2001 年第 2 期。
⑤ 訾其伦:《尹文"名"之谬误思想探析》,《黑河学刊》2011 年第 2 期。
⑥ 张晓芒:《先秦诸子的谬误观及其时代精神》,《中州学刊》2000 年第 6 期。

是客观势力的支配。中国则重诡言异论、名实异致或立论不明故、不知类以及自陷悖谬"①。丁煌、许锦云分别将墨家与亚里士多德的谬误理论作了比较。丁煌的《墨辩逻辑与亚里士多德逻辑谬误理论之比较》②侧重分析二者的相似之处,许锦云的《墨家与亚里士多德谬误论比较研究》③则对二者的相同和不同点都做了较为详细的分析。张晓翔的《谬误的比较研究——以三大逻辑的命题为视角》④立足于西方逻辑、中国名辩和印度因明三大逻辑源流,对三者有关命题的谬误的思想的异同点进行了一定的分析。

三、国外关于中国古代谬误思想的研究

国外学者对中国古代谬误思想进行系统、全面研究的学术专著也比较缺乏。他们对中国古代谬误思想的研究,也只是在有关中国古代逻辑思想的著作中或多或少有所涉及。其研究成果主要体现在从语言与逻辑的关系角度对中国古代谬误的分析,突出表现在以下两个方面。

用中国古代对语言规范功能的重视来解释正名思想,尤其是儒家的正名思想。陈汉生在《中国古代的语言和逻辑》中指出,中国古代哲学家不注重论述的真假,他们注重的是该论述会带来怎样的社会行为和社会效果。儒家正名思想的基本预设就是:语言的主要功能在于帮助人们进行选择并加以行动。⑤ 何莫邪的《中国传统的语言和逻辑》也指出,儒家的正名思想关注的更多的是名和行为之间的关系,而不是名和对象之间的关系。社会角色之名本身就是指导人们社会行为的标准

---

① 李匡武:《论逻辑谬误》,《华南师范学院学报(社会科学版)》1982 年第 2 期。
② 《湖北师范学院学报》1989 年第 1 期。
③ 《南通师范学院学报》(哲学社会科学版)》2002 年第 3 期。
④ 《毕节学院学报》2009 年第 10 期。
⑤ Hansen Chad. *Language and Logic in Ancient China*, The University of Michigan Press, 1983, p. 77.

或理想。① 吕行在《古代中国公元前 5 世纪至公元前 3 世纪的修辞学：与古希腊修辞学的比较》中指出，对孔子来说，每一个名称都具有一种观念和一种行为。正名正的是信念和行为，即通过名所提供的一套规则和标准，对社会上不恰当的信念和行为加以纠正。②

从语义学角度对中国古代思想家所揭示的谬误进行细致分析。如何莫邪认为后期墨家对"犬"和"狗"的讨论，其实质是在讨论表达式的语义内容（意义）和该表达式在现实世界中所指的对象（所指）之间的区别的问题。这跟弗雷格"晨星"和"昏星"的例子所表达的思想是一致的，二者都是有着相同的所指却具有不同意义或内涵的标准例子。③陈汉生指出，后期墨家否认了侔式推论的普遍有效性，认为这一推理有时有效，有时无效。而墨家对造成这一有效与无效的不一致性的原因的解释，依赖于词项表达式的语义学。④ 对此，陈汉生做了非常具体精细的分析。葛瑞汉则认为，后期墨家否认侔式推论的普遍有效性，是因为名在不同的结合情形中有不同的意义，尤其是在习语中的意义的变化，从而使结构相像的辞呈现不同的逻辑蕴涵。⑤

四、存在的主要问题

（一）缺少对中国古代谬误思想独立、系统、全面的研究

以往的研究只是将中国古代谬误思想的研究作为中国逻辑思想研

---

① Christoph Harbsmeier. *Logic and Language in Traditional China*, Cambridge University Press, 1998, p. 53.

② Xing Lu. *Rhetoric in Ancient China*, *Fifth to Third Century B.C.E.*: *A Comparison with Classical Greek Rhetoric*, University of South Carolina Press, 1997, pp. 161-162.

③ Christoph Harbsmeier. *Logic and Language in Traditional China*, Cambridge University Press, 1998, p. 333.

④ ［美］陈汉生：《中国古代的语言和逻辑》，周云之等译，社会科学文献出版社 1998 年版，第 153 页。

⑤ ［英］葛瑞汉：《论道者：中国古代哲学论辩》，张海晏译，中国社会科学出版社 2003 年版，第 179 页。

究的一个部分,缺少对中国古代谬误思想独立、系统、全面的研究。迄今为止,有关中国古代谬误思想的研究还没有一本专门的著作。即使在有关中国逻辑思想的著作中所涉及的中国古代谬误思想研究的成果也相对较少。既缺少对中国古代谬误思想发生、发展的历史过程的全面、系统梳理,也缺少对中国古代谬误思想的本质、特点、分类等的全面分析和总结。

(二) 未能突出中国古代谬误思想的独特性和独立性

以往的研究,主要运用西方的谬误理论作为分析工具对中国古代谬误思想进行分析、整理,尤其是运用传统逻辑中有关概念、判断、推理、论证的谬误理论将中国古代谬误思想梳理为名、辞、说、辩的谬误形式,忽视了中国古代谬误思想的独特性。虽然已有学者意识到运用传统逻辑分析中国古代谬误思想的缺陷,因而采用西方谬误理论最新发展的成果,如非形式逻辑谬误研究,对中国古代谬误思想进行创造性诠释,但这本质上仍然是用西方有关谬误的观念来进行讨论,没有突出中国古代谬误思想的独立性。

(三) 未能揭示中国古代谬误思想的总体发展和整体特性

以往的研究,主要是关于中国古代谬误思想的某一个方面的研究,如关于"名"之谬误、"辞"之谬误、"说"之谬误或"辩"之谬误;或者是关于某个思想家或某一学派的谬误思想的探讨,尤其是集中于对荀子正名论和墨家谬误思想的研究,而对此时期其他思想家的谬误思想的关注较少;或者是关于某一学派谬误思想与西方谬误思想的比较研究,如多集中于墨家与亚里士多德谬误思想的比较。可见,以往的研究相对零散,未能把中国古代谬误思想的总体发展过程作为研究对象去关注和研究,缺少对中国古代谬误思想发展过程的系统梳理和总体把握,也未能展开对中西谬误思想全面、系统、深入的比较分析,因而也就没有准确揭示中国古代谬误思想的总体发展和整体特性。

第四节　研究对象及范围

一、什么是谬误

谬误,英文为 Fallacy,有"欺骗"之意。日常生活中"谬误"通常指与客观实际不相符合的错误、荒谬、虚假的认识或言论。但在逻辑学中,谬误有其专门意义。目前,我国对谬误的界定与理解主要建立在传统逻辑学的基础之上。按照传统逻辑的观点,谬误有广义和狭义之分。如《逻辑学大辞典》认为:广义的谬误泛指人们在思维和语言表达中所产生的一切逻辑错误;狭义则指违反思维规律的逻辑要求或逻辑规则而产生的逻辑错误,主要指论证中的逻辑错误。① 周礼全对谬误的界定则将以上两个层次都包含在内:谬误是指错误的论证,但也可以泛指人们在言语交际过程中所产生的一切逻辑错误。通俗地说,谬误就是逻辑上"犯规"。②

但是,这种界定向人们所提供的对谬误的理解并不是很全面、准确。事实上,在悠久的谬误研究史上,不同的学者提出了很多种谬误定义,但至今没有形成统一的看法。武宏志和马永侠曾经对谬误研究史上所提出过的谬误定义做了详细的整理和归纳,③本书借用他们的整理成果对什么是谬误进行简要的介绍。武宏志和马永侠将谬误研究史上的谬误定义主要归为六种类型:反驳定义、推理定义、规则定义、论证定义、论辩定义、论证强度定义。

反驳定义是亚里士多德的观点。在《辩谬篇》中,亚里士多德将谬

---

① 彭漪涟、马钦荣主编:《逻辑学大辞典》(修订本),上海辞书出版社 2010 年版,第 278 页。
② 周礼全主编:《逻辑——正确思维和有效交际的理论》,人民出版社 1991 年版,第 598 页。
③ 武宏志、马永侠:《谬误研究》,陕西人民出版社 1996 年版,第 46—56 页。

误定义为诡辩的反驳,它是论辩过程中的表面的、虚假的反驳。关于亚里士多德的反驳定义,上文已有论述,此处不再赘述。

推理定义指的是用无效推理定义谬误,即如果一个推理的前提为真,结论却为假,那么这个推理就是谬误。持这种观点的学者有安东尼·弗卢、巴克尔等。但是演绎有效的标准并不能满足对日常论证的评价需求,二者之间甚至会存在冲突。按照有效性的标准,日常生活中很多大量使用的合理性论证都会被排除在外,如归纳论证,而有些符合有效性标准的论证事实上却是谬误,如"乞题"、循环论证等。因此无效的推理不一定都是谬误,有效的推理也不一定都不是谬误。

规则定义指的是以逻辑规则为标准定义谬误。我国很多学者如陈大齐、陈祖耀、李先焜等都采用了此种定义。这一定义要求逻辑规则的完全性,保证它对于谬误判定的充分性。但是传统逻辑的规则对于很多推理、论证是无法识别的,现代逻辑的定理集虽然具有完全性,其中却包含着诸如循环论证、蕴含怪论等谬误。

意识到以推理定义论证的缺陷,有些学者如怀特莱、图尔敏、赫尔利、格瑞南等开始转而用论证定义谬误。他们将谬误定义为论证的不正确的模式,或者是有说服力却不正确的论证,或者是有缺陷的论证模式。谬误研究离不开论证,论证的一般理论是谬误理论的前提,但是当前对论证的理解还存在较多的问题,因而需要我们对论证理论进行更加深入的探讨和研究。

有些学者考虑到了论证的辩证和语用特性,因而将谬误置于更广阔的论辩语境中加以研究,形成了谬误的论辩定义。代表性学者有爱默伦、荷罗顿道斯特和沃尔顿。爱默伦和荷罗顿道斯特以有争议的批评性讨论行为为对象,他们规定了这种讨论在每一阶段上的规则,而谬误就是对这些规则的违反。沃尔顿则分析了八种常见的对话类型及其各自的论证型式,谬误就是一个对话类型向另一个对话类型的不合法转移。他们对谬误的研究是谬误理论最新发展的主要代表。

论证强度的定义。既然演绎有效的标准不适合于日常论证,那么我们就应该寻找一个更恰当的评价标准。正如菲欧切阿罗所指出的，"在对一切类型的推理感兴趣的逻辑学家看来，当一种常见类型论证是演绎地无效时，他就应当建立或应用另外的、不怎么严格的、较为现实的评价原则"①，而这也是非形式逻辑研究所一直努力探寻的。奥尔特将论证的强度进行了更为细致的分类，而谬误就是没有达到一个论证所需要的论证强度。他指出，所谓谬误，就是这样一个论证，即使该论证基本前提为真，根据这些前提，结论为真的可能性也不大于50%，结论为真的可能性在0%到50%的区间内，而谬误的极限情形是，前提为真但结论绝对不可能为真的论证，即结论为真的可能性为零。武宏志和马永侠认为，谬误不仅涉及前提对结论的支持度，还与人们对主张的置信度有关，正是二者的不一致关系造成了谬误。因而他们在奥尔特谬误定义的基础上，附加考虑了谬误的语用学问题，将论证者和听众都纳入评估论证合理与否的因素之中，形成了谬误的新定义。谬误就是"置信者的主观置信度与论证的前提对结论支持度的背离，特别是基于特定前提，相信了一个（与其对立命题相比）为真的可能性并不大于50%的结论"②。

一方面，对于什么是谬误这一问题至今还未能形成一个定论；另一方面，先秦谬误思想有其不同于西方谬误思想的自身特性所在，因而本书在以上对谬误的理解的基础上，试图对与先秦谬误思想相关的谬误的特性进行简单的分析。

二、什么是先秦谬误思想

（一）先秦谬误思想有两条基本线索

先秦时期逻辑的研究一般包括名学和辩学两个方面，对谬误的研究自然也与之相应，包括名的谬误和辩的谬误。

---

① 转引自武宏志、刘春杰：《论证研究的复兴》，《延安大学学报（社会科学版）》1998年第1期。

② 武宏志、马永侠：《谬误研究》，陕西人民出版社1996年版，第70页。

一是以名实关系为线索的关于名的谬误。

在春秋战国的历史变革时期,社会生活各个领域存在着大量的"名实相怨"现象。这引起了先秦诸子的极大关注和热切讨论,儒、墨、名、法等各家均参与其中,分别阐述了他们的"正名"思想,试图纠正他们所认为的不正确的"名",从而推动了关于名的谬误研究的产生。

对名的谬误的探讨最早可以追溯到孔子的"正名"思想。他以周礼为标准,揭露了社会政治生活领域中大量等级不分、贵贱无序的"名不正"现象。在孔子看来,"名不正,则言不顺;言不顺,则事不成;事不成,则礼乐不兴;礼乐不兴,则刑罚不中;刑罚不中,则民无所措手足"(《论语·子路》)。"名不正"是造成社会混乱的根本原因。因而他主张以名正实,即用不变的周礼之名去纠正已经发展、变化了的实。荀子继承孔子正名以正政的主张,认为"名不正"造成"是非之形不明,则虽守法之吏,诵数之儒,亦皆乱也"(《荀子·正名》)。他将当时社会流行的"乱正名"概括为三种情形,即"用名以乱名""用实以乱名""用名以乱实"的"三惑","凡邪说辟言之离正道而擅作者,无不类于三惑者矣"(《荀子·正名》)。荀子详细分析了这三种名的谬误产生的原因及克服办法。通过正名,实现"名定而实辨,道行而志通"(《荀子·正名》)。

名家的学者以注重对名的分析而著称。邓析认为,破坏了名实之间确定性的"饰词""匿词"会带来思维以及社会的混乱,"饰词以相乱,匿词以相移","别言异道,以言相射,以行相伐,使民不知其要"(《邓析子·无厚》)。因而他要求在正确认识事物同异,即"别殊类"(《邓析子·无厚》)的基础上"循名责实""按实定名"(《邓析子·转辞》)。尹文例析了名之谬误的种种表现,并进行了分类说明:"悦名而丧实"、"违名而得实"(《尹文子·大道上》)、得名而失实、同名不同实。公孙龙的正名思想则逐渐脱离了社会政治追求,成为对名的抽象讨论。他从物、实、位、正的角度对名实关系进行了分析,将名实不当的谬误称为"非正举""狂举","非正举者,名实无当","举是乱名,是谓狂举"(《公孙龙子·通变论》)。公孙龙从物类之间的同异关系角度出发,对"狂举"的谬误进行了具体的分析。名实不当而当,就会造成混乱,"不当而当,乱也"(《公孙龙子·名实论》),因而他要求按照"唯乎其彼此"(《公孙龙子·名实论》)的正名原则,通过正实以正名,纠正"狂举"之谬误。

后期墨家也将名实相悖的谬误称为"狂举",造成"狂举"的原因是人们不能正确把握事物之间的类同、类异关系,"狂举不可以知异"(《墨辩·经下》)。"狂举"有三种表现形式,"重名""过名""非名"。为了保证名的确定性而不致产生谬误,后期墨家要求"名实耦,合也"(《墨辩·经说上》),为此,就需要遵守正名的原则:"彼:正名者彼此。彼此可,彼彼止于彼,此此止于此,彼此不可,彼且此也。彼此亦可,彼此止于彼此,若是而彼此也,则彼亦且此此也。"(《墨辩·经说下》)这一原则与公孙龙"唯乎其彼此"的正名思想基本一致。

名的谬误是从名实关系角度,以名实是否相符为标准加以评判的。这实质上是要求思想以及表达思想的语言要与存在相一致、相符合。三者中的任两者不一致都会造成谬误。这同亚里士多德"力图从存在的联系、从思维与存在的联系来理解思维的形式和规律"[①]的特点相类似。

二是在古代论辩中各派互訾而出现的谬误。

春秋战国时期,百家争鸣。先秦诸子为了维护自家学说的地位,需要和异己的学说展开激烈的辩论,因而先秦各家思想皆具有浓厚的论辩色彩。在论辩过程中,诸子不仅要宣扬自己的观点,同时更需要找出别家观点中的错误并予以驳斥。这样,论证自己观点的正确、找出对方论证的错误的方法就成为诸子所必须掌握的工具,由此推动了关于辩的谬误研究的产生。诸子对辩的谬误的研究,涉及论辩过程中有关推理规则、论说内容、语言、道德等多方面的要求。

推类是中国古代论辩过程中所使用的最主要的推理类型,因而中

---

① [苏]阿·谢·阿赫曼诺夫:《亚里士多德逻辑学说》,马兵译,上海译文出版社1980年版,第100页。

国古代思想家非常重视论辩过程中推类的正确使用,要求"推类而不悖"(《荀子·正名》),否则就会产生谬误。在推类过程中,"类"的依据是一个根本性要求。如果人们对事物的类别归属认识错误,整个推类即失去依据,此即"不知类"之谬误:"指不若人,则知恶之;心不若人,则不知恶,此之谓不知类也。"(《孟子·告子上》)"夫欲追速致远,不知任王良,欲进利除害,不知任贤能,此则不知类之患也。"(《韩非子·难势》)"世之君子,使之为一犬一彘之宰,不能则辞之;使为一国之相,不能而为之。岂不悖哉!"(《墨子·贵义》)后期墨家更是从理论上将"殊类"看作造成推类困难的原因,"推类之难,说在之大小"(《墨辩·经下》)。因而在论辩过程中如果不明类、不知类,就会造成谬误,"立辞而不明于其类,则必困矣"(《墨辩·大取》)。

在辩说过程中,先秦诸子,尤其是儒、法两家,对辩说的内容范围也有一定的限制。名家,尤其是公孙龙的学说遭到除墨家之外的先秦诸子的一致反对和批判,不能不说跟先秦诸子对辩说的这一要求有关。荀子认为,人们宣讲、辩说的内容,都只能在礼义的范围之内,即"言必当理"(《荀子·儒效》)。他认为不合礼义的言说"多诈而无功,上不足以顺明王,下不足以和齐百姓"(《荀子·非相》),"充虚之相施易也,坚白、同异之分隔也,是聪耳之所不能听也,明目之所不能见也,辩士之所不能言也,虽有圣人之知,未能偻指也。不知无害为君子,知之无损为小人"(《荀子·儒效》),因而应加以禁绝。韩非则认为,辩说应该有实际功用,其内容"不以功用为的"(《韩非子·外储说左上》)的辩说,被他称为"流行"(《韩非子·八奸》)之辞。这种辩说扰乱法令,不仅不利于君主对臣下的治理,而且是臣下实现其奸谋的途径之一,因而在必须止息之列。

论辩要想取胜,还必须对语言使用过程中的谬误有明确的认识。孟子自诩擅长"知言"(《孟子·公孙丑上》),他善于识别、分析别人言辞中语言表达方面所可能出现的错误及其产生的原因,"诐辞知其所蔽,淫辞知其所陷,邪辞知其所离,遁辞知其所穷"(《孟子·公孙丑上》)。

先秦思想家一般要求论辩的语言准确、朴实,反对华而不实、艰而不解。因而他们对思想内容表达不深入,却搬弄迷人的名称、辞句,专逞口舌之争的论辩一般皆持否定态度。"愚者之言,……彼诱其名,眩其辞,而无深于其志义者也。"(《荀子·正名》)韩非将语言美好动听但缺乏思想内容的"华而不实"(《韩非子·难言》)列为十二种"无用之辩"之首而加以批判。此外,古代思想家对语言的歧义谬误也有一定程度的研究。后期墨家明确将"言多方"(《墨辩·小取》),即语言歧义列为论辩过程中产生谬误的主要原因之一。《墨辩》中的"是而不然"(《墨辩·小取》),就包括对因推理前后同一语词的词义发生变化而造成的谬误的讨论。韩非、尹文等也都例析过语言歧义的问题,如"夔一足"(《韩非子·外储说左下》)、"郑人买璞"(《尹文子·大道下》)等。

论辩过程中,论辩双方还应遵循一定的道德要求。荀子将"以仁心说,以学心听,以公心辨"(《荀子·正名》)作为论辩者道德素质方面的要求,即论辩双方要互相谦让,宽以待人,不傲慢,以理服人;听取别人的主张要虚心、真诚、恭顺;遇到不同意见,不受众人意见、权贵、胁迫等因素的影响而轻易改变自己主张。

名的谬误与辩的谬误构成了先秦谬误思想发展的核心,与古希腊亚里士多德所提依赖语言和不依赖语言的谬误有明显的区别。

(二) 先秦谬误思想的划分标准及其产生的原因

先秦时期的谬误不同于西方,其分类或划分标准有鲜明的个性特点:

一是以各学派思想导向为标准或尺度。

先秦时期,诸子思想呈现多元化的特点。不同学派的思想家各自从自己所代表的阶级立场出发,分别提出体现不同阶级利益、不同价值观的学说主张。因而百家争鸣实质上就是诸子以自己学说为是、以异己学说为非的批判与反批判的过程。是己异非的思维模式使得诸子皆以自己学派的思想导向作为判别谬误与否的标准。

孔子站在没落的奴隶主贵族阶级的立场上,以周礼为标准,将与周礼所规定的一套名分等级制度不相符合的一切皆看作"名不正"之谬误而纳入"正名"的范围之内。孟子为了维护儒家学说的地位,以儒家"仁义"为标准,与"仁义"相背的言论皆被他看作淫辞、邪说而加以批判,其中尤以杨、墨之道为首,"杨、墨之道不息,孔子之道不著,是邪说诬民,充塞仁义也"(《孟子·滕文公下》)。

墨子作为小手工业者利益的代表,对儒家思想的一些重要理论问题,如孔子所极力维护的奴隶主宗法等级制度、厚葬久丧、任人唯亲等都进行了批判。他从自身的思想观点出发,揭示了儒家思想所包含的自相矛盾之处,并且树立了一个立言的标准——三表法。在墨子看来,不符合这三条标准的即为谬误。"三表法"对是非的判定,尤其是其中的后两条标准,即"下原察百姓耳目之实"与"观其中国家百姓人民之利"(《墨子·非命上》),与墨子作为底层百姓的阶级立场是密切相关的。

荀子则站在新兴地主阶级的立场上,为了改变"诸侯异政,百家异说"(《荀子·解蔽》)的社会状况,达到通过"建国家"以实现"一天下"(《荀子·王制》)的社会理想,主张通过"法仲尼"(《荀子·非十二子》)以齐整百家异说。他以孔子的礼义之说为标准,对其他学派,甚至同派的子思、孟轲的主张皆有所非,将他们的思想称为"离正道"的"奸言""邪说"(《荀子·非十二子》)。他对"三惑"的批判,亦受此思想导向的影响。例如他对墨家"杀盗非杀人"的批判,其实质是批判墨家与儒家"爱有差等"相对立的"兼爱"思想。荀子认为这是"不知一天下建国家之权称"(《荀子·非十二子》)。

韩非将法术看作实现封建大一统目标的根本途径和手段,因而他将法术作为判别谬误的依据。凡是与法术不相符合的言论,皆被称为"浮说"(《韩非子·五蠹》)、"淫说"(《韩非子·存韩》)。它们因为会动摇君主专制的政治统治而被视为"必禁"之说。

以各派的思想导向作为谬误划分的标准或尺度,是中国古代谬误思想的分类主线,它更主要地体现在辩学方面。

二是从名实关系角度,以名实是否相符为标准。

先秦时期,有关名实关系问题的探讨引起了当时人们的普遍关注。对社会生活领域中呈现出的大量"名实相怨"现象的研究构成了先秦名学兴起的直接原因。从哲学认识论的角度看,一个名正确与否,首先取决于它与所对应的实是否相符合。中国古代的思想家们的"正名"思想正是从这个要求出发提出的。名实关系问题是"正名"思想的基础和核心。"名实一致的哲学正名原则乃是中国正名学中的首要原则和普遍原则。"①因而,中国古代思想家们有关名的谬误的思想主要表现为对名实不符现象的关注和重视。对于这点,本书在"以名实关系为线索的关于名的谬误"的论述中已有所梳理,在此不加赘述。

需要指出的是,诸子在从名实关系的角度对名的谬误进行研究的过程中,似乎在一定程度上涉及了语言方面的分析。如荀子对"用名以乱实"(《荀子·正名》)的分析,涉及语言的约定俗成问题。荀子认为,在命名之初,用什么样的"名"(语词)指称什么样的对象,是没有必然性的,它是经由约定而形成的,"名无固宜,约之以命。约定俗成谓之宜,异于约则谓之不宜。名无固实,约之以命实,约定俗成谓之实名"(《荀子·正名》)。尹文注意到约定之后的"名"就形成了它固有的意义,如果随意更改,就会造成歧义谬误。如给人起名为"盗""殴"和起名为"善搏""善噬"(《尹文子·大道下》)两例。他同时还注意到,由于不同地区风俗习惯的不同,使用同一语词所表达的同一名称所指称的实可能不同,这也会造成歧义谬误。如"郑人买璞"中的"璞"在郑国和周国分指"玉"之实和"鼠"之实。当然即使是在同一风俗习惯下的同一地区,语词也不可避免地具有多义的性质,如果不严格区分,同样会产生歧义谬误。如后期墨家在论"重名"之谬误时,就分析了同名异实和异名同实的情况。

三是由于"独特"而遭非议的所谓谬误。

历史上,惠施、公孙龙等人的学说被视为"琦辞""怪说"而受到先秦

---

① 周云之:《名辩学论》,辽宁教育出版社1995年版,第180页。

诸子的一致反对和批判。庄子将惠施、桓团、公孙龙等称作"辩者之徒",所谓"辩者"就是故意制造怪异之说,"惠施日以其知与人之辩,特与天下之辩者为怪,此其柢也"(《庄子·天下》)。庄子认为他们是"以反人为实而欲以胜人为名"(《庄子·天下》),即仅仅为了辩赢别人、获取名声而故意将违反人之常情的事说成是真的。这样的辩说是"饰人之心,易人之意,能胜人之口,不能服人之心"(《庄子·天下》),偏离了天下的至理和正道,属于"非天下之至正"的"骈旁枝之道"(《庄子·骈拇》)。

荀子认为惠施、邓析的学说不符合礼义的要求,它们"好治怪说,玩琦辞,甚察而不惠,辩而无用,多事而寡功,不可以为治纲纪"(《荀子·非十二子》),因而不应该包括在辩说的内容范围之内。像惠施、公孙龙的"坚白""同异""有厚无厚"之类的辩说,并不是没有人能辩胜他们,只是这类辩说对于国家的治理、社会的有序化没有任何功用,因而"君子不辩,止之也"(《荀子·修身》)。荀子还将公孙龙的"白马非马"视为"三惑"中"用名以乱名"的谬误而加以详细分析和批判。

韩非也同样认为,惠施、公孙龙的学说,不仅对国家的治理没有任何功用,而且会造成社会秩序混乱,使得法令不能顺利运行,"今兼听杂学缪行同异之辞,安得无乱乎"(《韩非子·显学》),"坚白无厚之词章,而宪令之法息"(《韩非子·问辩》)。

三、本书的研究范围

本书的研究范围是中国古代谬误思想发生和发展的阶段,同时也是贡献最大、成果最多、最具中国古代逻辑特色的阶段,即先秦谬误思想。从学派角度上主要包括:先秦时期儒、墨、名、法、道、纵横诸家的谬误思想。从时间顺序上主要包括:邓析、孔子、墨子、宋钘、尹文、孟子、庄子、后期墨家、公孙龙、荀子、韩非、鬼谷子[①]的谬误思想。

[①] 因鬼谷子的生卒年份暂无定论,本书暂将其列于先秦末期韩非之后。

先秦谬误思想应以挖掘、整理和总结此时期谬误思想的产生和发展为主要内容。具体来说,我们首先要以此时期谬误思想在理论上的成就为主要对象和主要线索。如荀子的"三惑"是先秦史上第一次从理论上对各种名的谬误进行的较为全面、系统的概括;公孙龙第一次从逻辑理论高度提出了正名的原则和要求;后期墨家提出了我国逻辑史上第一个较为系统的逻辑思想体系,而其谬误思想就是这个逻辑思想体系中不可或缺的组成部分,因而后期墨家对谬误的研究,尤其是辩的谬误的研究相对全面、集中与系统。以上思想家的谬误思想是本书重点研究的内容。当然,有的思想家虽然只是论述了一些与谬误相关的具体事例或命题,没有进行理论上的抽象概括,但这些具体事例或命题本身已包含一些具有普遍性的谬误思想,如墨子、孟子等的著作中有大量关于谬误思想运用的典型事例。这些对于我们科学、完整地理解先秦谬误思想有重要的意义,是先秦谬误思想的重要组成部分,因而也是本书研究的主要内容。

另外,任何一种学术思想的形成都会受到其所处时代的社会环境、文化背景以及由此而产生的学者们的认识、动机、追求等的影响,因而我们在研究先秦谬误思想时,其所处的社会经济、政治背景以及受此影响的思想家所提出的谬误思想的动机、追求,以及先秦时期的文化思想,如哲学、政治学、伦理学、语言学等思想的特征,在本书中也有所分析。

我们对先秦谬误思想的研究不仅要整理、总结其发生、发展的过程,揭示其思想内容和特征,还要挖掘其现代价值。当代谬误理论将逻辑、论辩、修辞和语言等各种理论成果加以综合,对谬误的分析涉及推理过程、语言使用、说服效果等各个方面。而先秦时期的思想家对谬误的分析与研究相对浅显、零散,没有形成系统的论述,存在着一定的欠缺。因而对先秦谬误思想进行重新分析并利用当代谬误理论对其进行现代分析也应该在先秦谬误思想研究的范围之内。当然,我们的整理与分析离不开前人的努力,中国近代学者和当代西方学者对先秦谬误思想的研究是我们现阶段研究的基础,对我们现阶段的研究具有重要的借鉴意义,因而本书对他们的研究也进行了系统的整理和总结评价。

第五节 研究方法

一、历史与文化分析的方法

任何一种学术思想都创建于特定的历史时代,其所处时代的社会环境、文化背景以及由此而产生的学者们的认识、动机、追求等构成了该学术思想形成的根据。只有深入考察这些因素,才可能较为客观、准确地理解表述这些思想的文本,因而也才可能形成对该学术思想的较为全面、合理的分析与解释。在逻辑史的研究中,"结合不同文化背景来研究不同民族的逻辑思想发展已经成为国际逻辑史学界的一种共识"①。先秦谬误思想研究自然也不例外。历史与文化的研究方法要求我们,一方面将先秦谬误思想置于其所产生和发展的社会经济、政治、文化的历史背景中,通过具体分析该背景以及受此背景影响的思想家所提出的谬误思想的动机、追求等,揭示先秦谬误思想的特有性质;另一方面,将先秦谬误思想看作先秦时期文化的有机组成部分,通过揭示先秦时期的文化思想,尤其是在哲学、政治学、伦理学、语言学、科学技术等方面思想的特征和影响,对中国古代谬误思想进行具体的分析。只有这样,才有可能真正解读先秦谬误思想的内涵,还原它发生和发展的过程,揭示它研究的内容和思想特征,展示其在先秦文化背景下的个性特点。

---

① 翟锦程:《用逻辑的观念审视中国逻辑研究——兼论逻辑史研究中的几个问题》,《南开学报(哲学社会科学版)》2007年第4期。

二、文本与训诂的方法

先秦时期的典籍是我们研究先秦谬误思想的主要史料依据。只有以真实可靠的著作典籍为依据,才有可能对先秦谬误思想进行相对符合历史真实的梳理与分析。但是,因为历史久远,先秦时期的典籍存在散失、传讹的情况。此时期的著作典籍有些存在残缺问题;有些著作,如《邓析子》《尹文子》等则被直接认为是"伪书"。对于著作的残缺问题,我们会通过分析该著作所处的时代背景、所属学派思想的整体发展,并参考其他历史文献中对其言行的记录和评述,力图从整体上把握其中的谬误思想。对于真伪问题,我们认为,多数"伪书"只是假托别人之名而作,这仅仅表明其不一定能代表其所假托之作者的思想,但不管其最终归于哪个作者,也都在先秦思想的研究范围之内。因而,如果"伪书"中的思想内容与其所处的时代背景以及当时的思想文化发展的特征相合,那么其中所阐述的有关谬误的有价值的思想和观点就可以作为先秦谬误思想研究的素材。

古文艰涩,很多字词及其意义至今已发生了很大的变化,再加上典籍在长期流传过程中所造成的很多问题,这些都对我们理解古代著作典籍造成了一定的困难。因此,我们还应采用训诂的方法。先秦时期的思想家对谬误没有一个统一的称呼,他们用以指称谬误的词有很多,如"悖""缪""妄""淫辞""诐辞""琦辞""奸说""惑""乖""危""狂举""虚妄"等。为此,我们需要用训诂的方法解释这些词义的思想内容,分析它们的异同,从中发掘先秦时期的思想家对谬误的理解。

三、比较分析的方法

无比较无以见异同,比较是人们认识事物的基本方法。在世界逻辑体系中,中国逻辑、西方逻辑和印度逻辑是平行发展的三大逻辑传统。在世界逻辑思想起源的这三大体系中,都包含着对谬误问题的研究,因而先秦谬误思想的发展并不是孤立的。要想全面、准确地理解先秦谬误思想,离不开它与西方的谬误思想、印度因明过论的比较研究。在比较过程中,我们既会寻找三种谬误传统所具有的共性之处,也会结合各自的历史文化背景,分析三者的不同之处。在此基础上,系统研究先秦谬误思想产生、发展的过程,并反思先秦谬误思想的基本特性。

先秦谬误思想自身也是一个多元化、具有多样性的整体。儒、墨、道、法、名、纵横诸学派,甚至是同一学派的不同思想家有关谬误的思想都不尽相同,因此我们会对它们的相同点和相异点在各思想家之间进行横向的比较分析。同时,先秦谬误思想本身有其发展、演变的过程,我们也会对谬误发展的前后形式,各思想家的谬误思想之间的前后继承与扬弃的关系,以及产生这种演变的原因进行纵向的详细分析和研究。

第一章
儒家的谬误思想

中国最早的谬误论是名辩谬误论。据古籍记载,早在公元前5世纪,谬误就已经在中国的社会、政治生活中频繁地出现。先秦的辩士提出了一些与逻辑相关的问题,得出了与人们的认识相反、使人们难以接受的结论,这些"琦辞""怪说","其持之有故,或言之成理,足以欺惑愚众"。对谬误的研究、分析自然也就开始了。名辩谬误论,也即关于名、辞、说与辩的谬误的分析与纠正的学说。① 它最初是伴随着"正名"思想产生、发展起来的。"正名",是先秦逻辑思想中关于名实关系的一个原则。不同的思想家所说的"正名"也有所不同,但总体来说,都是要纠正他们认为不正确的"名"。对不正确的"名"或不正确的名实关系的研究,促进了关于名的谬误研究的产生。辩,有争论、推论两个意思。诸子百家为了阐明自己的观点,保证自家观点能够独领风骚,要找出别家观点中的错误并予以驳斥。逐渐地,关于证明自己观点正确、找出敌方论证过程中的错误的方法就成了必不可少的工具。自此也就产生了与名的谬误不同的关于辩的谬误。关于辩的研究与名的研究没有时间上

---

① 武宏志、马永侠:《谬误研究》,陕西人民出版社1996年版,第243页。

的差别，二者是相互影响的。名的谬误和辩的谬误的共同发展构成了先秦时期特有的名辩谬误论。

儒家在先秦时期和诸子百家地位平等，由孔子创立、孟子发展、荀子集大成。孔子是最早提出"正名"的思想家；孟子继承并丰富了孔子的正名思想，并熟练运用了一些名辩方法；荀子则提出了更为全面和系统的正名逻辑思想。所以，儒家的谬误思想主要是关于名的谬误的思想。

第一节　孔子的谬误思想

孔子(公元前551—前479年)，名丘，字仲尼，春秋末期鲁国人。作为儒家学派的创始人，孔子具有极富原创性的丰富思想，但因其主张"述而不作"(《论语·述而》)，他的思想、言论主要由其弟子记录整理并最终编成《论语》一书，这是研究孔子思想的主要材料。

一、孔子谬误思想产生的时代背景和思想倾向

春秋末期是我国从奴隶制社会向封建制社会转变的历史大变革时期。一方面，原有的奴隶制统治制度因不适应日益发展的生产力而面临崩溃。随着生产力的发展，奴隶与奴隶主、平民与贵族之间的矛盾日渐激化。自春秋中叶起，不断发生奴隶和平民的暴动，赶跑或杀死贵族统治者。奴隶和平民们的斗争和反抗，从根本上动摇了奴隶主贵族的统治，原有的奴隶与奴隶主、平民与贵族之间的等级名分秩序被打破。另一方面，与新的封建制生产关系相适应的封建制度还未真正确立起来，统治阶级内部争夺统治地位的斗争激烈。随着周王朝的日渐衰弱，各诸侯国的日渐强大，周天子的权势明显下降。直至公元前770年周平王东迁，周天子只能在名义上享有"天下共主"的称号，已无发号施令的权威，甚至还需靠齐、鲁等诸侯大国的庇护才能生存。各诸侯国之间

霸主地位也不稳定,相互争霸不休、征战不断。周天子作为君主,软弱无力,无法号令天下;各诸侯王作为臣子,对天子多有冒犯与不敬。在各诸侯国内部,乱臣贼子争权夺利的现象也时有发生。原有的君臣等级名分秩序已被破坏殆尽。

在这种战争频繁的动荡政治背景下,各大诸侯国霸主之位不稳定,严峻的现实迫使他们不得不大规模地招纳"贤士",促使"养士"之风盛行。为了任用贤能,各诸侯王并不独尊某一家学说,而是任由持不同观点的"贤士"进行辩论。这在客观上促使多种思想频出,从而彻底动摇了奴隶制社会神圣的"礼治"观念。

社会形态和思想层面的剧烈变化使原有的等级名分制度受到严重冲击,造成了社会生活各个方面的混乱无序,表现在名实关系上就是名与其所指称对象之间固有关系的变化。孔子对名实之间这种极端混乱的现象痛心疾首。他特别关注社会政治和伦理道德领域的"名实相怨"现象,将其视为造成当时社会政治伦理中混乱无序局面的原因,因而对其深恶痛绝,并积极寻找匡正名实关系的途径。孔子非常推崇"周礼"。"周监于二代,郁郁乎文哉,吾从周。"(《论语·八佾》)孔子站在没落的奴隶主贵族阶级的立场上,盛赞西周礼乐之盛,高度崇"礼",将其看作不可易位的典范。认为只有使已经发生变化的"实"去迁就和适应这个不变的周礼,即"名",社会才能转危为安,转乱为治。这样,孔子便成为我国历史上最早主张"正名"的思想家之一。

二、孔子关于谬误的思想

孔子的谬误思想,主要是在其阐述"正名"思想的过程中体现出来的。孔子虽然没有有关谬误定义与分类等理论上的明确说明,但他有关名实不符的"名不正"思想的具体分析却表明他对谬误有着明确的认识。

(一)"名不正"之谬误的表现及危害

从哲学认识论的角度看,判断一个名是否正确,首先要看其与所对应的实是否相符合、相一致。中国古代的思想家们的"正名"思想正是从这个要求出发提出的,"名实一致的哲学正名原则乃是中国正名学中的首要原则和普遍原则"①。因而,中国古代思想家们有关名的谬误的思想首先表现为对名实不符现象的关注和重视。孔子作为正名思想的最早提出者之一,深刻分析了当时社会生活中的各种"名不正"现象。

孔子列举了"名不正"现象在社会生活各个领域中的大量表现,其中最主要的是因君臣等级混乱而造成的"君王离政,大夫当权"②。如在各诸侯国中,臣未安其分,争权夺势,甚至弑杀国君。"陈成子弑简公。孔子沐浴而朝,告于哀公曰:'陈恒弑其君,请讨之。'公曰:'告夫三子。'孔子曰:'以吾从大夫之后,不敢不告也。君曰"告夫三子"者。'之三子告,不可。孔子曰:'以吾从大夫之后,不敢不告也。'"(《论语·宪问》)陈成子杀死齐简公,这在孔子看来真是"不可忍"的事情。尽管他已经退官家居了,但他还是郑重其事地把此事告诉了鲁哀公,这违背了他"不在其位,不谋其政"的戒律。至于大夫享用邦君之礼的僭越现象,更是普遍。如"八佾"本是天子所享用的一种舞蹈,以大夫身份只能享用"四佾"的鲁国季氏,却公然"八佾舞于庭"(《论语·八佾》);祭祀泰山是天子和诸侯的专权,季氏只是鲁国的大夫,他竟然也"旅于泰山"(《论语·八佾》);《雍》诗中的"相维辟公,天子穆穆"本是天子主祭时的所唱的诗句,孟氏、叔氏和季氏作为大夫祭祀时也命乐工唱此诗,"三家者以《雍》彻"(《论语·八佾》)。再如齐国大夫管仲使用只有君王才可以使用的"塞门"与"反坫","邦君树塞门,管氏亦树塞门;邦君为两君之好,有反坫,管氏亦有反坫"(《论语·八佾》)。"拜下,礼也;今拜乎上,泰也。虽违众,吾从下。"(《论语·子罕》)臣见国君,在堂下跪拜才合乎礼,现在大家都到堂上跪拜,这是骄纵的表现。因而孔子认为即使"违众",也应坚持"拜下",才能合乎"礼"之名。

---

① 周云之:《名辩学论》,辽宁教育出版社 1995 年版,第 180 页。
② 崔清田主编:《名学与辩学》,山西教育出版社 1997 年版,第 38 页。

等级名分的区分不仅存在于君臣之中,还存在于社会生活中的各个阶层。不同阶层之间的等级不分、贵贱无序也造成了名实之间的相违、相乱。臧文仲只是一"智者",他却"居蔡,山节藻梲"(《论语·公冶长》),修建了藏龟的大屋子,装饰成天子宗庙的式样。再如,不同等级的人有不同等级的安葬仪式,孔子在重病时,"子路使门人为臣"(《论语·子罕》),"臣",是在人死前便开始准备丧葬工作,这是诸侯死时所享用的仪式。因而孔子斥责子路,反对学生们按此仪式为他办理丧事。

"名不正"不仅大量存在于以君臣为核心的政治关系中,在以父子为核心的亲缘关系中也是屡见不鲜。鲁国原壤,母亲死了,他还大声歌唱,孔子认为这是大逆不道,骂他道"幼而不孙弟,长而无述焉,老而不死,是为贼"(《论语·宪问》)。宰我认为"三年之丧,期已久矣"(《论语·阳货》),孔子因此批评他"不仁"。在孔子看来,无论原壤还是宰我都违背了作为道德基础的"孝"名。

孔子不仅关注社会政治伦理领域的名实不符现象,也注意到了具体器物的"名不正"问题。"觚不觚,觚哉!觚哉!"(《论语·雍也》)觚本是上圆下方、有四条棱角的盛酒礼器,但鲁国新兴贵族却将其变为圆桶形、没有棱角的形状。"觚"名未变,与"觚"名相对应的实却发生了变化,造成名实不符。再如,春秋时期,鲁桓公和齐桓公都喜欢穿紫色衣服,而孔子认为紫色代替朱色而变为诸侯衣服的正色不合"礼",因而他"恶紫之夺朱也"(《论语·阳货》)。

对于上述各种"名不正"之谬误,孔子认为"是可忍,孰不可忍也"(《论语·八佾》),因为它是引发当时社会政治伦理混乱的根本原因。"名不正,则言不顺;言不顺,则事不成;事不成,则礼乐不兴;礼乐不兴,则刑罚不中;刑罚不中,则民无所措手足。"(《论语·子路》)这里,孔子论述了"名不正"对"言""事"和社会政治伦理生活的危害。在日常语言系统中,"言"指一般的言论,它的基本功能是表述思想,是人与人之间沟通交流的主要工具之一。"名"是构成"言"的基本元素,"言"能否实现成功交际,即能否正确表达自己思想,同时又使其为他人所准确理解,与"名"的正与不正有着直接的关系。如果"名不正",即名实不符,"名"不具有确定性,那么"言"就不能顺,不能准确表达思想从而实现有效交际。从逻辑上说,判断由概念组成。"名"的不确定性造成概念上的意义混淆,从而使判断意义模糊不清,不能正确反映客观现实。人们依言行事,"名不正""言不顺",必然影响到人们的实际行动,使"事不成"。"礼乐"为天下大事,因而"事不成,则礼乐不兴"。"礼者法之大分"(《荀子·劝学》),因而"礼乐不兴,则刑罚不中"。法令混乱,赏罚不当,则百姓无所适从,国家必然混乱滋生。可见,"名不正"之谬误与国家的政治制度、伦理规范和赏罚制度直接相关,它关系到事业的成败与国家的治乱。为此,孔子提出"正名"要求。

(二)"名不正"之谬误的判别标准

孔子对"名"正与不正的判别标准是"礼",他所言的"礼"为周礼。西周作为我国奴隶制统治的昌盛时期,形成了一个以周礼为代表的相对完备的统治制度,其实质是以血缘关系为基础的宗法系统和以"君君,臣臣,父父,子子"(《论语·颜渊》)为模式的等级制度。在周礼的调节下,社会全体成员各按其"名分"而实现整个社会的有序化。春秋末期,以周礼为代表的这套制度被破坏了,那么社会转型之后,这套制度还能否适应新的社会形态,从而实现对社会关系的调节?孔子站在没落的奴隶主贵族阶级的立场上,对此持肯定态度。他用周礼所规定的一套名分等级制度去要求社会政治生活领域中的实,如果实与"礼"名相符,则正,否则,即为不正。即使是对器物之名"觚"的关注,也不仅仅是因为"觚"的形状变化,更是因为"觚"从君主享用的礼器变为臣子享用的礼器。他"恶紫之夺朱",也是因为当时人们改变了朱色的政治地位和社会地位的象征意义。因而孔子的"正名"是用"礼"名去纠正已经存在的实,使实服从于周礼所规定的名分等级制度。其基本内容为"君君,臣臣,父父,子子",即为君者、为臣者、为父者、为子者,要符合"君"名、"臣"名、"父"名、"子"名所规定的各应遵守的伦理道德规范和行为准则。如,对君而言,要做到"好礼","上好礼,则民易使也"(《论语·宪问》),"上好礼,则民莫敢不敬"(《论语·子路》);对臣而言,要做到"事君尽礼"与"事君以忠"(《论语·八佾》);对庶人而言,"不议"政事才能"天下有道"(《论语·季氏》);对子而言,对父母要做到"生,事之以礼,死,葬之以礼,祭之以礼"(《论语·为政》)。

(三)"正名"的逻辑方法

使实与名相一致的"正名"思想,体现了名应具有确定性的逻辑要求。在孔子那里,名的确定性不仅要求名与实的相符相应,还要求名与名之间意义不容混淆。孔子要求在名的使用过程中,要保证名的意义的确定性,尤其是相似的名之间,更要注意区分各自的准确意义。如孔子认为,子张在问"士何如斯可谓之达矣"(《论语·颜渊》)时,并没有形成对"达"的意义的准确理解,因而孔子对"达"与"闻"的不同意义进行区分,"夫达也者,质直而好义,察言而观色,虑以下人。在邦必达,在家必达。夫闻也者,色取仁而行违,居之不疑。在邦必闻,在家必闻"(《论语·颜渊》),从而避免了二者的混淆。同样,孔子认为冉子对"政"和"事"的意义有所混淆,因而在使用过程中出现谬误。"冉子退朝。子曰:'何晏也?'对曰:'有政。'子曰:'其事也,如有政,虽不吾以,吾其与闻之。'"(《论语·子路》)日常的普通事务,只能称为"事",而不能称为"政";只有重大的国家大事才能称为"政"。

保证名的确定性和准确性的重要方法之一就是下定义,使概念的内涵或外延得以明确。孔子特别善于运用精炼、准确的语言表达重要思想,虽然这一方法不一定能称得上是我们现在所说的定义方法,但它确实有利于保证名的确定性和准确性。如上述讲"闻"与"达",即用简明的语言让人们明确了其各自的所指与适用范围。再如,面对有人所提出的孔子"不为政"的疑问,孔子回答说:"《书》云:'孝乎惟孝,友于兄弟。'施于有政,是亦为政,奚其为为政?"(《论语·为政》)把孝悌的道理施于政事,也就是从事政治,从而明确了"孝"亦在"为政"的外延之中。

三、孔子谬误思想的特点分析

第一,哲学思想的倾向。哲学上正确之名,必须与客观之实相符合、相一致。名实关系问题是中国古代思想家们正名论的基本问题。从一般意义上来说,名是对事物的表示和称谓,它随着事物的产生而产生,并随着事物的发展而变化。因而名的正与不正,应以事物本身为依据,看名是否正确反映了事物之实。而孔子却与之相反。他以名为第一性,认为应先规范名的确切含义和适用范围,然后以此为标准去衡量实,看其是否符合名的规定。孔子的名,是周礼规定的,其本质是其政治道德理想的体现,因而被孔子认为是完善的、不变的和绝对的。孔子纠正"名不正"谬误的方法,就是用已经发展、变化的实去服从这一永远不变的周礼之名。

第二,政治思想的倾向。孔子用旧名匡正新实的哲学倾向,主要由他的政治主张所促成。孔子对"名不正"的研究,源于其"正政",即实现社会政治和伦理的有序化的政治目的。在孔子看来,"名不正"是引起社会动荡、政治混乱的根源,为了从根本上实现社会稳定、政治有序,孔子才开始了对"名不正"之谬误的关注。在当时社会转型的时代背景下,"名不正"谬误存在于社会生活的方方面面。但孔子从奴隶主阶级的立场出发,对周礼的惨遭践踏,尤其是君臣上下、亲疏贵贱的等级名分秩序受到冲击的现象痛心疾首,因而其关注点主要集中于社会政治生活领域,其中尤以下级逾越等级名分的僭越行为为最。在孔子看来,周礼是最完善的、绝对的,已经发展、变化了的实必须符合"礼"名的规定,否则便为"不正"。针对众多的"名不正"之谬误,孔子主张以"礼"为核心,以君臣父子为内容加以纠正,其最终目的不过是实现其复兴周礼,恢复周礼所规定的名分等级制度的政治理想。

第三,伦理思想的倾向。孔子以政治为伦理,其政治目的的实现,依赖于人们对伦理规范的遵守。孔子认为,社会政治生活领域中主要由"君不君,臣不臣,父不父,子不子"(《论语·颜渊》)的名实相离所引起的"名不正"之谬误,尤其是臣弑君、子弑父等悖伦行为,主要是道德沦丧造成的。因而纠正"名不正"之谬误的方法就是将遭破坏的道德理念——"礼"重新建立起来,对个人及整个社会进行道德教化。将"礼"的道德要求应用于个人,即要求君、臣、父、子等各"正其身",做到"非礼勿视,非礼勿听,非礼勿言,非礼勿动"(《论语·颜渊》)。这样的道德教化相较于强制性的刑罚制裁来说,能够唤醒人的道德自觉,从内心以恶为耻,因而效果深入而长久。"道之以德,齐之以礼,有耻且格。"(《论语·为政》)因而,在孔子那里,"'正身'是'正名'的外在的思想要求"①,君臣父子等各按"正身"的要求遵守其各应遵守的道德规范,也即实现了使其行为符合"礼"名的要求,才能无"名不正"之弊。总之,"孔丘是有他的一套道德王国的理想的。……以圣贤之德操,自可使万民心悦诚服,'有耻且格',全国相亲相爱,自无犯上作乱之事,而天下太平。这是孔子理想的道德王国。……在孔子的眼光看来,逻辑的任务不在于求真,而在于求善。如何能'止于至善',这是他的中心理想"②。

四、孔子谬误思想的影响

第一,孔子谬误思想中的逻辑性质,对中国古代逻辑思想的发展具有重要作用。孔子对"名不正"之谬误的分析,从反面揭示了名应具有确定性的逻辑要求,因而孔子提出了使实与名相符的"正名"要求。为了保证名在使用过程中的确定性和准确性,孔子比较重视用类似定义的方法以明确名的内涵和适用范围。这些都初步揭示了孔子谬误思想在逻辑上的性质和作用,这在逻辑思想很不发达的春秋末年,是难能可贵的,对以后中国古代逻辑思想的发展也具有重要作用。后来的公孙龙、墨家、荀子等都吸收了孔子"正名"理论中合理的逻辑思想。"名者,所以别同异,明是非,道义之门,政化之准绳也。孔子曰:'必也正名乎!

---

① 翟锦程:《先秦名学研究》,天津古籍出版社 2005 年版,第 31 页。
② 温公颐:《先秦逻辑史》,上海人民出版社 1983 年版,第 171—172 页。

名不正则事不成。'墨子著书,作《辩经》以立名本,惠施、公孙龙祖述其学,以正形名显于世。"(鲁胜《墨辩注序》)因此,孔子可被看作"我国古代逻辑思想的启蒙家之一"①。

第二,孔子谬误思想的政治伦理倾向,在一定程度上阻碍了中国古代逻辑思想的发展。孔子对谬误的分析,重在其政治伦理目的。相对于自然事物之"名不正"的谬误,孔子更关注社会政治伦理领域中的亲疏贵贱、等级名分的混乱。孔子将谬误的研究引介到社会政治伦理领域,使中国古代谬误的研究从最初形成即与社会现实尤其是社会政治生活紧密结合,形成了古代谬误思想的政治伦理倾向。此后的孟子、荀子、韩非等人继承这一传统,使之成为中国古代正名思想的核心内容之一。温公颐指出,孔子把逻辑伦理化,不利于逻辑本身的发展,阻碍了中国古代逻辑思想的发展。"伦理的目的在于求善,而逻辑的目的在于求真,他把两种任务不同的科学混在一起,就影响了他对逻辑本身的深入探索。……这种唯心的正名观,一直影响到后来孟子和秦汉以后。汉武时代,孔子定于一尊,儒家思想成为尔后二千多年封建王朝的正统,使辩者的科学逻辑思想受到抑压,中国逻辑科学走向式微,诚足令人感叹!"②

第三,孔子的正名思想,为先秦名学的多元发展奠定了基础。孔子对"名不正"之谬误的讨论,主要围绕着社会政治伦理领域而展开的传统,一方面,为孟子、荀子、韩非等人所继承并加以改造,形成先秦诸子名学思想的核心内容之一;另一方面,则启发了名家、墨家等学者着重从名与物的角度进行"名不正"之谬误的讨论。而道家"无名"的提出,也是基于他们对儒家思想所首倡的"礼"的批判。因此,"孔子的'正名'思想与先秦诸子的名学主张在一定程度上有着直接或间接的联系,为推动先秦名学多元化特点的形成和发展奠定了基础"③。先秦逻辑思

---

① 周云之、刘培育:《先秦逻辑史》,中国社会科学出版社1984年版,第38页。
② 温公颐:《先秦逻辑史》,上海人民出版社1983年版,第200—201页。
③ 崔清田主编:《名学与辩学》,山西教育出版社1997年版,第46页。

想的发展壮大,正是在各学派之间的互相批评、互相影响的过程中实现的,孔子对此功劳巨大。

孔子的"正名"思想重在政治目的,正名主义的逻辑是和政治伦理化分不开的。正名主义的逻辑尔后为孟轲、荀子和韩非所继承。秦汉以后,孔子思想定于一尊,正名主义的逻辑也就压倒了先秦辩者的正名实的纯逻辑。墨辩的科学的系统逻辑在二千多年的长期封建社会中被湮没,这是一个主要原因。即如上述温公颐先生所说,孔子不仅把政治伦理化,而且还把逻辑伦理化。伦理的目的在于求善,而逻辑的目的在于求真,他把两种任务不同的科学混在一起,就影响了他对逻辑本身的深入探索。这种唯心的正名观,一直影响到后来孟子和秦汉以后。汉武时代,孔子定于一尊,儒家思想成为尔后二千多年封建王朝的正统,使辩者的科学逻辑思想受到抑压,中国逻辑科学走向式微,诚足以令人感叹!

孔子所提出的"正名"口号,固为儒家正统所继承,但也给辩者以一定的影响。公孙龙之"正名实",墨辩之"正名者",可为明证。先秦的逻辑思想就是在这两派的互相批评和互相影响的过程中发展壮大的,在这点上,孔子的"正名"不为无功。

第二节 孟子的谬误思想

孟子(约公元前 372—前 289 年),名轲,字子舆,战国时邹人。自孔子之后,"儒分为八"(《韩非子·显学》),对后世影响最大的为孟子和荀子。孟子自称为孔子的真正继承者,自认其思想为儒家正宗,"乃所愿,则学孔子也"(《孟子·公孙丑上》)。记录其学术思想的《孟子》七篇,是我们研究孟子思想的主要依据。

一、孟子谬误思想产生的时代背景和思想倾向

孟子虽然自称继承孔子之学,但孟子的时代,距离孔子逝世毕竟已有一百多年,社会形态与孔子所处的春秋末期的社会形态已大不相同。孟子处于战国中期,此时封建政治经济体制已代替奴隶制的政治经济体系在各诸侯国中纷纷建立起来。因而孟子已不像孔子那样将社会的稳定寄希望于以周礼为核心的奴隶制,而是顺应历史发展,站在新兴地主阶级的立场上,寻找维护地主阶级长远利益的统治方案。

孟子的时代,一方面,"争地以战,杀人盈野;争城以战,杀人盈城"(《孟子·离娄上》,下引《孟子》只注篇名),战争频繁,天下动荡。各诸侯国或为了生存,或为了称霸,主张富国强兵,儒家学说因"迂远而阔于事情"(《史记·孟子荀卿列传》)而受到统治者的冷落。另一方面,奴隶制刚结束,封建制初步建立,无论是政治统治还是思想主张都未统一。曾"学儒者之业,受孔子之术"(《淮南子·要略》)的墨子,走向了反对儒家学说的道路,倡导"兼而爱之,从而利之"(《墨子·尚贤中》,成为天下显学。争取个人独立、自由的杨朱提倡"为我",是对儒家伦理纲常思想的反动。此外,法家所主张的用武力扩充土地,富国强兵的政策与儒家的德治主义形成了鲜明的对比。这些思想对儒家思想产生强烈的冲击,引发儒家学说的信仰危机。为了维护儒家学说的地位,更为了顺应社会政治和思想逐渐趋于统一的需要,孟子自觉展开了与各家思想的激烈辩论。为了在论争中取得胜利,孟子展开了对论辩的研究,因而在孟子的逻辑思想中,辩是其最具特色的组成部分。

孟子认为"圣王不作,诸侯放恣,处士横议,杨朱、墨翟之言盈天下。天下之言,不归杨则归墨"(《滕文公下》),在对各家思想的批判中,以对杨、墨的批判最为突出:"杨氏为我,是无君也;墨氏兼爱,是无父也;无父无君,是禽兽也。"(《滕文公下》)他将杨、墨的言论称为"淫辞""邪说",认为只有"距杨、墨",才能使"放淫辞,邪说者不得作"(《滕文公下》)。因而他指出,"杨墨之道不息,孔子之道不著"(《滕文公下》)。在

孟子"距杨墨"以著"孔子之道"的论辩过程中,包含了他有关"邪说""诐行""淫辞"的谬误思想。

二、孟子关于谬误的思想

(一) 孟子对谬误的界定及分类

与孔子注重研究"名不正"之谬误不同,孟子更关注的是"辞""说"的谬误,这与孟子逻辑的辩的特点密切相关。论辩首先是关于某一论点("言")的论辩。要想在论辩中取胜,必须对语言使用过程中的"诡辞"有明确的认识。因而当孟子被其弟子公孙丑问及"敢问夫子恶乎长"(《公孙丑上》)的时候,他明确地回答说:"我知言。"(《公孙丑上》)"知言",即善于分析研究别人的言辞。孟子的"知言",实质上是要人们识别不正之言的错误,对它们进行分析批判从而加以纠正。

"何谓知言?"曰:"诐辞知其所蔽,淫辞知其所陷,邪辞知其所离,遁辞知其所穷。生于其心,害于其政;发于其政,害于其事。"(《公孙丑上》)

孟子将不正之言分为四种,即诐辞、淫辞、邪辞、遁辞。诐辞即片面的言论,它因说话人有所壅蔽而产生。对于这种一偏之辞,我们应知道其片面性之所在。淫辞即过头的言论,它因说话人有所陷溺而产生。对于这种过分夸大之辞,我们应知道它失误之处之所在。邪辞即不合正道的言论,它因说话人叛离了正道而产生。对此,我们应知道它是如何背离正道的。遁辞即躲躲闪闪的言论,它因说话人理有所穷而产生。理有所穷,因而采用诡辩的方法,试图以假乱真,即为遁辞。对此,我们应知道它理屈词穷之所在。以上四辞,是孟子对言之谬误所做的初步概括。对于这四种不正之言,孟子不仅指出了它们犯了什么错误,更分析了这些错误是如何产生的。从错误产生的原因来看,涉及政治伦理、人的认识以及语言表达等方面。较之孔子更多地从政治伦理角度论述谬误,孟子则对语言运用中所可能出现的谬误有了足够的认识,进一步拓展了谬误研究的领域。

(二) 淫辞、邪说的表现及危害

对于以上四种不正之言,孟子重点分析了淫辞和邪辞。他所说的淫辞和邪辞,主要指杨、墨的学说。

> 杨墨之道不息,孔子之道不著,是邪说诬民,充塞仁义也。
> 距杨墨,放淫辞,邪说者不得作。(《滕文公下》)

杨朱,战国时魏国人,主张"贵生""重己""全性葆真",重视个人生命保存,反对他人对自己侵夺。"杨朱曰:'古之人,损一毫利天下,不与也;悉天下奉一身,不取也。人人不损一毫,人人不利天下,天下治矣。'"(《列子·杨朱》)孟子指出:"杨子取为我,拔一毛而利天下,不为也。"(《尽心上》)。孟子认为,人人"为我",仅从自己的切身利益出发,而不是从天下的利益出发,则会导致"无君"。这种与"禽兽"无异的行为,会给社会和国家带来极大的危害。

墨子的核心思想是"兼爱",他主张爱无差等,提倡推行没有亲疏差别的爱。孟子反对"兼爱",认为它导致"无父",是对维护社会秩序的贵贱等级制度的破坏。在"兼爱"思想的指导下,墨子毕生的追求都着眼于是否能"兴天下之利,去天下之害"(《墨子·兼爱中》)。对此,孟子指出:"墨子兼爱,摩顶放踵利天下,为之。"(《尽心上》)无论是杨朱的维护个人之"利",还是墨子的维护万民之"利",都是孟子所反对的。他认为,只讲"利"而不讲"仁义",必然给国家带来危害:

> 王曰:"何以利吾国?"大夫曰:"何以利吾家?"士庶人曰:"何以利吾身?"上下交征利而国危矣。万乘之国,弑其君者,必千乘之家;千乘之国,弑其君者,必百乘之家。万取千焉,千取百焉,不为不多矣。(《梁惠王上》)

此外,孟子还分析了法家、告子、许行和陈仲子的言论。孟子将法家所主张的武力统一天下斥为"霸道",认为它是"以力服人者,非心服也"(《公孙丑上》)。"霸道"与"王道"相背离,必然"寡助",造成"亲戚畔之"(《公孙丑下》),不利于天下的统一和稳定。告子主张性无善恶之分,"人性之无分于善不善也,犹水之无分于东西也"(《告子上》),人性之善须经过后天培养才能形成。孟子则针锋相对,认为以水喻人性不仅不能论证性无善恶,反而论证了他的"性善说","人性之善也,犹水之就下也。人无有不善,水无有不下"(《告子上》)。对于主张"贤者与民并耕而食,饔飧而治"(《滕文公上》)的许行和主张自食其力的陈仲子,孟子也进行了批判。

孟子认为以上言论皆与正道——儒家王道思想相对立,因而皆属于淫辞、邪说之列。这些言辞从人们的思想中产生出来,便会在政治上产生危害,妨害国家的各项具体工作。"生于其心,害于其政;发于其政,害于其事。"(《公孙丑上》)

(三)淫辞、邪说的判别标准

孟子认为,只有儒家思想才是正道,因而其判别淫辞、邪说的依据是"仁义而已矣"(《梁惠王上》)。"仁义"是孟子思想中的重要概念。"仁,人心也;义,人路也"(《告子上》);"仁,人之安宅也;义,人之正路也"(《离娄上》)。"仁义"不仅是孟子个人道德修养的理想境界,更是孟子的政治理想和社会理想。"不以仁政,不能平治天下。"(《离娄上》)"仁义充塞,则率兽食人,人将相食。"(《滕文公下》)为了促进天下的稳定与统一,孟子以"仁义"为标准,对当时社会上的各种思想一一加以检视。凡是妨害"仁义"、与"仁义"相悖的言论,皆被他称为淫辞、邪说。杨墨之道因"充塞仁义"(《滕文公下》)被孟子列为淫辞、邪说之首。要想从根本上使淫辞、邪说不生,就要使天下之人内心皆具有"仁义"之德。孟子认为,"仁义"之德的萌芽本为人生来即有,它表现为天赋的恻隐、羞恶之心。因而"仁义"之德的培养只需我们通过"尽心知性"去寻找、发现自己心中本有的善端,并在此基础上将其不断提高、扩充。这就是孟子所说的"正人心"(《滕文公下》)。淫辞、邪说既然"生于其心",那么纠正淫辞、邪说的核心就应该是这种"正人心"。只有"正人心",才能"息邪说,距诐行,放淫辞"(《滕文公下》)。

(四) 揭露淫辞、邪说的逻辑方法

孟子以"知言""好辩"著称。实际上,辩是孟子"知言"的方法和工具,孟子辩的目的就是在"知言"基础上消灭邪说、驳斥荒谬的言论。

> 我亦欲正人心,息邪说,距诐行,放淫辞,以承三圣者,岂好辩哉? 予不得已也。(《滕文公下》)

孟子在论辩过程中,非常注重对"类"和"故"概念的考察。与之相应,他对淫辞、邪说的揭露也多是通过指出对方在"知类"与"求故"过程中的错误而实现的。

第一,孟子论"不知类"。

在推类过程中,"类"的依据是一个根本性要求。如果人们对事物的类别归属认识错误,整个推类即失去依据,此即"不知类"(《告子上》)之谬误。具体可表现为:误认同类为异类和误认异类为同类。

> 孟子曰:"今有无名之指屈而不信,非疾痛害事也,如有能信之者,则不远秦、楚之路,为指之不若人也。指不若人,则知恶之;心不若人,则不知恶,此之谓不知类也。"(《告子上》)

在孟子看来,"指不若人"和"心不若人"皆属于"不若人"一类。按照同类事物应同样对待的原则,如果人们认同"指不若人,则知恶之",那么也应该认同"心不若人,则知恶之"。但是,现在有人对于同类的事物,却做出恶与不恶的相反态度,是谓"不知类"。在这里,孟子不仅指出了"心不若人,则不知恶"是错误的言论,并且揭示了产生这种谬论的逻辑原因在于误认同类为异类。对于此种逻辑谬误,孟子还补有其他的例证。如"人有鸡犬放,则知求之;有放心而不知求"(《告子上》),丢鸡犬与丢心为事理相似的同类,但有人却对此做出求与不求两种相反的反应。"拱把之桐梓,人苟欲生之,皆知所以养之者。至于身,而不知所以养之者,岂爱身不若桐梓哉?"(《告子上》)培养桐梓与修身同属一类,但人们只知如何培养桐梓却不知怎样修身。再如,士因"守先王之道,以待后之学者"(《滕文公下》),而"食于诸侯"同木匠车工付出劳动得到报酬属于同一类,彭更却对二者持不当和当的不同态度。推类是以"类同"为依据的,不同类的事物之间不能比较,即"异类不比"(《墨辩·经下》)。但在实际推类过程中,有人却误认异类为同类。

　　曰:"挟太山以超北海,语人曰:'我不能。'是诚不能也。为长者折枝,语人曰:'我不能。'是不为也,非不能也。故王之不王,非挟太山以超北海之类也;王之不王,是折枝之类也。"(《梁惠王上》)

这是孟子在劝齐宣王行王道,但齐宣王怀疑自己不能实行时的一段论述。孟子认为齐宣王以为自己不能实行王道的想法是错误的,因为实行王道和"挟太山以超北海"的"不能"不属于同一类,而是和"为长者折枝"的"不为"同类。齐宣王将实行王道和"挟太山以超北海"的不同类误认为同类,其得出结论的依据是将不能相比的异类事物进行了比较,犯了"异类不比"的谬误。孟子对于此种谬误类型也做了不少例证分析。如齐宣王认为周武王攻打商纣王是臣子"弑君"的不义行为,孟子则认为周武王只是"诛一夫纣矣"(《梁惠王下》),因为商纣王不义,已不属于"君"之类,而是与该"诛"的"一夫"同类。

孟子对淫辞、邪说的识别与揭露,多是通过指出论辩对方因"不知类"而引起类的混同,进而反驳对方观点实现的。这表明孟子不仅已经对论辩过程中必须保持思维的一贯性和不矛盾性要求有了足够的认识,并且已能将这一逻辑要求作为其揭露谬误的有效工具而加以熟练运用。对于这一点,在他关于"充类"的思想中体现得更为明显。

第二,孟子论"充类"。

孟子对"充类"的直接论述有两处:

　　孟子曰:"于齐国之士,吾必以仲子为巨擘焉。虽然,仲子恶能廉?充仲子之操,则蚓而后可者也。夫蚓,上食槁壤,下饮黄泉。……"……(孟子)曰:"……以母则不食,以妻则食之;以兄之室则弗居,以于陵则居之,是尚为能充其类也乎?

若仲子者,蚓而后充其操者也。"(《滕文公下》)

曰:"今之诸侯取之于民也,犹御也。苟善其礼际矣,斯君子受之,敢问何说也?"曰:"子以为有王者作,将比今之诸侯而诛之乎?其教之不改而后诛之乎?夫谓非其有而取之者盗也,充类至义之尽也。"(《万章下》)

孟子否认陈仲子的行为属于廉洁,因为如果其行为属于廉洁,"充其类",那么只有像蚯蚓那样,在地面上吃干巴巴的尘土,在地层深处饮清洁的黄泉,才能算得上真正的廉洁。人显然做不到这点,因而陈仲子的行为不能算作廉洁。

在与万章辩论诸侯的行为是否属于盗贼的行为一类时,孟子对此问题也做出了否定的回答。孟子认为,如果诸侯行为属于盗贼一类,"充类至义之尽",则不是自己所有的东西却要去取得它的行为都属于盗贼的行径。这种对于盗贼行为的规定显然是错误的,否则连婴儿吸吮母亲乳汁也成了盗贼行为,因而诸侯行为不应属于盗贼的行为一类。

可见,孟子所谓的"充类","即把类所具有属性扩而充之,至于极而后已"①。孟子的"充类"中包含这样的思想:"类是从具有相同属性的个体概括而成的,作为一类标志的属性,必须遍存于类的每一个体中;否则,只有部分个体具有,或只有很少的个体具有,就不能作为类的标志属性,而需予以抛弃。"②陈仲子所谓的廉洁只有使人变为蚯蚓才能实现;诸侯如属盗贼,那么婴儿吸吮母汁亦属盗贼,因而"陈仲子廉洁"和"诸侯为盗贼"的主张皆为错误的言论。孟子的"充类"法鲜明地体现了其运用归谬式类推揭露论敌矛盾的特点。归谬式类推揭示谬误的机制是:先假定论辩对方的论题(A)为真,然后用与论题(A)相类似的浅显道理(B)进行类推,推出某一明显荒谬的结论,这样即确定了论题(A)的荒谬。归谬式类推不仅在孟子"充类"思想中有充分的体现,实

---

① 温公颐:《先秦逻辑史》,上海人民出版社1983年版,第213页。
② 同上。

际上孟子的论辩多采用反驳形式,而反驳又多采用归谬式类推。张晓芒将孟子的归谬式类推反驳的技巧总结为"请君入瓮法""拦头喝断法"和"将错就错法"三种。① 这是孟子在揭露淫辞、邪说中运用得最多的逻辑工具。"《孟子》中归谬式类推比比皆是,也表明他同墨子一样,对消除思维认识与语言表达上的谬误已有了得心应手的工具。"②

第三,孟子论察"故"。

孟子也重视"故"在推理、论辩中的作用,"天下之高也,星辰之远也,苟求其故,千岁之日至,可坐而致也"(《离娄下》)。人们只有"求故",才能进行正确的推理。但现实中,无论是在客观世界,还是在社会的人事关系中,事物之间的因果联系都是错综复杂的,如果我们不能对纷繁复杂的因果关系进行正确的分析,就会造成谬误。孟子在论辩中,非常注重审察论辩对方所求之"故"是否正确,因而察"故"亦是他揭露谬误的重要方法。如有人说"至于禹而德衰"(《万章上》),其理由是禹不把天下传给贤者,却传给儿子。孟子指出,表面上看,确实是尧将天下传给舜,而不是自己的儿子丹朱;舜将天下传给禹,而不是自己的儿子;禹将天下传给自己的儿子启。但"丹朱之不肖,舜之子亦不肖"(《万章上》),而"启贤,能敬承继禹之道"(《万章上》),因而禹把天下传给儿子,亦即传给贤者。可见,支持"至于禹而德衰"的理由"不传于贤而传于子"是不成立的。孟子通过表明支持论点的理由错误而对论点进行了反驳。

再如告子认为"禹之声尚文王之声"(《尽心下》),其理由是"以追蠡"(《尽心下》),即禹传下来的钟钮像给虫咬得快要断了一般。告子的论证为:禹的钟钮快要断了,说明使用得多,因而禹的音乐超过文王的音乐。但孟子指出,使用得多只是造成钟钮断的多种可能原因之一,还有其他更可能的原因,如存放的时间过长,因而仅"以追蠡"论证"禹

---

① 张晓芒:《先秦诸子的论辩思想与方法》,人民出版社 2011 年版,第 108—110 页。

② 张晓芒:《中国古代论辩艺术》,山西人民出版社 2001 年版,第 126 页。

之声尚文王之声"实不足为证。就像城门下车轮子驶过的辙迹深,不一定是由于两匹拉车的马的力量,而更可能是因为日久天长车马经过得多的缘故。这一论述已接近于我们现在所说的"以多因为一因"的谬误。

三、孟子谬误思想的特点分析

其一是哲学思想的倾向。性善论是孟子仁义理论的理论基础。在孟子看来,距邪说、淫辞,实行仁义的核心在于"正人心"。"正人心"之所以可能,是因为人人生来就具有善性。这种"我固有之"(《告子上》)之善性被称为良知,乃"天之所与我者"(《告子上》),这种天赋良知正是孟子希望人们所具有的仁、义、礼、智四德的萌芽。这样,孟子便将其对谬误的分析建立在他唯心主义先验论的性善说基础之上。温公颐就曾指出:"孟子从正名以正政转入正人心以正政,并以主观唯心主义为他正人心以正政的思想作理论基础。"①

其二是政治思想的倾向。孟子虽然以继承孔子学说自居,但在政治上,他已经抛弃了孔子为奴隶主服务的立场,走向了新兴地主阶级的立场。孟子的思想始终围绕一个政治目的:为封建地主阶级寻找一套有利于其长远统治的方案。但在当时,儒家思想衰落,被孟子称为淫辞、邪说的杨墨之言"盈天下",为了使统治者采纳自己的主张,孟子不得不与各家思想进行辩论。在孟子看来,能否实现长远统治天下的关键在于能否得到民众的拥护,因而统治方案的核心应该在于争取民心,而只有实行儒家的"仁义"之道才能实现这一目的,因而它是统治者应实行的唯一正道。在辩论过程中,孟子以"仁义"为标准,将不符合这一标准的言论皆判定为淫辞和邪说,并对其进行了无情的批判。因而,孟子对谬误进行研究,不过是为了达到他以仁义统治天下,并最终实现"王道"之理想的政治目的。这也是为什么孟子虽然将不正之言论分为

---

① 温公颐:《先秦逻辑史》,上海人民出版社1983年版,第236页。

诐辞、淫辞、邪辞、遁辞四种,但他着重讨论的却只有淫辞和邪辞。

其三是伦理思想的倾向。孟子继承孔子以政治为伦理的思想,把仁义道德的作用和影响理想化。孟子认为,既然淫辞、邪说"生于其心",因而纠正它们的根本就在于"正人心",这跟孟子坚持以德治国,因而政治的要务在于"正人心"政治伦理目的相一致。对于统治者来说,要有"不忍人之心"(《公孙丑上》),并能够将这种"不忍人之心"推及天下百姓,实行仁政,争取人心。只有以德服人,使人心悦诚服,才能实现统治的顺利、长久。"桀纣之失天下也,失其民也。失其民者,失其心也。得天下有道:得其民,斯得天下矣。得其民有道:得其心,斯得民矣。得其心有道:所欲与之聚之,所恶勿施尔也。"(《离娄上》)对于普通个人来说,要通过"尽心知性"发现、扩充自己的"善端",形成仁义礼智"四德",进而培养自己的"浩然之气"。只有"正人心"才能使"诬民""邪说""不得作",才能使仁政得以顺利实施。

四、孟子谬误思想的影响

第一,孟子将对谬误的分析从偏重政治伦理领域的倾向转为偏重论辩的思维逻辑领域的倾向。虽然孟子认为判定谬误言论的标准是"仁义",对谬误言论的纠正从根本上也需求助于伦理上的"正人心",但孟子同时也非常重视理性思维的作用,他对淫辞、邪说进行逻辑分析,以及揭露和批判淫辞、邪说所使用的逻辑方法,使儒家的逻辑思想在一定程度上摆脱了政治伦理化倾向的束缚。"孟子所强调的认识过程要以'知类'认识类同,以'不知类'反驳类的混同;并以此为类推提供一个行之有效的思维规律的规范,体现了论辩过程中必须要保持思维一贯性和不矛盾性的必然要求。"①谬误思想从政治伦理领域向思维逻辑领域转变的倾向经孟子的过渡,到荀子体现得更为明显。荀子的"三惑说"从逻辑角度对"名"之谬误进行了详细的分析,不能说他没有受到孟

---

① 张晓芒:《中国古代论辩艺术》,山西人民出版社2001年版,第145—146页。

子这一转变的影响。这一转变,对于儒家的正名逻辑思想,乃至对于中国逻辑思想的发展,都具有积极的意义。

第二,孟子对"不知类"之谬误的分析,从反面强调了"类"原则在推理、论证过程中的重要性,推动了人们对"类"这一中国古代主导推理类型中核心概念的进一步研究。推类自其产生以来就是容易产生谬误的论辩手段。孟子对人们在论辩过程中"不知类"之谬误的揭示和分析,一方面为类注入了新的认知,进一步发展了墨子的类概念,另一方面,也对类概念提出了更进一步的研究要求。从这个意义上说,《墨辩》对"类"概念的揭示既是对孟子"类"概念研究成果的继承,也是对它的延续。孟子对"类"的界定"故凡同类者,举相似也"(《告子上》),以及他对"不知类"之谬误的分析,说明孟子已经对类的判别应以本质属性为标准具有清醒的认识。《墨辩》在其基础上,更是明确提出了"类同"是本质属性相同,而"不类"为本质属性不同。"有以同,类同也"(《墨辩·经说上》);"不有同,不类也"(《墨辩·经说上》)。

可惜的是,批判别人"不知类"的孟子却也常犯"不知类"的错误。他经常先验地规定一些类概念,主观随意地将两个不同类的事物强行比附,违背"异类不比"的原则,这点在他的"充类"思想中表现得尤为突出。荀子因此批评他"甚僻违而无类"(《荀子·非十二子》);王充评论道,"孟子非之,是为太备矣"(《论衡·刺孟篇》),因而"御人以口给"(《论衡·刺孟篇》)。不过,这是孟子自己在论辩中所犯的谬误,并不在孟子的谬误思想之列,因而不属于本书的研究范围。

第三节 荀子的谬误思想

荀子(约公元前313—前238年),名况,字卿,又称孙卿,战国末期赵国人。荀子亦高度推崇孔子,以其思想出于孔子自居。《荀子》一书保存了荀子的学术思想,是我们研究其思想的主要依据。其中《正名》

篇集中探讨了他的名辩逻辑问题,是他阐述正名思想体系的典型代表。

一、荀子谬误思想产生的时代背景和思想倾向

自春秋时期即已产生的"圣王不作,诸侯放恣,处士横议"(《孟子·滕文公下》)问题,至荀子所处的战国末期,仍未得到解决。战国末期,封建制已全面战胜奴隶制而得以确立并获得进一步发展,新的经济体制的确立和巩固急需建立统一的中央集权的政治体制来确保实现。但是此时整个社会仍延续着自春秋以来的诸侯割据、战争不断的混乱局面。与此相适应,诸子为了迎合各诸侯国巩固、扩充实力,争权称霸的政治需要,纷纷出谋划策,促使思想界不同学说各执一端、激烈交锋的现象有增无减。早在孔子时期,"养士"之风即已盛行,各诸侯王不独尊某一家学说,而是任由持不同观点的"贤士"进行辩论。这种风气到战国末期发展到了极盛的程度,形成了历史上蔚为壮观的"百家争鸣"。齐稷下学宫便是这种学术争鸣的中心园地。在这里,学术自由,容许多元思想在并立的基础上平等共存,相互争鸣,从而成为战国时期名辩的中心。这无疑推动了"百家异说"局面的进一步发展。

荀子站在新兴地主阶级的立场上,认为"诸侯异政,百家异说"(《荀子·解蔽》,下引《荀子》只注篇名)的现象不利于封建制的巩固和发展,因而积极寻找解决方案。他认为,只有"建国家"以实现"一天下"(《王制》)和"天下齐一"(《儒效》),才能结束诸侯割据;只有"法仲尼","总方略,齐言行,一统类"(《非十二子》),才能齐整百家之异说。为此,他继承并发展了孔子以礼制为核心的思想。曾三任稷下学宫的"祭酒",作为著名"稷下先生"之一的荀子,深受当时所盛行之辩风的影响,主张"君子必辩"(《非相》),与不合儒家思想之礼义之说的各种思想进行辩论。他认为,只有孔子"仁知且不蔽,故学乱术足以为先王者也"(《解蔽》),而对其他各派,甚至同派的子思、孟轲,他都进行了批判。虽然这些学说"其持之有故,其言之成理"(《非十二子》),但因与儒家礼制思想相违,"足以欺惑愚众"(《非十二子》),也在应消除之列。

在这一批判过程中,荀子尤其注意"析辞擅作名以乱正名"(《正名》)所带来的思想意识方面以及社会政治方面的过度混乱。

> 故析辞擅作名以乱正名,使民疑惑,人多辨讼。(《正名》)
> 今圣王没,名守慢,奇辞起,名实乱,是非之形不明,则虽守法之吏,诵数之儒,亦皆乱也。(《正名》)

为此,荀子提倡"正名"以纠正上述"乱正名"的现象,并建立了一套较完整的"正名"思想体系。"正名"理论是荀子思想的重点,他认为,若使"其民莫敢托为奇辞以乱正名"(《正名》),则会达到"治之极也"(《正名》),从而实现统一天下的历史要求。

二、荀子对谬误的基本认识

(一)荀子对谬误的界定及分类

荀子以"一天下"为目的对"百家异说"进行了一定程度的研究,他对除孔子之外的诸子皆有所非,认为他们的思想、论辩皆已远离礼义,是"离正道"之"奸言""邪说"。

> 凡言不合先王,不顺礼义,谓之奸言,虽辩,君子不听。(《非相》)
> 假今之世,饰邪说,文奸言,以枭乱天下,矞宇嵬琐使天下混然不知是非治乱之所在者,有人矣。(《非十二子》)

可见,"奸言""邪说"即荀子所谓的谬误。对于"奸言""邪说"之谬误,荀子分别从名的领域和辩的领域进行了分析和批判。"荀子对'三惑'和'小人之辩'的批判,可以看作是他的逻辑的《辩谬篇》。"[①]

荀子认为,"奸言""邪说"之谬误,首先表现为"析辞擅作名"之"乱名"。荀子在所他所讨论的名、辞、说、辩四种思维形式中,特别重视名的作用。从思维结构上说,名是思维的基本单位,有了名,才有辞,然后

---

① 周云之、刘培育:《先秦逻辑史》,中国社会科学出版社1984年版,第237页。

才有说、辩，因而它是整个思维活动的基础和起点。从思维的作用上看，"实不喻然后命，命不喻然后期，期不喻然后说，说不喻然后辩"（《正名》），人们首先是通过名这一最基本、最简单的思维形式来认识事物的。只有"命不喻"，才会求助于越来越复杂的辞、说、辩。在这个意义上，辞、说、辩都服务于名的喻实作用。因而荀子关于谬误的思想，重点研究了"名"之谬误，具体表现为"用名以乱名""用实以乱名"和"用名以乱实"的"三惑"，荀子认为"凡邪说辟言之离正道而擅作者，无不类于三惑者矣"（《正名》），对"名"之谬误做了较为全面而系统的概括。荀子将论辩作为破除"奸言""邪说"的方法之一，"今圣王没，天下乱，奸言起，君子无埶以临之，无刑以禁之，故辨说也"（《正名》），主张"君子必辩"。辩说能够明辨是非曲直，但其前提必须是辩说要"以正道"合理展开，因而荀子特别重视在论辩过程中对论辩原则和要求的遵守。他将违反论辩原则和要求的论辩称为"小人之辩"（《非相》），将之与"圣王之辩"和"士君子之辩"相对立。"小人之辩"不仅不能揭露"奸言""邪说"的谬误所在，而且其言"辞辩而无统"（《非相》），"芴然而粗，啧然而不类，諮諮然而沸"（《正名》），"用其身则多诈而无功，上不足以顺明王，下不足以和齐百姓"（《非相》），因而其自身即在"奸言""邪说"之列。

（二）谬误的判别标准

荀子明确主张，判定是非必先"隆正"（《正论》）。

> 凡议，必先立隆正，然后可也。无隆正则是非不分，而辨讼不决。故所闻曰："天下之大隆，是非之封界，分职名象之所起，王制是也。"（《正论》）

> 传曰："天下有二：非察是，是察非。"谓合王制不合王制也。天下不以是为隆正也，然而犹有能分是非、治曲直者邪？（《解蔽》）

此"正"之标准是"王制"，说到底，即荀子所推崇的礼义。据此标准，荀子将违反礼义的学说明确界定为"奸说"，"辩说譬谕，齐给便利，而不顺礼义,谓之奸说"(《非十二子》)。荀子继承孔子的思想,将以礼义为核心建立起来的等级名分制度作为统一天下、治理国家和齐整异说的工具。在荀子那里,礼义的产生源于他的"性恶论","人生而有欲,欲而不得,则不能无求;求而无度量分界,则不能不争;争则乱,乱则穷。先王恶其乱也,故制礼义以分之"(《礼论》)。人的欲求需用礼义来加以调节,否则任由其发展,必然引起争夺和混乱,使天下不得安宁。荀子认为,礼义是消除社会混乱和人人争夺最好的办法。礼义对此的调节方法是"分","故先王案为之制礼义以分之,使有贵贱之等,长幼之差,知愚、能不能之分,皆使人载其事而各得其宜。然后使谷禄多少厚薄之称,是夫群居和一之道也"(《荣辱》)。"分"即对人进行等级名分、上下亲疏的区分,按此分界,对不同等级的人的欲求确定不同的度量。人人各按其"分"享有社会资源,整个社会组织就会有条理地平稳运行。因而以"分"为核心的礼义是消除社会混乱的最好办法。正因如此,荀子非常重视礼义的作用,也特别注重清除对礼义的破坏因素,因而将一切与礼义相背的言论皆看作谬误而加以批判。《非十二子》就是对"奸言""邪说"之谬误的集中批判。在其中,荀子将当时的道、墨、名、法各家以及儒家各流派的一些观点,分为六家学说,共十二个代表人物,他以礼义为标准对这些学说分别进行了辛辣尖锐的批评。他认为这些学说表面上"持之有故","言之成理",但本质上皆由"不顺礼义"的邪说、奸言修饰伪装而成。这些奸言、邪说"足以欺惑愚众"(《非十二子》),使人是非不分,造成人们思想上的混乱,进而"枭乱天下"。因而需要用礼义"以务息十二子之说","如是则天下之害除,仁人之事毕,圣王之迹著矣"(《非十二子》)。

三、荀子对谬误的分析和批判

(一)对"名实相乱"的"三惑"的分析和批判

第一,荀子论"所为有名""所缘以同异""制名之枢要"。

荀子对名实相乱的"三惑"的分析是与他"所为有名""所缘以同异"

和"制名之枢要"(《正名》)正名思想体系相对应的。在分析"三惑"之前,有必要对荀子的"所为有名""所缘以同异"和"制名之枢要"做一简要介绍。

荀子在论述"所为有名"时明确提出名具有两种功能。

> 故知者为之分别制名以指实,上以明贵贱,下以辨同异。贵贱明,同异别,如是则志无不喻之患,事无困废之祸,此所为有名也。(《正名》)

"辨同异"指的是名的认识功能。"正名"的直接意义就是实现"名"与所指称的"实"的关系的确定,它是思维的确定性要求在名实关系上的表现。"名"与"实"的关系一经确定,什么名指称什么事物,什么事物用什么名去称谓,就非常清楚。而名是实的指称,是客观事物的替代物,因此,区分了名,也就意味着区分了客观事物。可见,通过"正名"可以实现对事物同异的辨别。"明贵贱"指的是名的治世功能。名的问题在荀子那里并不只是个与思维和语言相关的问题,它更多的是一个社会政治问题。如前所述,社会政治领域中的名,其政治文化内涵更多地是统治者规定出来的,因而名本身就包含着统治者的价值取向。如君、臣、父、子之名,有其自身的政治文化内涵,规定着各自的职责、权限、名分等级等。与之相对的君、臣、父、子之实,就应该严格遵循此规定。名正了,名规定的内涵清晰,名与名之间的界限分明,关系明确,名所指称的实就会贵贱分明,互不相乱,即"正名"以"明贵贱"。荀子认为,每个人都应该将各自所处的等级名分的规定作为自己行为的标准,安分守己,不得超越界限,即每个人都"尊法敬分而无倾侧之心"(《君道》)。只有社会等级分明,贵贱有别,同时人人都按照自己的等级职分行事,整个社会才会井然有序。可见,通过"正名"可以实现"贵贱明",从而达到治世的最终目的。

"所缘以同异"。荀子认为制名的客观基础在于"所缘以同异",即根据客观事物的同异关系来确定名的同异。客观事物决定名,是名的基础和成因。离开客观对象,名就失去存在的前提。客观事物本身的同异是我们制定名称的本体论基础。客观事物本身的同异对人们的命名活动来说并不足够,关键还是这种同异能否为人们所认知。因而荀子进一步讨论了"何缘而以同异"的问题。要认识客观事物的同异,首先是"缘天官"。当用眼、耳、口、鼻、身体等不同感官去接触客观事物时,就会形成有关事物的不同角度、不同方面的认识。但人的感官职能相同,同类的事物用相同的感官去认知,会获得相同的感觉印象。在此基础上,人们借助心的"征知"作用,对感官获得的认知进行比较、验证,就可以认识客观事物的同异。这是命名活动的认识论基础。

"制名之枢要"。它是保证名的规范性的原则和方法,具体包括"同则同之,异则异之""单足以喻则单,单不足以喻则兼""约定俗成""稽实定数"。事物的同异关系认识清楚了,就可以按照"同则同之,异则异之"的制名原则为事物命名了,即相同的事物应当用相同的名加以命名,不同的事物应当用不同的名加以命名。这样,才能严格保证名与指称对象对应关系的确定性,做到名实相符,避免相互混淆。"稽实定数"原则是"同则同之,异则异之"原则的进一步补充与延伸。它要求我们要注意考察事物数量、状态、处所等的变化是否引起事物的同异变化,然后再确定是用同名还是异名来加以命名。如"同状而异所者",即形状相同而处所不同的事物,是"二实",可用异名分别命名;"异状而同所者",即形状有变化而实体并没有不同的事物,只能用同一个名命名。"单足以喻则单,单不足以喻则兼"是说命名时,如果用一个单名(一个字构成的语词)足以指称事物,那么就用单名命名该事物;如果单名不足以指称,那么就用兼名(几个字构成的语词)命名。人们在对类事物的同异关系的认识基础上,可以按照"同则同之,异则异之"原则进行命名。但是具体用什么样的"名"指称什么样的事物对象,则是没有必然性的。也就是说,在命名之初,名与其所指称的事物对象之间的对应关系是随意的,是经由约定而形成的。

    名无固宜,约之以命。约定俗成谓之宜,异于约则谓之不

宜。名无固实,约之以命实,约定俗成,谓之实名。(《正名》)

此外,荀子还为我们提供了一套名称的分层体系,揭示了"共名"与"别名"之间的包含与被包含关系。"大共名"是世上万事万物的总称,因而是最大的属。"大共名"之下的任何一个"别名",都和"大共名"构成属种关系。"别名"也分层次,紧接"大共名"之后所划分出来的第一级别名,被称为"大别名",在别名中,它的外延最大。"大别名"之下可以划分许多层具有属种关系的别名,直至只有一个指称对象的最小的"别名"为止,即"推而别之,别则有别,至于无别然后至"(《正名》)。从另一个方向来说,"至于无别然后至"的最小"别名"是对个体事物对象的指称,因而是最小的种。在其之上通过对事物的类别做概括,可以形成指称类事物的"共名",直至指称万物的"大共名"。

所谓"三惑"就是违反上述制名的原则和方法,造成"乱正名"的三种情形:"用名以乱名""用实以乱名""用名以乱实"。

> "见侮不辱","圣人不爱己","杀盗非杀人也",此惑于用名以乱名者也。验之所为有名而观其孰行,则能禁之矣。"山渊平","情欲寡","刍豢不加甘,大钟不加乐",此惑于用实以乱名者也。验之所缘以同异而观其孰调,则能禁之矣。"非而谒楹","有牛马非马也",此惑于用名以乱实者也。验之名约,以其所受,悖其所辞,则能禁之矣。凡邪说辟言之离正道而擅作者,无不类于三惑者矣。故明君知其分而不与辨也。(《正名》)

第二,荀子对"用名以乱名"的批判。

> "见侮不辱","圣人不爱己","杀盗非杀人也",此惑于用名以乱名者也。验之所为有名而观其孰行,则能禁之矣。(《正名》)

"见侮不辱"是宋钘的观点,其语可见于《庄子·天下》所载"见侮不辱,救民之斗",《荀子·正论》中亦记述有"子宋子曰:'明见侮之不辱,使人不斗'"。宋钘认为,人们把受到侮辱视为耻辱,所以才会引发争斗。因而要想制止争斗,只需"见侮不辱",即要人们懂得受到侮辱不是耻辱就可以了。荀子则认为,宋钘将人们的争斗归因于"辱"是错误的,实际上,争斗产生的真正原因在于"恶","凡人之斗也,必以其恶之为说,非以其辱之为故也"(《正论》)。宋钘因对争斗原因的错误认识而提出的"见侮不辱"主张,力在说服人们不要感到羞辱,这与圣王所倡导的荣辱观相违背。荀子认为,"凡言议期命是非,以圣王为师,而圣王之分,荣辱是也"(《正论》),圣王的总纲是命名、判定是非、立论的标准。圣王的荣辱观将"辱"分为"义辱"和"势辱"两个方面。

> 流淫污僈,犯分乱理,骄暴、贪利,是辱之由中出者也,夫是之谓义辱。詈侮捽搏,捶笞膑脚,斩断枯磔,藉靡后缚,是辱之由外至者也,夫是之谓埶辱。(《正论》)

君子可以有"势辱",但不可以有"义辱",只有小人才不将"义辱"视为"辱"。这是上至圣王,下至黎民百姓所都应遵守的行为准则。现在宋钘对"势辱""义辱"不加区分,笼统地提倡"见侮不辱",是将他的"辱"之名与圣王所作的"万世不能易"(《正论》)的"辱"之名混为一谈,因而是"用名以乱名"的谬误。

"圣人不爱己"一语所出不详,但一般被认为是墨家的主张。其依据为《庄子·天下》篇中所述,墨家效法夏禹,"以自苦为极","以此教人,恐不爱人,以此自行,固不爱己"。荀子认为,此主张与墨家所提倡的"兼爱"主张相矛盾。墨家"兼爱"倡导爱不应该有等级、亲疏、厚薄的差别,而应该普遍地爱所有人,从名的角度来看,"己"之别名包含在"人"之共名之中,因而爱"人"却不爱"己"构成矛盾。此主张将本是包含与被包含关系的"人"之名与"己"之名,看作相互排斥的关系,因而是"用名以乱名"的谬误。

"杀盗非杀人"也是墨家的观点,其原文为:

盗人,人也。多盗,非多人也。无盗,非无人也。奚以明之？恶多盗,非恶多人也。欲无盗,非欲无人也。世相与共是之。若若是,则虽盗人人也,爱盗非爱人也,不爱盗非不爱人也,杀盗人非杀人也。(《墨辩·小取》)

"杀盗非杀人"是墨家用来佐证侔式推论"是而不然"的情况时的一个例证。但它同时还有着更深层的用意,即用以论证墨家基本的政治主张"兼爱"。"兼爱"具有合理和进步的历史内容。但在阶级社会里,要求不分等级、亲疏、厚薄的"兼爱",必然陷入泛爱的空谈,而与现实的政治主张相矛盾。这其中就包括墨家自己提出的现实主张"杀盗"。"杀盗"与"兼爱"相矛盾,而其他学派也正是抓住这一矛盾来攻击墨家的"兼爱"主张。为了维护其主张,墨家提出了"杀盗非杀人",但这又引出了"杀盗非杀人"与"盗人,人也"是否矛盾的问题。

墨子认为,由"盗人,人也"得出"杀盗,非杀人也",是"无难矣",正如承认"盗人,人也"与承认"多盗,非多人也""无盗,非无人也""爱盗,非爱人也"并不矛盾一样。但荀子却认为,"盗"之名与"人"之名的关系,跟"己"之名与"人"之名的关系相同,同属于包含与被包含的关系。因而他认为墨子将"盗"之名与"人"之名看成是相互排斥的,是"用名以乱名"的谬误。

对于以上"用名以乱名"的几种表现,荀子揭示出其谬误产生的逻辑根源在于混淆了名与名之间的同异关系。"见侮不辱"中是用两种不同"辱"名(宋钘关于"辱"的观点与圣王关于"辱"的观点)表面上的相同,抹杀了它们之间本质上的相异;而"圣人不爱己"和"杀盗非杀人"则是用"人"与"己"、"盗"与"人"表面上的相异,抹杀了它们本质上的相同。对于此种谬误,荀子提出的解决办法是"验之所为有名而观其孰行",即让人们考虑一下,为什么要有这些名,并在实际应用中检验哪种名的含义行得通。宋钘提出"见侮不辱"是为了制止争斗,从而维护社会稳定;但荀子认为他对争斗原因的认识是错误的,更重要的是,他破坏了圣王所制定的"荣辱观"的含义,使天下之人失去了行为标准,不仅不会维护社会稳定,而且反而会造成社会的大混乱,因而其"说必不行矣"(《正论》)。"圣人不爱己""杀盗非杀人"从根本上说是墨家为了维护其"兼爱"思想而提出的主张。墨家的"兼爱"思想与儒家的"爱有差等"相对立,荀子认为这是对名分等级制度的极大破坏,因而称其是"不知一天下建国家之权称"(《非十二子》)而对其加以批判。可见,荀子主要是站在其"所为有名"之治世功能的角度上对"用名以乱名"之谬误进行批判和"禁之"的。

第三,荀子对"用实以乱名"的批判。

"山渊平","情欲寡","刍豢不加甘,大钟不加乐",此惑于用实以乱名者也。验之所缘以同异而观其孰调,则能禁之矣。(《正名》)

"山渊平"是惠施的主张,"山与泽平"(《庄子·天下》);"'山渊平','天地比',……是说之难持者也,而惠施、邓析能之"(《不苟》)。惠施所提出"山渊平",可能是指在特殊条件下,如平原上的"山"与高原上的"渊"相比,二者同高。但荀子认为,"名"是对"实"的反映,它反映同类事物的共同的、一般的性质,但这种反映不是对全部"实"的全部性质的反映。"名"在形成过程中,必然要舍弃事物的个别情况。我们并不能因此而用"特殊情况的'实'去否定反映普遍性的名"[①]。依据"山"之名与"渊"之名的含义,我们的正常思维是"山高""渊低"。虽然在特定条件下,存在着山与渊同高的个别情况,但这并不应该影响"山高""渊低"的普遍意义,否则,就犯了"用实以乱名"的谬误。

"情欲寡"是宋钘的论点,宋钘"以情欲寡浅为内"《庄子·天下》,"子宋子曰:'人之情,欲寡,而皆以己之情为欲多,是过也'"(《正论》)。宋钘认为,人的本性是"寡欲",荀子则针锋相对,提出"人之情为欲多而不欲寡"。荀子认为,人之情欲多,就像眼睛想看最美的色彩,耳朵想听

---

① 温公颐、崔清田主编:《中国逻辑史教程》(修订本),南开大学出版社 2001 年版,第 60 页。

最动听的音乐，嘴巴想尝最美味的食物，鼻子想闻最芬芳的香味，身体想享受最大的安逸一样普遍。"寡欲"的存在可能只是个别人在特定情况下的例外，但这种特殊之"实"并不应该影响人之情"多欲"的普遍性质，否则，就犯了"用实以乱名"的谬误。

"刍豢不加甘，大钟不加乐"，其所出不详，有人认为是宋钘的观点，也有人认为是墨家的观点。按此观点，牛羊狗肉不见得美味可口，大钟的乐声不见得悦耳动听。荀子对此进行了批驳。荀子认为，"耳好声，口好味"（《性恶》）。从一般意义上说，"刍豢"具有给人以可口之味道的一般性质，"钟"具有给人悦耳之声音的一般性质。当然，在特定情况下，有的人并没有觉得肉味鲜美，钟声悦耳，但这只是个别情况之下的个别之"实"，我们并不应该据此得出"刍豢"不"加甘"，"大钟"不"加乐"的结论，否则，就犯了"用实以乱名"的谬误。

以上所分析的"用实以乱名"的几种表现，其谬误产生的根源在于"用特殊情况的'实'去否定反映普遍性的名"。这似乎说明"由于任何一个名都具有其确定的所指，名与所指的关系一经确定，人们就必须遵循这种共识，不能根据个人的某种特殊的或相对的现实情形，就破坏和否定一个名与其所指的约定俗成的确定联系"①。对于此种谬误，荀子提出的解决办法是"验之所缘以同异而观其孰调"，即运用感觉器官对事物的认识，去检验哪种说法更符合客观实际。"名"的同异是在人借助感觉器官所形成的对事物同异的认识的基础上才形成的，人们对于同一事物情况所形成的感官效果一般来说是相同的，因而借助感觉器官来检验山与渊的高低、人情欲的多寡、刍豢之味是否鲜美、钟声是否悦耳，就能确定哪种"名"更符合"实"，这样荀子就从哲学认识论角度纠正了"用实以乱名"的谬误。

第四，荀子对"用名以乱实"的批判。

"非而谒楹"，"有牛马非马也"，此惑于用名以乱实者也。

---

① 林铭钧、曾祥云：《名辩学新探》，中山大学出版社2000年版，第323页。

验之名约，以其所受，悖其所辞，则能禁之矣。(《正名》)

对于这一类谬误，因原文文字上可能有误，其义较难理解。当前中国逻辑史研究者对"非而谒楹有牛马非马也"一句多采用北京大学所编《荀子新注》的句读，即"非而谒楹，有牛马非马也"，并把"非而谒楹"改为"非而谓盈"，意思是把相非的、互相排斥的说成是互相包含的，温公颐先生曾指出"此注改字少，义似可通"①。至于"有牛马非马"，可能指《墨辩》中的"牛马非牛非马"之论。对于这一命题，不同学者亦有不同的理解。有的认为《墨辩》所论"白马"之名纯属虚拟，现实世界中并不存在非牛非马的"牛马"类事物。② 有的认为，此命题的意思是"牛马"这个名与"马"名是有区别的。③ 但不管采用哪种解释，荀子的批判似乎都没有中的。荀子是从实际的牛马群与马的关系角度来讨论这一命题的。他认为现实中，牛马群中是有牛也有马的，说"有牛马非马"是对"牛马中有马"之实的否定，是用"牛马"之名与"马"之名之间的关系，混淆现实中牛马群与马的关系，因而称之为"用名以乱实"之谬误。

对于此种谬误，荀子所采取的解决办法是"验之名约，以其所受，悖其所辞"，即根据约定俗成的原则，去检验一个名是否和人们经约定而普遍接受的名所指之实相一致，这样就可以防止"异于约"之名以"乱实"的谬误。

荀子认为，社会上所有的"邪说辟言"所犯之谬误都可以归到这"三惑"之中，"凡邪说辟言之离正道而擅作者，无不类于三惑者矣"(《正名》)。他对"三惑"的分析，坚持了名与实之间的相符、相应关系，突出地强调了名的确定性和一贯性。

---

① 温公颐、崔清田主编:《中国逻辑史教程》(修订本)，南开大学出版社2001年版，第61页。
② 林铭钧、曾祥云:《名辩学新探》，中山大学出版社2000年版，第323页。
③ 温公颐、崔清田主编:《中国逻辑史教程》(修订本)，南开大学出版社2001年版，第61页。

(二) 对"小人之辩"的分析和批判

荀子认为辩是破除奸言、邪说的方法,能够避免"以己之潐潐,受人之掝掝"(《不苟》)。但也并不是所有的辩都具有这种性质,他将辩分为"圣王之辩""士君子之辩"和"小人之辩"(《非相》)三种,他所提倡的"君子必辩"中的辩指的是"圣王之辩"和"士君子之辩",而"小人之辩"则属于应被消除的奸言、邪说之列。因而从本质上讲,荀子倡导"必辩"的最终目的是要以"辩"止"辩",即以"圣王之辩""士君子之辩"来止"小人之辩"。荀子对"小人之辩"的描述有:

> 听其言则辞辩而无统,用其身则多诈而无功,上不足以顺明王,下不足以和齐百姓,然而口舌之均,应唯则节,足以为奇伟偃却之属,夫是之谓奸人之雄。(《非相》)

> 故愚者之言,芴然而粗,啧然而不类,誻誻然而沸。彼诱其名,眩其辞,而无深于其志义者也。故穷藉而无极,甚劳而无功,贪而无名。故知者之言也,虑之易知也,行之易安也,持之易立也,成则必得其所好,而不遇其所恶焉。而愚者反是。(《正名》)

荀子的"小人之辩",从辩说的逻辑规则方面看,"辞辩而无统","啧然而不类,誻誻然而沸",没有条理,不得要领;从辩说的内容方面看,不合礼义,论辩的目的仅仅是争胜,而不是宣示礼义以辨明是非,其结果只能是"多诈而无功,上不足以顺明王,下不足以和齐百姓","甚劳而无功,贪而无名";从辩说的道德要求方面看,"多诈","芴然而粗,啧然而不类",轻浮粗鲁,多欺诈,论辩双方为求取胜,争争吵吵,互相伤害,"能则倨傲僻违以骄溢人,不能则妒嫉怨诽以倾覆人"(《不苟》);从辩说的语言要求方面看,"口舌之均,应唯则节,足以为奇伟偃却之属","诱其名,眩其辞,而无深于其志义者也","穷藉而无极",搬弄诱人的名称,运用迷人的辞句,巧舌如簧,而对于思想内容的表达却不深入,专逞口舌之争。荀子认为,以上皆是对其所倡导的辩说的原则和要求的违反,因而他对"小人之辩"深恶痛绝,认为其危害比盗贼要大得多,是维护社会秩序所应首要治理的问题。"圣王起,所以先诛也,然后盗贼次之。盗贼得变,此不得变也。"(《非相》)

荀子反对"小人之辩",提倡"圣王之辩"和"士君子之辩",为此他提出了辩说的基本原则和要求。

第一,辩说要符合逻辑规则。

"辨异而不过"(《正名》)。这要求人们在辩论过程中,区分不同的事物应尽量避免偏差和错误,不能把不同的事情相混淆。这其实是对论辩过程中名和辞的要求,辩说是在名和辞的基础上进行的。辩说的合理展开,首先依赖于名和辞的正确使用,具体来说,就是要做到"正其名,当其辞"(《正名》)。荀子站在唯物主义认识论的立场上,认为实现名正、辞当的基本要求就是名、辞要与客观事物的实际相符合。荀子一方面认为对客观事物同异的认识必须"缘天官",另一方面他也指出了"天官"在认识事物同异方面的局限性。

> 冥冥而行者,见寝石以为伏虎也,见植林以为后人也:冥冥蔽其明也。醉者越百步之沟,以为跬步之浍也;俯而出城门,以为小之闺也:酒乱其神也。厌目而视者,视一为两;掩耳而听者,听漠漠而以为哅哅:埶乱其官也。故从山上望牛者若羊,而求羊者不下牵也:远蔽其大也。从山下望木者,十仞之木若箸,而求箸者不上折也:高蔽其长也。水动而景摇,人不以定美恶:水埶玄也。瞽者仰视而不见星,人不以定有无:用精惑也。有人焉以此时定物,则世之愚者也。彼愚者之定物,以疑决疑,决必不当。夫苟不当,安能无过乎?(《解蔽》)

当客观情况表现出假象,或者是感官受到干扰或因病痛而不能正常发挥功能时,人们对事物的认识就会"蔽于一曲而暗于大理"(《解蔽》),表现出局限性,只认识了事物的表面或局部,从而形成对事物同异关系的错误认识。只有在感官的基础上,借助心的"征知"作用,对感官获得的认知进行比较、验证,才有可能真正认识到客观事物的同异。但如果人的心智受到蒙蔽,也不能正常发挥作用,"凡观物有疑,中心不定,则外物不清。吾虑不清,未可定然否也"(《解蔽》)。因而荀子强调"虚一而静",即虚心、专一、宁静。"人何以知道?曰:心。心何以知?曰:虚一而静。"(《解蔽》)一方面,名和辞的形成需要建立在对事物同异关系的正确认识的基础上;另一反面,名和辞一经形成,就会使人们对事物对象的同异认识更加清晰、深入。因而只有名正、辞当才能正确地辨别事物的同异,恰当地表达思想。

"推类而不悖"(《正名》)。看似纷繁复杂的天下万物,其实各有其类,类属关系分明,"草木畴生,禽兽群焉,物各从其类也"(《劝学》)。推类之所以能够进行,其依据就在于同类事物具有共同的特征和规律,"类不悖,虽久同理"(《非相》)。因而推类必须在具有类属关系的事物之间进行,否则就会产生谬误。可见,推类的前提是知类,不知类而混淆了类的同异关系则不能相推。

"持之有故,言之成理"(《非十二子》)。任何思想主张的提出,都需要有赖以成立的根据,即"故",否则,该思想主张仅仅是空言虚辞,没有任何意义。荀子重视故在辩说中的作用,主张任一思想主张都应"持之有故",这样才能增强其说服力。荀子也重视理在辩说中的作用,"言之成理"指任一思想主张在辩说过程中都要有其条理所在。"持之有故,言之成理"强调了辩说的论证性。

"辨则尽故"(《正名》)。这是对"持之有故"的进一步补充。荀子认为,对于辩说来说,仅仅"持之有故"还不足够,还要做到"辨则尽故",即立论不仅要有根据,而且根据还要充分、全面,还要避免其不足或片面性。只有这样,辩说才能有较为充分的论证性和说服力。如果根据不充分、不全面,辩说就不能成立。这其实已经初步论述了充足理由原则。

第二,辩说必须合礼义,这是辩说的政治伦理要求。

"言必当理"(《儒效》)。"言必当理"是对"言之有理"的补充。如果说"言之有理"的"理"还具有客观事物的规律、条理这样一种较为普遍的意义的话,"言必当理"的"理"则仅仅指荀子所信奉和推行的儒家礼义。"当理"即符合礼义的要求,这是荀子为辩说所制定的政治伦理规范,也是他为辩说所划定的范围,"礼岂不至矣哉!立隆以为极,而天下莫之能损益也"(《礼论》)。世上所有的辩说都应该符合礼义的要求,辩说所谈论的事情,都只能在礼义的范围内加以讨论、发挥。对于不当理的言说,如"充虚之相施易也,'坚白''同异'之分隔也,是聪耳之所不能听也,明目之所不能见也,辩士之所不能言也,虽有圣人之知,未能偻指也。不知无害为君子,知之无损为小人"(《儒效》),应"有所止"(《修身》),即坚决地加以舍弃和禁绝。

"辩而不争"(《不苟》),"告之、示之"(《荣辱》)。荀子认为,辩的目的不是争胜,而是要辨明是非。如果辩说争胜斗气,就不会去管是非对错。"不恤是非,不论曲直,以期胜人为意,是役夫之知也。"(《性恶》)荀子所谓的是非标准是礼义,因而辩的目的就是要宣示礼义,并以此对人进行教化。使人们懂得礼义才是治世的根本途径,清楚了解礼义的规定并劝导人们严格加以遵守,以礼义为标准检视各种思想言论以实现对奸言邪说的鉴别,这样就能够对闭塞者、孤陋者、愚昧者通过"明礼义"以"化之"(《性恶》)。

第三,"以仁心说,以学心听,以公心辩"。

"以仁心说,以学心听,以公心辩"(《正名》)是对辩论者的道德素质提出的若干要求。在论说过程中,对求教礼义之人不隐,辩说者之间要能互相谦让,"遇贱而少者,则修告导宽容之义"(《非十二子》),即使对待低贱之人也要劝告、诱导、宽容,即坚持宽以待人,"曲得所谓焉,然而不折伤"(《非相》),即不傲慢,不挫伤人,同时要坚持以理服人的态度,"如是则贤者贵之,不肖者亲之"(《非十二子》)。接受礼义教化时要虚心、真诚、恭顺,"辞让之节得矣,长少之理顺矣,忌讳不称,袄辞不出"(《正名》)。遇到不同意见时,要出以公心,不被众人的诽谤或赞誉左右,不为迎合别人或受胁迫而轻易改变自己的主张,不为权贵所收买,不偏好谄媚之语,这样才能主持公道。

> 谈说之术:矜庄以莅之,端诚以处之,坚强以持之,譬称以喻之,分别以明之,欣欢芬芗以送之,宝之,珍之,贵之,神之。如是则说常无不受。(《非相》)

辩说时要严肃庄重,正直诚恳,教化别人时要坚信自己的主张,用比喻的方法加以启发,善于分析以使人明了、开通。珍视并信奉自己的言论,并且以温和热情的态度将其传授给别人。

第四,"言辩而不辞"。

"言辩而不辞"(《不苟》),是荀子对辩说过程中所使用的语言的要求。

> 彼正其名,当其辞,以务白其志义者也。(《正名》)
> 彼名辞也者,志义之使也,足以相通则舍之矣;苟之,奸也。故名足以指实,辞足以见极,则舍之矣。(《正名》)

荀子认为,辩说过程中名、辞的使用能够正确地指称对象、表达思想,从而使人们能够顺利地沟通、交流即可,不能用过多的辞藻无谓地要弄名、辞。如果只追求名、辞的标新立异,"诱其名,眩其辞,而无深于其志义者也"(《正名》),那就很容易陷入"蔽于辞而不知实"(《解蔽》)的错误,从而沦为奇辞、奸言。可见,荀子要求辩的语言要准确、朴实,不能华而不实,艰而不解。

四、荀子谬误思想的特点分析

第一,哲学思想的倾向。在名实关系上,荀子改造了孔子以名为第一性的唯心主义名实观,主张实在名先,名是对实的反映,"名也者,所以期累实也"(《正名》)。因而荀子的正名不同于孔子的以名正实,而是要求名依实定。荀子的唯物主义名实观是以他的唯物主义认识论为基础的。在认识论上,荀子强调人们对客观事物的主观认识依赖于客观事物本身。与之相应,荀子的正名思想是以实为第一性,以名为第二性的。

第二，政治思想的倾向。与孔子相比，荀子的正名思想虽然已经具有了很强的逻辑倾向，但是他仍然继承了孔子"正名以正政"的思想传统。荀子认为，正名有两方面的目的，即"别同异"(《正名》)与"明贵贱"(《正名》)。二者相比，具有社会政治意义的"明贵贱"更为重要。因为在荀子看来，只有贵贱分明、尊卑有别、长幼有序，才能使社会的名分等级秩序得以确立，最终避免混乱，实现社会的有效治理。可见，同孔子一样，荀子正名思想的出发点和最终目的都是为了治世，为了维护统治阶级的统治，使百姓"一于道法而谨于循令"(《正名》)，使君王实现"率民而一焉"(《正名》)。只不过，同孔子维护奴隶主的统治不同，荀子站在新兴地主阶级的立场上，希望为新兴地主阶级"一天下""建国家"(《非十二子》)提供理论依据和工具，实现其建立新型政治秩序的社会理想。荀子对辩的谬误的分析，对"小人之辩"的批判，也同样服务于他"统礼义，一制度"(《儒效》)的政治追求。

第三，伦理思想的倾向。荀子重礼，他以礼作为判别谬误与否的标准，将一切与礼相悖的言论称为"奸说"。与孔子所重视的周礼不同，荀子的礼体现的是封建的伦常关系和等级制度，它对社会中各个角色的人伦道德和思想行为都提出了要求，如"贵者敬焉，老者孝焉，长者弟焉，幼者慈焉，贱者惠焉"(《大略》)。荀子将礼看作做人的最高标准，"礼者，人道之极也"(《礼论》)，而礼的实现最重要的是要借助于能服人之心的仁与义，因而荀子非常重视礼义的教育与感化。要进行礼义的教育与感化，就离不开言辩。可见，言辩的最终目的就是要宣讲礼义。为此，在言辩过程中，要有诚恳的道德态度，言辩的内容不能超出礼义的范围，"言必当理"，言辞上只需要能"白其志义"，不需要过多、过"眩"的词藻。否则，就会造成谬误，沦为"小人之辩"。

五、荀子谬误思想的影响

荀子的思想一方面是对孔子正名思想的继承，另一方面也受到了墨家思想的影响，对名辩的分析做了新的发挥，在儒家正名思想从政治伦理向逻辑的转向中迈出了一大步。尤其是他的《正名》篇，较为集中且系统地论述了正名思想，形成了相对完整的体系，在先秦逻辑的最后发展中占有重要地位，具有重要的理论意义，这也使得荀子成为先秦最有成就的逻辑思想家之一。

在谬误方面，荀子同样也做出了巨大的贡献，其最重要的表现就是他对当时社会"析辞擅作名以乱正名"的诡辩论的总结性批判——"三惑"说。荀子对"三惑"的批判涉及哲学正名、逻辑正名和语词正名三个层面：既揭露了违反名实一致要求的乱名，又揭露了违反名的确定性要求的乱名，还揭露了违反名的约定俗成要求的乱名。虽然"三惑"说对名的谬误的揭露和批判，因荀子对名家和墨家思想的误解而并不完全恰当，它也没有完全反映出当时社会中名的谬误的全部特点，但"三惑"说是先秦史上第一次从理论上对各种名的谬误的情形、特点、产生原因及解决方法进行总结和揭示的尝试，是对先秦时期所热烈讨论的名实相乱的谬误所进行的较为全面、系统的概括，具有重要的理论价值。

第二章

名家的谬误思想

名家是始于春秋末、盛于战国时期的一个学派。名家就思维实践中的一些典型概念与命题所展开的激烈论争以及就此所做的深入分析,推动了先秦名辩思潮。名家谬误思想也主要集中于名的谬误,但其特点是不拘于旧的传统,勇于向时代挑战,并且善辩。

第一节 邓析的谬误思想

邓析(约公元前560—前501年),春秋末期郑国人,约与老子、孔子同时。《汉书·艺文志》将其列为名家第一人。对于今本《邓析子》的真伪,至今仍有争议。有研究者认为其内容零碎杂乱,乃后人抄缀的伪书。也有研究者认为其内容并非全然伪造,其旁证有《荀子》《吕氏春秋》等关于邓析的评述,唐人李善注《文选》中,也多次引用今本《邓析子》中的内容。本书采取后一种观点,认为邓析思想的核心能够体现在《邓析子》一书中,因而《邓析子》是我们研究其谬误思想的主要资料。

一、邓析谬误思想产生的时代背景和思想倾向

如前所述,春秋末期是我国从奴隶制社会向封建制社会转变的历史大变革时期。邓析所在的郑国,作为春秋末期中原商业最发达的诸侯国之一,政治经济秩序和伦理纲常观念的冲突更为激剧。面对新旧制度之间的交替过渡,郑国执政者子产主张实行改革。他鼓励士人对执政的是非得失进行评议,形成郑国"乡校议政"的制度;将法律条文铸在鼎上公布的"铸刑书",更是对当时上层建筑的巨大改变。但作为郑国大夫的邓析,其政治主张较子产更为激进,因而处处与子产等当权者作对,"子产治郑,邓析务难之"(《吕氏春秋·离谓》)。如子产的"铸刑书",虽然是对"不许民知争端"和"禁民有心"的周礼的反对,但在邓析看来,"铸刑书"无论从形式上还是内容上,都不足以让民众全面了解和掌握刑律,因而他私造"竹刑",不仅使刑律更容易在民众间流传,也更容易为民众所掌握。所以虽然郑国统治者杀了邓析,却采用了他的"竹刑","郑驷歂杀邓析,而用其竹刑"(《左传·定公九年》)。子产倡导的"乡校议政",为邓析非难子产提供了便利。当时,"乡校议政"的形式使郑人评议政事的风气盛行,议论政治的"刑名之辩"发达,而邓析就是这种风气的最初倡导者。邓析善于运用"刑名之辩",他运用"刑名之辩"不仅帮人诉讼,更教人辩讼和评议政事的技术和方法,向他学习的人"不可胜数","与民之有狱者约:大狱一衣,小狱襦袴。民之献衣襦袴而学讼者,不可胜数"(《吕氏春秋·离谓》)。

邓析最早主张"刑名之治",他的"刑名之辩"实质上是利用"刑"和"名"在逻辑关系上的确定性要求对朝廷政事进行批评。与孔子相同,邓析也注意到了当时社会的"异同之不可别,是非之不可定,白黑之不可分,清浊之不可理"(《邓析子·无厚》,下引《邓析子》只注篇名)的混乱现象,并将名实相乱视为当时社会混乱无序的原因,因而主张正名以正政。但与孔子的奴隶主贵族的立场不同,邓析站在新兴地主阶级的立场上,为了维护新兴地主阶级的政治经济利益,他对周礼的宗法等级

制度进行了无情的批判,积极主张封建新秩序的建立。因而他并不同意孔子的用新实去适应旧名的正名方法,而主张重新制定新名以适应新实,只有这样,才能实现国家、社会的和谐安定。

二、邓析关于谬误的思想

(一)邓析对谬误的界定

邓析"好形名",他对谬误的讨论,是在其阐述"正名实"的过程中体现出来的,因而其谬误思想主要表现在名的领域。如前所述,名与其所指称的实是否相符合、相一致,是判断一个名是否正确的基本要求,也是先秦思想家们正名思想的基本出发点。邓析的"正名实"同样以名实一致的哲学正名原则作为首要和普遍原则,因而,名实不符的"饰词""匿词"就是邓析所界定的名的谬误。

> 饰词以相乱,匿词以相移。(《无厚》)

"饰词"是对名加以修饰或改变,从而造成名与名之间确定性的混乱,进而使得名与实之间的确定性被破坏;"匿词"是将名加以偷换,同样会造成名与实之间确定性的破坏。

"饰词""匿词"的存在,会造成人们思维的混乱不清。但邓析的"形名"说,主要是为治世服务的,因而他更关注名实不符的谬误给社会带来的巨大危害。"饰词""匿词"的"相害""相乱",不仅会"别言异道,以言相射,以行相伐,使民不知其要"(《无厚》),还会引发"君有三累,臣有四责"(《无厚》)的社会弊端。

> 君有三累,臣有四责。何谓三累?惟亲所信,一累;以名取士,二累;近故亲疏,三累。何谓四责?受重赏而无功,一责;居大位而不治,二责;理官而不平,三责;御军阵而奔北,四责。(《无厚》)

此"三累""四责"足以造成国家无序、社会不定。为此,为君者、为臣者在管理国家、社会的过程中,必须按照"正名实"的要求,保证名与实的确定性,"循名责实,君之事也;奉法宣令,臣之职也"(《无厚》)。只有名实相符,才能克服"三累""四责"的弊端,实现国家、社会的安定和谐,"君无三累,臣无四责,可以安国"(《无厚》)。

(二) 邓析谬误思想所体现的逻辑要求

邓析对名的谬误的分析,从逻辑的角度看,"是客观事物的质的确定性和反映客观事物的名的自身规定性的要求的进一步延伸,是思维规律中的同一律和矛盾律的要求"①。其实,邓析的"名不可外务"(《无厚》)已经明确提出了名与实、名与名之间必须保持确定性的逻辑要求,对"饰词""匿词"之谬误的分析只是从反面对这一要求的进一步强调。

邓析对"形名"的研究是出于他的"治世"目的,因而他所论述的名,还不是一般意义上的名,而是法律上所规定的名,主要表现为封建官僚机构中各种官位、官职的名,因而又称"刑名"。他的"名不可外务"亦是从治世的角度提出,主要指"位不可越,职不可乱,百官有司,各务其形"(《无厚》)。每一特定的职位,都有其确定的责权范围,职位不同,责权也不一样,职位的设定不得混乱,责权的界限也不可侵越。拥有具体职位的人,依据其职位行使相应的职权。② 对于君主来说,应根据臣子自身的能力,授予相应的官职;然后按照臣子官职之名的具体规定,去要求、督察臣子所做之事,"明君之督大臣,缘身而责名,缘名而责形,缘形而责实"(《转辞》);对臣子来说,则应奉守官职之名的具体规定,"奉教而不违"(《无厚》)。虽然邓析从治世的角度来谈"名不可外务",但实质上已经触及了名的确定性要求。因而从一般意义上来理解"名不可以外务",就是指每一个名都有其自身具体的规定性,不能任意超越其界限、范围。只有遵循这一要求,才能保证名与名之间的界限分明,也才能保证名与其所指称的实之间关系的确定性。

邓析不仅明确提出名的确定性要求,而且能够自觉、熟练地加以

---

① 张晓芒:《中国古代论辩艺术》,山西人民出版社 2001 年版,第 30 页。
② 林铭钧、曾祥云:《名辩学新探》,中山大学出版社 2000 年版,第 120 页。

运用。

> 郑国多相悬以书者。子产令无悬书,邓析致之。子产令无致书,邓析倚之。令无穷,则邓析应之亦无穷矣。(《吕氏春秋·离谓》)

郑国百姓曾多以"悬书"(张悬公榜)的方式批评朝廷政事,子产便下令禁止"悬书",邓析则随之教人改用"致书"(递送)的方式;子产下令禁止"致书",邓析则又教人改用"倚书"(将书夹于他物中递送)的方式。显然,邓析已经明确意识到"悬书""致书""倚书"之名只能专属于"悬书""致书""倚书"所各自指称的实。按照"名不可外务"的逻辑要求,同一个名不能将不同的实同时涵盖在其指称的范围之内,即"悬书"之名不能超越悬书之实而同时指称致书之实,"致书"之名不能超越致书之实而同时指称倚书之实。这样,邓析通过对名的确定性要求的高度自觉运用,合理、合法地战胜了子产的禁令。难能可贵的是,邓析这里所运用的确定性要求,不仅是对名与实之间关系的规定,还包括了对语词表达准确性的要求。这表明擅长辩讼的邓析已意识到法律条文中语言表达的准确性的重要。

(三) 检验和防止谬误的方法

第一,"循名责实"与"按实定名"。

邓析主张通过"循名则实""按实定名",即名实相互参照来对名实关系进行检验。

> 循名责实,实之极也;按实定名,名之极也。参以相平,转而相成,故得之形名。(《转辞》)

邓析认为,如果按照"名"去察"实",即按照臣子所属官职之名所规定的职权范围去审核该臣子的政绩,那么该臣子是否履行了其职责,是否超越了其职权范围就能够获得全面的衡量;如果按照"实"去确定"名",即根据臣子的政绩、能力,授予其相应的官职,那么就能使"名"符其实,使该官职实现其应有的价值而不会流于虚名。从一般意义上来理解此原则，即如果按照名去寻绎相应的实，就可以认识这类实的全貌，如果按照实去确定相应的名，这个名也能够完全地概括这一类实。名、实之间相互参验印证，就能形成一个与实相符的名。①

第二，"别殊类"。

邓析认为，名的形成必须循事物之"理"。所谓"循其理"（《无厚》），即根据事物之间的不同类属关系，对各类事物制定相应的名。因而对事物异同关系的正确认识，是形成正确之名的认识论基础。如果对事物之间同异关系认识不清，尤其是将不同类事物间的界限相混淆，那么同样会造成名实之间的"相害""相乖"。邓析认为，"辩"可以帮助我们认识同异关系复杂难辨的事物，从而正确区分不同类的事物。

> 故谈者，别殊类使不相害；序异端使不相乱。谕志通意，非务相乖也。（《无厚》）

在邓析看来，"辩"不仅是人们交流沟通的工具，而且还能够帮助人们"别殊类"，即分辨天下的物类，使不同类的事物得以区别而不致混淆，从而避免名实相乱。当然，邓析并不认为所有的"辩"都能帮助人们区别事物。他将"辩"分为"大辩"和"小辩"两种。

> 所谓大辩者，别天地之行，具天下之物，选善退恶，时措其宜，而功立德至矣。小辩则不然。别言异道，以言相射，以行相伐，使民不知其要。无他故焉，故浅知也。（《无厚》）

只有"大辩"能够别同异，定是非善恶；"小辩"只是故意标新立异，用言语互相攻击，它不仅不能帮助人们分清事物，反而使人们更加不知事物的要领。因而邓析赞赏"大辩"而反对"小辩"。

三、邓析谬误思想的特点分析

第一，哲学思想的倾向。邓析的谬误思想，以其唯物主义认识论为

---

① 温公颐、崔清田主编：《中国逻辑史教程》（修订本），南开大学出版社 2001 年版，第 73 页。

基础。邓析主张"按实定名",其名的形成是以对实的认识为依据的,具体来说,就是"见其象,致其形,循其理"(《无厚》)。见象、致形类似于我国象形文字"依类象形"的生产方法,循理即根据事物之间的不同类属关系,对各类事物制定相应的名。可见在名实关系上,邓析是主张以实为第一性,名为第二性。邓析还同时认为,名一经形成,便有其自身的确定性和独立性,因而主张"循名责实"。只有名实互为标准、参照,既使名符其实,又使实应其名,才能真正做到名实一致。

第二,政治思想的倾向。邓析并不是从一般意义上对名实关系加以讨论的,他的名实观主要是从治世的角度提出,因而局限于社会政治领域。邓析对名的谬误的研究,源于其正政的政治目的。在邓析看来,名实相乱是造成当时"君有三累""臣有四责"的社会弊端的根源,为了避免这种政治混乱,从根本上实现"安国",邓析才开始了对名的谬误的关注。在邓析看来,既然社会现实发生了变化,与之相应的统治制度也应发生改变。因而他站在新兴地主阶级的立场上,主张重新厘定名实关系,即为新出现的实制定新名,从而实现名实的相符、相应,其最终目的,是要确立君主的权威,抵制奴隶主贵族的擅权,从而建立新的封建统治制度。

第三,弱政治伦理标准的倾向。虽然邓析对名的谬误的讨论,主要限于治世的范围,但是他对谬误的判定标准,并不像儒、法那样纠缠于政治伦理的内容。如前所述,无论是孔子、孟子、荀子还是韩非,皆以自己的政治思想为标准,凡是与自己思想不相符合的观点,皆被他们称为谬误,使得逻辑的求真标准中混入了价值标准。而邓析在关注社会政治的变革与进步的同时,也对自然科学知识有所研究。他曾发明过一种先进的灌溉工具——"桔槔机",表明他已掌握了一定的力学、几何学知识。可能受自然科学研究的影响,邓析对谬误的判定标准仅限于思维活动本身与其所反映的客观事物的关系是否一致。在这点上,邓析的谬误思想,已显示出其逻辑的科学性质。

四、邓析谬误思想的影响

第一,对同一律思想的启蒙作用。邓析"最早自觉地揭示和运用了'名'的这一确定性逻辑要求,也就是自觉地在正名中运用了同一律原则,因而对同一律思想的形成起了重要的启蒙作用"①。邓析的谬误思想,明确提出了名的确定性的逻辑要求,体现了思维过程中所应遵守的同一律原则。他对"匿词""饰词"的分析和批判,他所提出的"名不可以外务""循名责实""按实定名"等主张,他与子产斗智斗勇的论辩实践,都是紧紧围绕名的确定性这一逻辑要求而展开的。也正因为如此,邓析被誉为"我国古代逻辑思想发展史上的一位重要启蒙家和最早的开拓者"②,对中国古代逻辑思想的形成和发展起了重要的开拓作用。

第二,对名家思想特点的影响。邓析被列为名家之首,名家思想的许多特点都可在他的谬误思想中找到萌芽。邓析好形名,其思想的重点放在对名实关系的讨论上,他对言辩的讨论也以正名实为目的,是名实相应思想的延伸。名家"专决于名"的特点,便是受此影响。邓析主张重新厘定名实关系,因而他勇于向当时社会政治、经济、道德等领域的一切传统挑战,有时甚至故意违反常识,却能"持之有故,言之成理"(《非十二子》)。以后的惠施、公孙龙等诸辩者在此方面走得更远,常常不为人所理解和接受,因而名家被认为"失人情"(司马谈《论六家要旨》),"反人为实"(《庄子·天下》)。此外,邓析谬误思想中弱价值评价标准的倾向,也为名家所继承。名家的"形名"思想,不同于孔丘所开创的"正名以正政"思想,虽然名家的讨论也涉及政治伦理领域,但是以纯逻辑探究为重点。"儒家重名,在于伦理方面的价值,名家重名,则以理则方面的意义为重。"③以上名家思想特点的形成,不能说不受邓析的影响。

---

① 周云之主编:《先秦名辩逻辑指要》,四川教育出版社1993年版,第224页。
② 周云之、刘培育:《先秦逻辑史》,中国社会科学出版社1984年版,第29页。
③ 罗光:《中国哲学思想史》(先秦篇),台北学生书局1987年版,第18页。

第二节　公孙龙的谬误思想

公孙龙(约公元前325—前250年),字子秉,战国末期赵国人。他善于辩论,"为'坚白''同异'之辩"(《史记·孟荀列传》),是"六国时辩士也"(《公孙龙子·迹府》,下引《公孙龙子》只注篇名)。他尤以"白马非马"之说而著称于世,"龙之所以为名者,乃以白马之论尔"(《迹府》)。《汉书·艺文志》将其列入名家,当前学界亦多承此观点,认为公孙龙集名家之大成,是后期名家的重要代表。今本《公孙龙子》一书仅存六篇,其中《迹府》篇是后人为介绍公孙龙其人其学而撰,后五篇为公孙龙本人亲撰,它们构成了研究公孙龙谬误思想的主要依据。

一、公孙龙谬误思想产生的时代背景和思想倾向

公孙龙生活的年代"略晚于惠施、庄周,略早于荀况,大抵与《墨经》作者同时"①。"与公孙同时的大师,有孟轲、惠施、庄周、邹衍、荀卿诸子。孟惠年代稍前,荀卿较后,庄邹则前后略等。"②如前所述,此时辩的风气发展到了极盛的程度,形成了历史上蔚为壮观的"百家争鸣"。墨子将"辩乎言谈"与"厚乎德行""尊乎道术"(《墨子·尚贤上》)并举,提倡论辩的字句必较;孟子虽认为论辩为"不得已"(《孟子·滕文公下》),但确以"好辩"著称;庄子虽然主张"无辩",但其自身却与辩者出身的惠施常有论辩,因而他也是非常善辩的;荀子主张"君子必辩"(《非相》),与不合儒家思想之礼义之说的各种思想进行辩论;惠施将邓析所开辟的"形名之辩"的道路继续推进,是名家善辩且好辩的重要代表,他以"历物十事"为大,"观于天下而晓辩者,天下之辩者相与乐之"(《庄

---

① 温公颐、崔清田主编:《中国逻辑史教程》(修订本),南开大学出版社2001年版,第95页。
② 王琯:《公孙龙子悬解》,中华书局1992年版,第27页。

子·天下》)。至公孙龙,谈辩的实践已达到高潮。而公孙龙在论辩中能够取胜的关键就在于他对名所进行的深入且细致的研究。公孙龙"因资材之所长"(《迹府》),对言喻分析进行"苛察缴绕,使人不得反其意"(司马谈《论六家要旨》),这是他以至整个名家所进行的名实之辩的基本特点。

公孙龙的学说,无论是"白马非马""离坚白"之说,还是《通变论》中的诸命题,皆因有违人们的常识而不被理解和接受,因而其思想以"奇""怪"著称。这种"反人为实"(《庄子·天下》)的特点,使得思想上相訾相对的先秦诸子,除墨家外,都对公孙龙的学说表现出一致的反对和批判的态度。名墨两家思想之间有关联,在公孙龙所撰的五篇内容中,皆有与《墨辩》表述相似、思想相一致的地方。"从公孙龙的逻辑思想看,它和墨翟有历史渊源关系。再从他所著《坚白》《通变》《名实》诸篇的内容看,又和《墨子·经下》有相通的地方。可见鲁胜称龙祖述墨学之说,不为无稽。"[①]除此之外的儒、道、法等诸家都站在公孙龙的对立面。庄子将"坚白""同异"之说看作"非天下之至正"的"骈旁枝之道"(《庄子·骈拇》),认为公孙龙"饰人之心,易人之意,能胜人之口,不能服人之心,辩者之囿也"(《庄子·天下》)。荀子将"'坚白''同异'之察"(《荀子·礼论》)视为"琦辞"(《荀子·非十二子》),并将"白马非马"明确归入"用名以乱名"(《荀子·正名》)的谬误加以详细分析。韩非则认为,公孙龙的学说会造成社会秩序混乱,使得法令不能顺利运行,"今兼听杂学缪行同异之辞,安得无乱乎"(《韩非子·显学》),"坚白无厚之词章,而宪令之法息"(《韩非子·问辩》)。这些无不从反面说明公孙龙思想的独特性及其对当时社会的巨大影响。

公孙龙最初对名实之辩的讨论,跟先秦其他诸家一样,也是因"疾名实之散乱"(《迹府》)的社会现实,希望通过"正名实"而实现"化天下"(《迹府》)的理想。只不过在具体探讨过程中,公孙龙逐渐脱离社会政

---

① 温公颐:《先秦逻辑史》,上海人民出版社1983年版,第38页。

治追求,"专决于名"(司马谈《论六家要旨》),展开了对名的抽象讨论,最终形成了与诸子思想格格不入的发展道路。与此相应,公孙龙的"正名"思想亦表现出其独特的风格。

二、公孙龙关于谬误的思想

(一) 公孙龙对谬误的界定

正名思想是公孙龙全部思想的核心,他的谬误思想主要是在其阐述"正名"思想的过程中体现出来的。"正名"的实质就是正名实以使名实相应。关于"正",公孙龙有明确的界定。

> 天地与其所产焉,物也。物以物其所物而不过焉,实也。实以实其所实而不旷焉,位也。出其所位,非位;位其所位焉,正也。(《名实论》)

物,统指天地间存在的一切事物。实是从物说起的,它属于物,但并不是所有的物都能被称为实。"物其所物"即由物的名称所指称的物,因而实是名所称谓的对象。物是自在而不待人去称谓的,只有当物脱离其自在的存在而成为名的称谓对象时,它才是实。实与名相对,由名所指称的实必定是各种各样具体的物类。因而具体的自在之物在形成为物之实时,也便具有了其确定的范围和具体的内容而不能任意超越或空缺,即实现物与实之间的相合而"不过""不旷"。如将白马作为"白马"之名所称谓的实,就是"不过"且"不旷",将马作为"白马"之名所称谓的实,就是"过",将白马作为"马"之名所称谓的实,就是"旷"。公孙龙认为,实完满到它应有的程度而没有空缺时,便为"位"。"位"作为正名思想的基本范畴,为公孙龙所独创。"这'位'与《易·系辞上》'天尊地卑,乾坤定矣。卑高以陈,贵贱位矣'之'位'略相当,意为处在应处的位置,或谓之'当位'。"①"位"是一种分际,它提供了名所称谓的实与

---

① 黄克剑:《名家琦辞疏解——惠施公孙龙研究》,中华书局2010年版,第188页。

被看作实的物之间关系的一种标准,实质上也是名与实关系的标准,即名与实应达到契合无间直至完满的情形。名实一致,即"位其所位",便为"正"。"白"之名指称物之色白,"马"之名指称马,"白马"之名指称白马,"白""马""白马"各有其确定的实与其相应,三者各自的对应关系清晰而不相混乱,即"位其所位",也即"正"。

反之,物"过"其实,实"旷"其名,位"出其所位"而"非位",此即名实不相应。公孙龙称此为"狂举""乱名"。

> 非正举者,名实无当。
> 举是乱名,是谓狂举。(《通变论》)

(二) 防止谬误的正名原则

第一,"唯乎其彼此"的正名原则。

公孙龙对正名的原则从一般意义上进行了论述:

> 其名正则唯乎其彼此焉。谓彼而彼不唯乎彼,则彼谓不行;谓此而此不唯乎此,则此谓不行。其以当不当也。不当而当,乱也。
>
> 故彼彼当乎彼,则唯乎彼,其谓行彼;此此当乎此,则唯乎此,其谓行此。其以当而当也。以当而当,正也。
>
> 故彼彼止于彼,此此止于此,可。彼此而彼且此,此彼而此且彼,不可。(《名实论》)

"唯乎其彼此"是公孙龙正名思想的基本原则,其含义为:彼名只能称谓彼实,此名只能称谓此实。如果彼名称谓彼实却不专称彼实,那么称谓彼物的彼名就不可行;如果用此名称谓此实却不专称此实,那么称谓此物的此名也不可行。把不恰当的彼名、此名看作恰当的,就会带来名实关系的混乱。所以,称谓彼实的彼名专用于彼实,这种称谓才是恰当的;称谓此实的此名专用于此实,这种称谓也才是恰当的。把专指彼实的彼名和专指此实的此名看作恰当的名,名实关系也就正了。这样,公孙龙就从正反两方面对"唯乎其彼此"的基本原则进行了分析。公孙龙尤其强调名对实的称谓的严格确定性,认为称谓彼实的彼名只限于彼实,称谓此实的此名只限于此实才可。不能用彼名既称谓彼实又称谓此实;也不能用此名既称谓此实又称谓彼实。

第二,"白马非马"对"唯谓"原则的深入分析。

"白马非马"是公孙龙最著名的命题,公孙龙凭借这一命题而扬名天下,"龙之所以为名者,乃以白马之论尔"(《迹府》)。《迹府》作者更将公孙龙学说一言以蔽之为"'守白'之论"(《迹府》),即执守"白马非马"之论。"白马非马"肯定了名与所指称之实的关系的确定性,是以"假物取譬"的方式对"唯乎其彼此"的正名原则的具体说明和深入分析。

公孙龙认为,名是有其生成依据的,"马者,所以命形也;白者,所以命色也。命色者非名形也"(《白马论》)。"马"名是根据马之形征而命名的,"白"名是根据事物颜色的不同来命名的,而"白马"是命形与命色这两种根据相结合而形成的。按照"唯乎其彼此",即彼名只能称谓彼实,此名只能称谓此实的正名原则,"命形"之"马"名,以具有马之形征的所有马为指称对象,而不需考虑马之颜色的因素,即"马者,无去取于色",因而"求马,黄、黑马皆可致"(《白马论》)。而既"命色"又"命形"的"白马"之名,则以既具有白之色征又有马之形征的事物为指称对象。黄、黑马虽有马之形征,却无白之色征,因而不应在"白马"名所指称之实的范围之内,"求白马,黄、黑马不可致","唯白马独可以应耳"(《白马论》)。可见,公孙龙要求名与其所称谓的实之间的一一对应关系。命名所依据的实不同,名亦不同;名不同,其所指称的实亦不同。如果将"白马"之名归为"马"之名,则"白马"之名就失去其命色的依据,造成"白马"之名与"马"之名"所求一也"(《白马论》)。如此,"白马"之名与"马"之名必将因混同而无法区分,这与"唯谓"的原则是相悖的,因此,"白马"非"马"。可见,"白马非马"强调"马"之名称谓马且仅称谓马,"白马"之名称谓白马且仅称谓白马。这样,"白马"之名与"马"之名才能与其各自所指称的对象保持确定性的关系,从而各自实现"位其所位"而"正"。

第三,"离坚白"对"唯谓"原则的深入分析。

"坚白石二"也是公孙龙的重要论说之一,公孙龙凭借此命题而成为"离坚白"派的首领。"公孙龙以'白马说'成名,却以'离坚白'成家。"① "离坚白"也以"假物取譬"的方式对"唯乎其彼此"的正名原则进行了具体说明和深入分析。

从名的生成依据来看,人们依据不同感觉器官的不同职能形成有关事物的不同认知,从而形成不同的名。"视不得其所坚而得其所白者,无坚也;拊不得其所白而得其所坚。得其坚也,无白。"(《坚白论》)人们通过视觉感知到石之色白,因而生成"白"名;但视觉却不能帮助人们感知石之坚性,因而由视觉不能形成"坚"名。同样,人们通过触觉感知石之坚性,因而生成"坚"名;但触觉不能帮助人们感知石之色白,因而由触觉不能形成"白"名。虽然质坚与色白一般同时为石之属性,但质坚与色白并不存在必然的联系。某物质坚,其色却未必白;某物色白,其质未必坚。二者并不相互依赖,而是独立"自藏"于事物本身。因而"白石"所称谓的是客观存在之白石,而不包含石之坚性或者坚石;"坚石"所称谓的是客观存在之坚石,不包含石之色白或者白石。"白"名的所指中没有物之坚性,"坚"名的所指中没有物之色白,"白"名与"坚"名是相"离"的,"得其白,得其坚,见与不见离。不见离,一一不相盈,故离"(《坚白论》)。"白"名不能既谓白之实,又谓坚之实;"坚"名不能既谓坚之实,又谓白之实。不仅"白"名和"坚"名是相离的,"白石"之名中的"白"名与"石"名,"坚石"之名中的"坚"名与"石"名也都各自相离。"白"名在与"石"名结合之前,"白"名是"白"名,它仅指称物之色白,却不指称具有色白性征之石;"石"名是"石"名,它称谓客观存在的石之实,不包含石之色白。同样,"坚"名在与"石"名结合之前,"坚"名是"坚"名,它仅指称物之坚性,却不指称具有坚性之石;"石"名是"石"名,它称谓客观存在的石之实,不包含石之性坚。"白"名,"坚"名,"石"

————

① 庞朴:《公孙龙子研究》,中华书局1979年版,第39页。

名,各有其不同的生成依据及确定的指称对象,它们之间各自相离而不容混淆。"一个名正与不正,规范不规范,就在于一个名是否有其确定的所指,有其具体的指称对象。一个名有其确定的所指和具体的指称对象,这个名就是正了的名、规范化的名。使不同的名相互分离、独立,也就是使不同的名有着不同的指称对象,这正是使名归于规范的前提。"①这也就是公孙龙所说的"离也者天下,故独而正"(《坚白论》)。

(三)纠正谬误的正名方法

为了真正做到"唯乎其彼此",公孙龙提出了如下的正名方法:

> 以其所正,正其所不正;以其所不正,疑其所正。其正者,正其所实也;正其所实者,正其名也。(《名实论》)

"以其所正,正其所不正",即用已经"正"了的名去检查、纠正"不正"的名。在公孙龙看来,已经"正"了的名是"位其所位"的规范、恰当之名。这样的名,有其确定的称谓对象,与其称谓对象之间有着确定的对应关系。用这样的名,可以检查、纠正那些"出其所位",没有确定指称对象的不恰当之名。如"白马"之名专指白马之实,它既命色又命形,所指称的对象不包括黄、黑马;而"马"之名指马之实,它命形不命色,所指称的对象包括白马、黄马、黑马等全部的马类。"白马"之名和"马"之名只有各处其位,不相混同,才是名实相符的恰当之名。将"白马"之名和"马"之名严格区分,明确其各自的所指,就可以纠正那些将"白马"之名与"马"之名相等同,以白马为"马"之名所指或以马为"白马"之名所指的"不正"之名。

"以其所不正,疑其所正。"此句中的"以其所不正",乃谭戒甫所校增;伍非百在《公孙龙子发微》中又在此句句首增"不"字,本文从之。其意为:不能用"不正"之名去怀疑那些已经"正"了的名。已经得以规范的"正"名,必定是已被社会大众所广泛认可并获得普遍使用的,它有其

---

① 林铭钧、曾祥云:《名辩学新探》,中山大学出版社 2000 年版,第 201 页。

确定的所指而不能随意更改。如果用"不正"之名去怀疑规范了的"正"名,反而会造成"正"名原本确定的所指陷入混乱,使原本的名实相应变为名实相怨。这与正名的目的是背道而驰的。

"其正者,正其所实也;正其所实者,正其名也。"公孙龙认为,只有"正其所实",即确定名的所指,才能达到正名的目的。"夫名,实谓也"(《名实论》),名是对具体物类的称谓,我们只有明确物类的对象和内容,才能确定名的所指。如白马具有白之色和马之形两种性征,因而"白马"之名既命色又命形,其所指仅限于白马之实,而不包含黄、黑马。可见,当我们了解了具体的物类,使不同的物类有不同的名,不同的名有不同的指称对象时,就能保证名与指称对象的确定性,从而实现名实之间的契合一致,此即"正名"。

三、公孙龙谬误思想的特点分析

第一,哲学思想的倾向。公孙龙明确提出"天地与其所产焉,物也",可见他是个朴素唯物主义论者。在名实关系上,公孙龙认为"夫名,实谓也。知此之非此也,知此之不在此也,则不谓也。知彼之非彼也,知彼之不在彼也,则不谓也"(《名实论》),名是对实的称谓,名由实决定。如果实发生变化,名也应随之发生变化。肯定实为第一性,名为第二性。因而在正名思想中,公孙龙坚持了以实正名的观点,"其正者,正其所实也;正其所实者,正其名也"。

第二,纯逻辑化的倾向。虽然公孙龙最初对"名实之散乱"之谬误的研究,跟先秦其他诸家一样,希望"正名实而化天下"(《迹府》)。但在论述其思想的过程中,公孙龙却摆脱了社会政治伦理倾向,而是"专决于名",从逻辑理论的高度展开了对名实关系的详细讨论。他"唯乎其彼此"的正名原则,更是抽象讨论正名问题的理论高峰。可见,"公孙龙的逻辑思想已走向纯逻辑化,和正名主义的政治逻辑有所不同"[1]。

---

[1] 温公颐:《先秦逻辑史》,上海人民出版社 1983 年版,第 39 页。

四、公孙龙谬误思想的影响

公孙龙作为名家理论的集大成者,将对谬误的研究从当时有关政治伦理问题的争论中相对地独立出来,因而相较于先秦其他学者,他在逻辑思想方面的成就更为显著。

公孙龙对正名原则所做的一般意义上的论述是中国古代逻辑史上第一次从逻辑理论高度所提出的正名原则和要求,对中国逻辑思想的发展具有重要贡献。正名问题自孔子开始一直是先秦各家思想中重要的组成部分。在对正名思想的论述中,虽然诸子都意识到了名的确定性要求,但第一次从理论上提出这一要求并进行了具体且深入分析的,是公孙龙。"唯乎其彼此"的正名原则,明确提出彼名称谓彼实且只能称谓彼实,此名称谓此实且只能称谓此实,深刻地揭示了逻辑的正名要求以及同一律的思想原则。更难为可贵的是,公孙龙还以"白马非马"和"离坚白"之说,"假物取譬",对"唯乎其彼此"的正名原则进行了详细论证和深入分析。

公孙龙在逻辑思想上的理论创见和贡献更表现在完整名学体系的创建上。公孙龙的学说之所以能具有深远的影响,不在于其"失人情"(司马谈,《论六家要旨》)的"奇""怪",而在于他能对人们眼中的"奇辞""怪说"进行合理的论证。即使是公孙龙的反对者,也不得不承认,他能"胜人之口"而难以反驳,因而他们对公孙龙的批判,多是从政治伦理角度出发的。

公孙龙与常识相违背的命题之所以能被他加以合理化论证,是因为公孙龙有一个完整的名学体系,而这些命题是其整个名学体系中的一环,有其自身的理论基础。公孙龙的《名实论》《指物论》《坚白论》《白马论》《通变论》五篇有其自身内在的逻辑序列,它们共同构成公孙龙名学的完整理论。其中,《名实论》界定了"物""实""位""正"的基本概念,提出"唯乎其彼此"的正名原则,是公孙龙名学体系的基础和核心。"《名实论》也可说是《公孙龙子》全书绪论,这里给一些基本范畴都下了定义,提出'正名'的原则,同其他几篇共同构成了一个学说体系。秦汉人写书喜欢把叙放在最后,这一篇因而也被编在末尾。"①正名思想是以名实关系为基础的,为了清楚名与实之间的关系,《指物论》进一步探讨了名、实关系的更深层基础:指与物的关系。《坚白论》和《白马论》是对《名实论》中所述内容,尤其是对"唯乎其彼此"的正名原则的进一步深化和展开。《通变论》则从物类之间的同异关系的角度,说明了类对于正名的重要作用。"《公孙龙子》一书的核心是《名实论》,公孙龙在其中提出了他的名实观和正名原则。《指物论》《坚白论》等四篇从不同的角度围绕名实关系问题进行了深入细致的讨论,从而形成了一个较为完整的理论。"②这一体系"在抽象性、思辨性、严谨性和完整性等方面都达到了前所未有的高度"③。

公孙龙对名学有着自己的深刻认识和独到见解,这使他的学说呈现出违反常识、挑战传统的特点,增加了其思想的理解难度,造成人们对其思想实质的误解。这也是为什么历史上的学者几乎都对公孙龙的学说表现出一致的反对和批判态度的原因,即使到现在公孙龙仍未完全摆脱"诡辩家"的评价。因而深入研究公孙龙的谬误思想,不仅可以从谬误思想的角度重新理解公孙龙的正名逻辑思想,同时也是了解和总结先秦谬误思想发展的必要环节。

---

① 庞朴:《公孙龙子研究》,中华书局 1979 年版,第 47 页。
② 崔清田主编:《名学与辩学》,山西教育出版社 1997 年版,第 144 页。
③ 同上书,第 168 页。

第三章
墨家的谬误思想

墨家约产生于战国时期,创始人为墨子。一般认为,墨家有前后期之分,前期思想以关注现世战乱为出发点,更多是对逻辑的应用;而后期墨家则关注理性思维的作用,对判断、推理的形式进行了研究,对中国古代逻辑的发展具有重要贡献。而墨家不同于诸子百家的一个独到之处,是对"辩"的高度重视与研究以及自家辩学的创立。因此,墨家的谬误思想主要是关于辩的谬误的思想,它的各种谬误的研究都是服务于"谈辩"的。

第一节 墨子的谬误思想

墨子(约公元前 480—前 420 年),名翟,春秋战国之际的鲁国人。因反对儒家思想主张而另立新说,创立墨家学派。墨子本人没有著书,他的主要思想言论被其弟子记述在《墨子》一书中。据《汉书·艺文志》记载,《墨子》一书共七十一篇,今本仅存五十三篇,记录和整理了整个墨家学派的思想。其中,《经上》《经说上》《经下》《经说下》《大取》《小取》六篇,被称为《墨经》或《墨辩》,一般认为为后期墨家所作;其余各篇则被认为是对墨子思想的记述。因而《墨子》中除《墨辩》六篇之外的其余篇章是我们研究墨子谬误思想的主要依据。

一、墨子谬误思想产生的时代背景和思想倾向

春秋战国时期,诸侯连年征战,社会动荡不安。墨子出身于小手工业者,因而对于社会下层的劳动者所经历的痛苦有着更较多的关注,下层劳动者的日常生活,如"稼穑""耕织"(《墨子·非攻下》,下引《墨子》只注篇名)之事,多次出现在他的言谈中,他自己也因此被称为"贱人"(《贵义》)。墨子深刻体会到天下百姓的疾苦,"民无饥而不得食,寒而不得衣,劳而不得息,乱而不得治者"(《尚贤中》),但统治者对此不仅没有足够重视,反而变本加厉,"厚作敛于百姓,暴夺民衣食之财"(《辞过》)。为此,他从"农与工肆之人"(《尚贤上》),即下层劳动者阶级的利益出发,对奴隶主宗法制度和诸侯征战进行了深刻的批判。

当时的手工业阶层,在政治上没有独立地位,没有承担国君授予的职事;同时又拥有少量财产,无须直接参加劳动,因而"翟上无君上之事,下无耕农之难"(《贵义》),这为墨子能博通古书提供了必要的条件。墨子所处的鲁国,是当时周文化的代表,亦是儒家思想的发源地,因而墨子早年"学儒者之业,受孔子之术"(《淮南子·要略》)。但是由于其自身的社会背景和阶级出身,墨子在一些重要理论问题上与儒学产生了极大的分歧。他认为儒家思想"其礼烦扰而不说,厚葬靡财而贫民,服伤生而害事"(《淮南子·要略》),主张非乐、薄葬、非命等。他反对孔子所极力维护的奴隶主宗法等级制度,认为在这种制度下,"国家失卒,而百姓易务也"(《非攻下》),主张"背周道而行夏政"(《淮南子·要略》),提出尚同、尚贤、非攻等思想,希望能尚贤使能,"举而上之"(《尚贤中》),统治者如果"不胜其任""不胜其爵"(《亲士》),则应"抑而废之,贫而贱之以为徒役"(《尚贤中》)。在批判儒家思想的过程中,墨子形成了一套独特的政治伦理学说,从而开创了墨家学派。

但是,墨家是小手工业者利益的代表,无论是衰落的奴隶主贵族阶级,还是新兴的封建地主阶级,都不可能重视其思想并加以实行,因而墨子只能到处游历,宣传自己的主张,"上说王公大人,次匹夫徒步之士"(《鲁问》)。另一方面,墨子的思想与儒家思想处处针锋相对,但儒家思想已在社会上产生了广泛的影响,为了使自己的思想能与之抗衡,墨子也只能通过行之有效的谈辩方法据理以胜儒家进而服天下,从而实现自己的政治理想。墨子也因而善"辩"且重视"辩"。在人们看来,墨子善"辩"而不易对付,"墨者,姓墨,名翟,……禀性多辩,咸能致高谈危险之辞,鼓动物性,固执是非"(《庄子疏》)。墨子自己也对自己的"辩"充满自信,"吾言足用矣,舍言革思者,是犹舍获而攈粟也。以其言非吾言者,是犹以卵投石也,尽天下之卵,其石犹是也,不可毁也"(《贵义》)。虽然在墨子的时代,论辩之风已经非常激烈,"夫弦歌鼓舞以为乐,盘旋揖让以修礼,厚葬久丧以送死,孔子之所立也,而墨子非之。兼爱、尚贤、右鬼、非命,墨子之所立也,而杨子非之。全性、保真,不以物累形,杨子之所立也,而孟子非之"(《淮南子·氾论训》),但最先高扬"辩"的大旗的便是墨子。墨子还将"谈辩"作为为义之首务,"能谈辩者谈辩,能说书者说书,能从事者从事,然后义事成也"(《耕柱》),要求其弟子学习、训练谈辩的技能和学问。在以"辩"为工具对各种言论进行是与非、利与害的辨别中,包含了墨子的谬误思想。

二、墨子关于谬误的思想

(一) 墨子对谬误的界定及分类

在墨子谈辩过程中,多次出现"悖"字。

> 天下无愚夫愚妇,虽非兼之人,必寄托之于兼之有是也。此言而非兼,择即取兼,即此言行费(悖)也。(《兼爱下》)
>
> 此其为不利于人也,天下之害厚矣。而王公大人乐而行之,则此乐贼灭天下之万民也,岂不悖哉!(《非攻下》)
>
> 世俗之君子,贫而谓之富则怒,无义而谓之有义则喜。岂

不悖哉！(《耕柱》)

世之君子，使之为一犬一彘之宰，不能则辞之；使为一国之相，不能而为之。岂不悖哉！(《贵义》)

世之君子欲其义之成，而助之修其身则愠，是犹欲其墙之成，而人助之筑则愠也。岂不悖哉！(《贵义》)

郑人三世杀其父，而天加诛焉，使三年不全，天诛足矣。今又举兵，将以攻郑，曰："吾攻郑也，顺于天之志。"譬有人于此，其子强梁不材，故其父笞之。其邻家之父举木而击之，曰："吾击之也，顺于其父之志。"则岂不悖哉！(《鲁问》)

鲁人有因子墨子而学其子者，其子战而死，其父让子墨子。子墨子曰："子欲学子之子，今学成矣，战而死，而子愠，是犹欲粜籴，雠则愠也。岂不费(悖)哉！"(《鲁问》)

"悖"在古汉语中的愿意为"违反""背逆"，如《易·象辞上·颐卦》："十年勿用，道大悖也。"意即十年之内不可施展才能，是由于与颐养之道大相背逆。《礼记·中庸》："故君子之道，本诸身，征诸庶民，考诸三王而不缪，建诸天地而不悖，质诸鬼神而无疑，百世以俟圣人而不惑。质诸鬼神而无疑，知天也；百世以俟圣人而不惑，知人也。"《礼记·中庸》："万物并育而不相害，道并行而不相悖。小德川流，大德敦化，此天地之所以为大也。"①

"悖"发展到墨子这里，则有了自相矛盾之意，主要指因自身的认识、言辞、言行等蕴含着不可解的矛盾而造成的谬误。这表明墨子已经对矛盾律的要求有着清楚的认知，从而使"悖"具有了逻辑学意义。

(二)"悖"的具体表现

墨子揭露了"悖"现象在人们谈辩、行事中的众多表现，有些虽然没有直接用"悖"来称谓，但墨子也清楚地揭示了其中的不可解的矛盾。墨子主要从以下四个方面具体分析了矛盾的种种表现。

---

① 张晓芒：《先秦诸子的论辩思想与方法》，人民出版社 2011 年版，第 94 页。

第一,"明于小,而不明于大"。

决定事物间类的同异差别的关键在于事物的质的规定性,在不改变质的范围内的量的变化,不能影响某物类别归属的改变。因而无论事物是"小",还是"大",只要属于同类,就应该受到同等对待。如果肯定小类,却否定大类,或者否定小类,肯定大类,就是自相矛盾,犯了"明于小,而不明于大"(《尚贤下》)的谬误。杀一个"不辜人"与杀十个、百个乃至"攻国"在滥杀无辜这一点上性质相同,因而属于同一类。但"天下之君子"将"杀一人,谓之不义"(《非攻上》),对于"攻国"却"弗知非,从而誉之,谓之义"(《非攻上》),这是自相矛盾的。墨子批评这种行为是"义不杀少而杀众,不可谓知类"(《公输》)。同样,偷窃行为,无论其所偷窃的量的大小,在"亏人自利"(《非攻上》)这一点上性质都相同,因而属于同类。但"世俗之君子"将"窃一犬一彘"(《鲁问》)、"入人园圃窃桃李"、"攘人犬豕鸡豚"、"入人栏厩,取人马牛"、"杀不辜人也,扡其衣裘,取戈剑"(《非攻上》)的行为视为"不仁"(《鲁问》)、"不义"(《非攻上》),将"窃一国一都"(《鲁国》)、"攻国"的行为却誉为"义",也是自相矛盾的。墨子认为,这种"今小为非,则知而非之。大为非攻国,则不知而非"(《非攻上》)的行为就像看见小片白色就说是白的,看见大片白色却说是黑的,"小视白谓之白,大视白则谓之黑"(《鲁问》);看见少许黑色就说是黑的,看见很多黑色却说白的,少尝一些苦味就说是苦的,多尝一些苦味就说是甜的,"少见黑曰黑,多见黑曰白","少尝苦曰苦,多尝苦曰甘"(《非攻上》)一样荒谬,是"知小物而不知大物"(《鲁问》)。

第二,言、行与一般事理的矛盾。

一般事理是已被众人所认同而无须加以论证的,它已被人们看作共识而存在。有的人认同一般事理,对于与一般事理同属一类的言、行却不加认同,造成自相矛盾。

> 世俗之君子,贫而谓之富则怒,无义而谓之有义则喜。岂不悖哉!(《耕柱》)

"世俗之君子"皆以"贫而谓之富"为过誉行为而加以怒斥,"无义而谓之有义"和"贫而谓之富"在"过誉"这一点上,性质相似,属于同类,因而也应被加以怒斥,但"世俗之君子"却对此采取了完全相反的态度,自相矛盾。

> 世之君子,使之为一犬一彘之宰,不能则辞之;使为一国之相,不能而为之。岂不悖哉!(《贵义》)

"世之君子"皆认为,如果不能宰杀狗猪,就不能做屠夫,"一国之相"之不能治理国家和屠夫之不能宰杀狗猪在"不能"这一点上,性质相似,属于同类,因而也需因"不能"而"辞之",但"世之君子"却对此采取了完全相反的态度,虽"不能"却"为之",自相矛盾。

> 世之君子欲其义之成,而助之修其身则愠,是犹欲其墙之成,而人助之筑则愠也。岂不悖哉!(《贵义》)

垒墙建房时,有人帮助会有利,这是众人皆知的道理。培养仁义时,有人帮助与此在"有利"这一点上,性质相同,属于同类,因而"欲成其义之成"也应希望有人助之,但"世之君子"却采取了与之完全相反的态度,"助之修其身则愠",自相矛盾。

> 郑人三世杀其父,而天加诛焉,使三年不全,天诛足矣。今又举兵,将以攻郑,曰:"吾攻郑也,顺于天之志。"譬有人于此,其子强梁不材,故其父笞之。其邻家之父举木而击之,曰:"吾击之也,顺于其父之志。"则岂不悖哉!(《鲁问》)

儿子凶暴不成器,理应由他的父亲加以管教,无需"邻家之父"出手,这是众人所认同的。郑国"三世杀其父",在"不成器"这一点上跟儿子性质相同,属于同类,因而理应由其父"天"来进行惩罚,现在鲁国攻打郑国的行为与不认同"邻家之父"管教别人儿子的观点相矛盾。同样的道理,有人请墨子教育其儿子,后来这个儿子战死了,此人便责备墨子,也是自相矛盾的。"鲁人有因子墨子而学其子者,其子战而死,其父让子墨子。子墨子曰:'子欲学子之子,今学成矣,战而死,而子愠,是犹欲粜籴,籴则愠也。岂不费哉!'"(《鲁问》)。

第三,言行矛盾。

墨子认为,言论应当是可付之实行的,不能付之实行却总是挂在嘴边的言论,为"荡口"之言,"言足以复行者,常之。不足以举行者,勿常。不足以举行而常之,是荡口也"(《耕柱》)。因而,墨子要求谈辩者做到言行一致,"言行之合,犹合符节也"(《兼爱下》),否则,言行矛盾,即为"悖"。"天下之诸侯"在口头上以求"义"为荣,但实际上极尽"攻伐并兼"之事,"攻伐并兼"之事乃"贼灭天下之万民也"(《非攻下》),不利于个人及整个天下,"其为不利于人也,天下之害厚矣"(《非攻下》),与"义"的内容完全背道而驰。"言义而弗行"(《鲁问》),这就是言行矛盾。在讲"兼爱"时,墨子指出天下之人在言论上否定"兼爱"之人的存在,但其实际行动却表明他们肯定有"兼爱"之人,如人们将自己的亲人托付给别人时,"必寄托之于兼之有是也"(《兼爱下》)。墨子认为,这是"言而非兼,择即取兼"(《兼爱下》)的言行矛盾。对于子夏之徒所提出的"狗豨犹有斗,恶有士而无斗矣",墨子也指出了其"言则称于汤文,行则譬于狗豨"(《耕柱》)的言行矛盾。

第四,言辞自身的矛盾。

墨子在与儒家思想做斗争的过程中,非常注重据理以胜儒。在与儒家信徒辩论的过程中,他对儒家思想自身所包含的自相矛盾之处进行了揭示。

"教人学而执有命。"儒家信徒公孟一方面认为,人的贫富、寿命长短等都由天命决定,人们不能增减它们,"贫富寿夭,齰然在天,不可损益"(《公孟》),另一方面,又倡导"君子必学"。墨子认为,叫人学习却坚持命定论,就像让人包裹头发,又让他去掉用来包裹头发的帽子一样,"教人学而执有命,是犹命人葆而去其冠也"(《公孟》),乃自相矛盾。

"执无鬼而学祭礼。"公孟一方面认为"无鬼神",另一方面又要求君子学习祭祀鬼神的礼节,"君子必学祭祀"(《公孟》)。墨子认为,学习祭祀鬼神的礼节,实际上就是承认了鬼神的存在,这就像没有宾客却要学习接待宾客的礼节,没有鱼却要织渔网一样,"执无鬼而学祭礼,是犹无客而学客礼也,是犹无鱼而为鱼罟也"(《公孟》),是自相矛盾的。

以"厚葬久丧"求"富"。儒家一方面希望国家富强,另一方面却要求人们"厚葬久丧"。墨子认为,"厚葬"埋掉大量钱财,"久丧",使人们长期不能从事生产劳动,"细计厚葬,为多埋赋之财者也。计久丧,为久禁从事者也"(《节葬下》),这是对社会财富和劳力的浪费。以此求富,就像禁止人耕种而求收获一样,"以此求富,此譬犹禁耕而求获也"(《节葬下》),自相矛盾。

以"久丧"求"众"。儒家一方面希望人口增多,另一方面却要求人们"久丧"。墨子认为,"久丧""败男女之交多矣"(《节葬下》)。以此求众,就像人伏身剑刃而寻求长寿,"以此求众,譬犹使人负剑而求其寿也"(《节葬下》),自相矛盾。

以"厚葬久丧"求"治"。儒家一方面希望国家得到治理,另一方面却要求人们"厚葬久丧"。墨子认为,"厚葬久丧"使国家贫穷、人民减少,必然会带来社会政治秩序的混乱,"刑政必乱"。以此求治,就像把投靠自己的人多次遣送回去却要他不背叛自己,"以此求治,譬犹使人三睘而毋负己也"(《节葬下》),自相矛盾。

(三) 揭露和防止谬误产生的逻辑方法

通过以上的例证,可以发现,墨子在揭露"悖"的过程中,多采用比喻式的类推反驳方法。其思维过程是:为了反驳论敌的观点(A),就先以与论敌的观点(A)在某一性质或因果关系上类似的事物道理(B)做比喻,而这个事物道理(B)的内容浅显,其荒谬性是对方容易认可的;只要对方承认了所喻事物道理(B)的荒谬性,就应该明白他自己的观点(A)的荒谬性了。[①] 在此方法的运用过程中,"类"概念起着非常重要的作用,客观事物"类"事理的同一性是该方法的基础。因而,墨子非常

[①] 张晓芒:《中国古代论辩艺术》,山西人民出版社 2001 年版,第 95—96 页。

重视"类",在他的论辩中,很多都是以"类"为武器,通过比喻式归谬反驳,揭示了对方不知类、不察类的谬误。在以上所分析的"悖"的具体表现中,"明于小,而不明于大"和"言、行与一般事理的矛盾"就是由不知类、不察类而引起的,即将本是同类而应同样对待的事物看作异类而给予完全相反的对待,从而造成自相矛盾。因以上已有具体分析,在此不加赘述。

　　为了防止在谈辩过程中因对"类"的同异认识错误而造成谬误,墨子特别强调"知类""察类"的重要性。为了真正做到"知类""察类",墨子非常注重确定重要之名和相似之名的准确意义。当有"好攻伐之君"欲以"禹征有苗,汤伐桀,武王伐纣,此皆立为圣王"(《非攻下》)来反诘墨子的"非攻"主张时,墨子认为其未能正确区分"攻"与"诛"的不同意义,因而"未察吾言之类"(《非攻下》)。在墨子看来,"攻"与"诛"虽同是出兵征讨,但征讨的对象不同使二者的根本性质不同。顺应天命,征讨有罪之国君即为"诛",悖逆天命,征讨无罪之国君为"攻"。墨子的"非攻",反对的是非正义的"攻",而非正义的"诛"。"兼"和"别"(《天志中》)是墨子思想中的重要概念,因而墨子对二者的意义做了详细的规定,明确区分了二者"类"的差异。此外,墨子通过对意义的明确规定将"毁"与"告闻"(《公孟》)、"义政"与"力政"(《天志》)等进行了"类"的区分。

　　墨子还论述了"明故"对于"知类""察类"的重要性,"未察吾言之类,未明其故者也"(《非攻下》)。某事物之所以属于这类事物而不属于另一类事物,不是出于任意断定,而是有其客观依据的。我们只有把握了某事物之所以为某类事物之"故",才能更准确地"知类""察类"。如前所述,"杀一人""杀十人""杀百人"和"攻国"等同归为"不义"之类,是因为它们都具有"滥杀无辜"的特征;"窃一犬一彘""入人园圃窃桃李""攘人犬豕鸡豚""入人栏厩,取人马牛""杀不辜人也,扡其衣裘,取戈剑"和"窃一国一都"同归为"不仁""不义"一类,是因为它们都具有"亏人自利"的特征。因而,"明故"是"知类"的依据,不"明故",我们就容易犯不"知类"的谬误。

（四）判别谬误的实质性标准——"三表法"

要从根本上防止谬误的产生，就必须为人们的言论和思想主张树立一个标准，为此，墨子提出"言必立仪"（《非命上》）。如果没有这个标准，人们就无法辨别是非，区分利害，"言而毋仪，譬犹运钧之上而立朝夕者也，是非利害之辨，不可得而明知也"（《非命上》）。这表明，墨子已经意识到法则、标准的重要性。只是，墨子对这一标准的具体探讨，并不是从单纯的逻辑理论的角度出发的，而是回归到他关注社会现实的人文思想中，这个标准就是"三表法"。

> 故言必有三表。何谓三表？子墨子言曰：有本之者，有原之者，有用之者。于何本之？上本之于古者圣王之事。于何原之？下原察百姓耳目之实。于何用之？废以为刑政，观其中国家百姓人民之利。此所谓言有三表也。（《非命上》）

所谓"上本之于古者圣王之事"，指的是立言要以历史上所记载的有关圣王的言和行为依据。古代圣王的言和行很多已被历史实践所肯定，因而这一条的实质是通过考察历史、求证古事，使立言与这些被证明是基本正确的言行相符合。所谓"下原察百姓耳目之实"，指的是立言还要以百姓所感觉到的经验事实为依据。所谓"废以为刑政，观其中国家百姓人民之利"，指的是将思想言论在社会中加以实行，看其对国家百姓是否有利，有利即为是，否则即为非。这一条的实质是要求言论应与其所产生的实际效果相一致。虽然"三表法"所提供的对是非判定的标准为墨子的一家之言，有其狭隘和缺陷之处，不可能与逻辑法则相提并论，但这一标准确实具有一定的客观意义。"墨子将真知标准，不说只是一个，而说有三；不说与外物之实相符，而说原察百姓耳目之实；不说一人行之有效，而说观其中国家百姓人民之利。这几点实在是精卓至极,深可赞叹的。"①

三、墨子谬误思想的特点分析

第一,哲学思想的倾向。墨子对谬误思想的探讨是建立在他唯物主义经验论基础上的。墨子认为,人的知识由实而来,是通过"众之耳目之实"来确定的,"天下之所以察知有与无之道者,必以众之耳目之实,知有与亡为仪者也"(《明鬼下》)。表现在名实关系上,就是以实为第一性,主张"以名取实"。如果只能说出名却不知道实,就不是真知,"故我曰瞽不知白黑者,非以其名也,以其取也。……故我曰天下之君子不知仁者,非以其名也,亦以其取也"(《贵义》)。名只有用所指之实加以验证,二者相一致,才能避免谬误。

第二,政治思想的倾向。跟先秦众多思想家一样,墨子批判谬误的出发点和最终目的,仍然是他的社会政治理想。作为小手工业者利益的代表,墨子的思想必然跟代表贵族利益的儒家的政治伦理观点相对立。面对已经建立并有所发展的儒家思想,为了建立自己的学说,墨子提出了一种新的立论标准——三表法。这样,三表法就成为墨子用来判定两种对立学说是非对错的根据。墨子一方面将三表法看作判定谬误的工具;另一方面更将三表法看作他所创立的政治理论的依据。运用三表法,墨子对反映其政治伦理观点的"兼爱""非攻"等重要命题进行了论证。可见,"三表法实际上已经摈弃了单纯的逻辑理论的探索,而表现出给墨子的政治、伦理思想寻找最原始出发点的努力"②。

第三,重视逻辑应用的倾向。墨子在批判儒家观点,建立自己思想体系的过程中,概念明确,思路清晰,"他的全部政治伦理学说都充分体现了严格的逻辑论证方法"③,因而他的学说呈现出很强的感染力和说

---

① 张岱年:《中国哲学大纲》,中国社会科学出版社 1982 年版,第 521 页。
② 黄朝阳:《中国古代的类比——先秦诸子譬论》,社会科学文献出版社 2006 年版,第 93 页。
③ 周云之、刘培育:《先秦逻辑史》,中国社会科学出版社 1984 年版,第 51 页。

服力,墨子可被看作"我国古代一位重要的应用逻辑专家"①。墨子重视类、故,在中国历史上,墨子最早提出了具有逻辑学意义的类概念和故概念。② 而且墨子非常重视类、故在论证、反驳中的应用,他将"知类""察类"和"明故"作为揭露、反驳谬误的强有力的武器,批判了人们在谈辩、行事中"悖"的众多表现。

四、墨子谬误思想的影响

与邓析、孔子相比,墨子的思想具有更为明显的逻辑特性,为我国古代逻辑的形成和发展奠定了重要的思想基础。因而在中国逻辑史上,墨子可以被看作"我国古代逻辑的奠基者"③。在谬误方面,墨子的谬误思想同样具有奠基作用,其对《墨辩》中谬误思想的奠基作用尤为明显。

首先,在名的谬误方面,虽然名实相乱的社会现象自孔子以来就引起思想家们的广泛关注,但是第一次明确将名实对举的却是墨子,他进一步推动和深化了之后的思想家对因名实不一致而造成的谬误的研究。同时,墨子在名实关系上以实为第一性的唯物主义观点,为之后的一些思想家所接受,扭转了孔子以名正实的思想,对以后有关名的谬误的讨论方向的转变产生了深远的影响。即使是儒家的大思想家荀子,也受其影响而主张"辨同异"(《荀子·正名》)。这一思想对名家和后期墨家的影响则更为直接。名家和后期墨家都要求"察实",将与实不符的名的谬误称为"狂举"并对其进行了详细的分析与论述。

其次,在辩的谬误方面,后期墨家主要是围绕故、理、类三个基本范畴而展开分析的,他们认为辞"以故生,以理长,以类行也者","三物必具,然后足以生"(《大取》),缺少任何一个,都容易造成谬误。这一思想

---

① 周云之、刘培育:《先秦逻辑史》,中国社会科学出版社1984年版,第51页。
② 黄朝阳:《中国古代的类比——先秦诸子譬论》,社会科学文献出版社2006年版,第78、81页。
③ 温公颐:《先秦逻辑史》,上海人民出版社1983年版,第18页。

跟墨子重视类概念和故概念的分析和应用密切相关。墨子思想中的逻辑创见,大量逻辑应用方面的例证,都为后期墨家在谬误方面所取得的理论成就打下了深厚的基础。另外,墨子对悖的讨论,还促使了后期墨家提出并分析了有关悖论的思想。

第二节　后期墨家的谬误思想

墨子为了实现自己的政治目标,广招弟子,聚众讲学,"从属弥众,弟子弥丰,充满天下"(《吕氏春秋·当染》),形成了墨家学派。在墨子之后,墨家虽然分离为三个分支,但"俱诵《墨经》"(《庄子·天下》),继承并发扬了墨子的思想传统,并在战国中后期发展到了鼎盛时期,"后学显荣于天下者众矣,不可胜数"(《吕氏春秋·当染》)。如前所述,《墨子》一书中的《经上》《经说上》《经下》《经说下》《大取》《小取》六篇,被称为《墨经》或《墨辩》,一般认为是后期墨家所作,是我们研究后期墨家谬误思想的主要资料。

一、后期墨家谬误思想产生的时代背景和思想倾向

后期墨家坚持了墨子的思想传统,是手工业劳动者利益的代表。他们直接参与生产劳动,并且极具有献身精神,"皆可使赴火蹈刃,死不还踵"(《淮南子·泰族训》)。从墨子到后期墨家,随着生产力的发展及封建生产关系的确立,手工业得到了快速的发展,手工业者的社会地位也得到了一定的提高。据《考工记》记载,"国有六职,百工与居一焉",而且"百工之事,皆圣人之作也"。墨子时代手工业阶层没有独立政治地位、不受统治阶级重视的状况,到后期墨家时期已经发生了变化,墨家的思想亦因能适应统治阶级的需要而富有生命力。同时,后期墨家既直接参与生产劳动,又具备一定的知识素养,因而能够对生产经验进行一定的理论总结,形成有关数学、物理学、光学等自然科学方面的相关理论，促进了自然科学的发展。这些皆促使后期墨家学说抛弃墨子思想中"天志""明鬼"等思想的神秘主义色彩，并以自然科学方面的成果为基础，最终形成了建立在一定科学基础之上、具有较大合理性的理论体系。

《墨辩》被认为是我国古代对论辩问题做了最系统、详尽的理论探讨的辩学著作。在"百家争鸣"的背景下，先秦各家的思想皆具有浓厚的论辩色彩，为了在论辩中取胜，各家尤其是名家和儒家非常注重对论辩技术的研究，为辩学理论的形成做了必要的准备。但在墨家之前，论辩还只是被先秦诸子看作各学派之间相互辩难、是己非异的一种工具，很多思想家将辩看作"不得已"（《孟子·滕文公下》）而为之，认为辩说是"巧言""利口"（《论语·阳货》），因而在用辩的同时非辩，甚至反辩。荀子倡辩是为了"以辩止辩"；老子认为"善者不辩，辩者不善"（《老子·八十一章》）；庄子则明确提出"辩无胜"（《庄子·齐物论》）。因而，他们不可能对论辩本身进行深入的研究。这从反面刺激了重辩的后期墨家，促使他们以论辩作为专门对象进行系统研究，并最终形成了有关论辩的系统化理论体系，取得了先秦逻辑史上的最高成就。尤其难能可贵的是，在这一体系中，《墨辩》不仅从正面规定了辩的基本原则和逻辑、道德等要求，而且对于辩论过程中的谬误问题也进行了专门的探讨，从而成为先秦时期相对较完整的辩谬思想。

二、后期墨家关于谬误的思想

（一）后期墨家对谬误的界定及分类

《墨辩》的辩学是由名、辞、辩三者共同构成的"以名举实，以辞抒意，以说出故"（《墨辩·小取》，下引《墨辩》只注篇名）的理论体系。与此相应，《墨辩》对谬误的探讨，也主要是从名、辞、辩三个方面进行的。

> 狂举不可以知异，说在有不可。（《经下》）
> 立辞而不明于其所生，忘也。（《大取》）
> 假必悖，说在不然。（《经下》）

以悖，不可也。出入之言可，是不悖，则是有可也。(《经说下》)

《墨辩》十分强调名在辩的过程中的作用，"告以文名"(《经说上》)，言谈说辩需借助名来进行，"言犹名致"(《经说上》)，名是构成言辞的基本单位。只有"察名实之理"(《小取》)，弄清名与实的关系，保证名的确定性，论辩才能顺利进行，否则，人们无法区别事物，辨明是非。"正名"是辩得以顺利进行的必要条件，因而《墨辩》讨论了名实相悖的"狂举"，精心研究了"正名"问题。辞是人们表达思想的语言形式，"以辞抒意"，是论辩过程中所必需的语言形式。辞本身是否包含谬误，对论辩的胜负有着重要的影响。因而《墨辩》重点分析了蕴含矛盾的"悖"辞。至于辩的谬误，《墨辩》是围绕着立辞的基本要件——故、理、类"三物"(《大取》)加以探讨的。"墨家辩学对'说'这种论说形式的谬误的分析，主要是依据故、理、类这三个基本的辩学范畴进行的。也就是本着'辞以故生，以理长，以类行'(《大取》)的谈辩基本原则，对论说和类推中出现的各种错误作出分析。"[1]

(二) 后期墨家对名的谬误的具体分析

第一，《墨辩》论"狂举"及其具体表现。

后期墨家把名实相悖的谬误称为"狂举"。"狂举"造成名实不当，是因为"狂举"不能正确把握事物之间的类同、类异关系，"狂举不可以知异"。例如，以"牛有齿""马有尾"为依据，将牛、马分属不同的类别是不可的，因为牛和马皆有"有齿""有尾"的属性，两类事物"俱有"的属性是不能用来作为区分事物类属关系的标志。以"牛有角""马无角"为依据，将牛、马分属不同的类别也是不可的，因为虽然"有角""无角"是牛与马分别具有的不同属性，但不是牛与马相区别的本质属性，只有事物不同的本质属性才能真正将事物区分为不同的类别。因而用"牛有齿""马有尾"和用"牛有角""马无角"为依据来区分牛与马，都属于"狂

---

[1] 崔清田主编：《名学与辩学》，山西教育出版社1997年版，第348页。

举","牛狂与马惟异,以牛有齿,马有尾,说牛之非马也,不可。是俱有,不偏有偏无有。曰之与马不类,用牛有角,马无角,是类不同也。若举牛有角,马无角,以是为类之不同也,是狂举也。犹牛有齿、马有尾"(《经说下》)。再如,"仁,仁爱也;义,利也。爱利,此也;所爱、所利,彼也。爱利不相为内外,所爱、利亦不相为外内。其为仁内也,义外也,举爱与所利也,是狂举也,若左目出右目入"(《经说下》),爱、利之心与所爱、所利的人、事、物分属于不同的类别,爱、利之心同在内,而所爱、所利的人、事、物同在外,二者不能混淆。如果以内在的爱之心与外在的所利之人、事、物为依据,将仁、义看作有内、外之分的不同类别,也属于"狂举"。

具体来说,"狂举"主要表现为以下三种形式。

其一是"重名"。

  知狗而自谓不知犬,过也,说在重。《经下》
  狗,犬也。而杀狗非杀犬也,可,说在重。(《经下》)
  狗:狗,犬也。谓之杀犬,可。若两脱。(《经说下》)

名是对实的称谓,"所以谓,名也。所谓,实也"(《经说上》),在这一称谓过程中,名与实之间并不是完全地一一对应。名与实之间既存在一个名指称多个实的同名异实,也存在不同的名指称同一实的异名同实的状况。"重名"说的就是不知"二名一实"的谬误。"狗"之名与"犬"之名虽然不同,但都指称同一"实"——狗这种动物。因而说知狗却不知犬,或者认为杀狗非杀犬,都是错误的。这种不知二名同指一实的谬误就是"重名"。

其二是"过名"。

  或,过名也,说在实。(《经下》)
  或,知是之非此也,有知是之不在此也,然而谓此南北,过而以已为然。始也谓此南方,故今也谓此南方。(《经说下》)

《墨辩》认为,名应随实的改变而改变,尤其是与地域相关的名,必须随地域的变化而变化,"诸以居运命者,苟入于其中者,皆是也,去之,因非也"(《大取》)。过去的名是对过去之实的反映,如果实变了,名却不变,就会造成谬误。以前所称谓的"南北"之名已不符合当前的"南北"之实,却仍沿用以前的"南北"之名,造成了名实不符。这种用未变之名指称已变之实的谬误就是"过名"。

其三是"非名"。

> 惟吾谓,非名也,则不可,说在仮。(《经下》)
> 惟:谓是霍,可,而犹之非夫霍也,谓彼是是也。不可谓者,毋惟乎其谓。彼犹惟乎其谓,则吾谓不行;彼若不惟其谓,则不行也。(《经说下》)

《墨辩》认为,名一旦形成它约定俗成的含义,便有了它固定所指的"实"而不能任意更改。如果依个人之意强行改变已经约定的名,就犯了"非名"的谬误。例如,人们已经普遍约定称鹤之实为"鹤",而有人却不以"鹤"名指称鹤之实,这就是违背名的约定性的"非名"。

第二,《墨辩》论"正名"的基本要求和原则。

在《墨辩》看来,为了保证名的确定性而不致产生谬误,必须做到名与实之间的相符相应,即"名实耦,合也"(《经说上》)。"耦""合"即后期墨家对名实关系的基本要求,具体包括"正合""宜合""必合":

> 合,正、宜、必。(《经上》)
> 古(合),兵立,反中。志工,正也。臧之为,宜也,非彼必不有,必也。圣者用而勿必,必也者可勿疑。(《经说上》)

"正合"的要求是名一定要对应一定的实,就像射箭要中靶,一定的目的要有结果一样;"宜合","臧之为,宜也","志行,为也"(《经说上》),从实际结果来看,名对应了一定的实,或一定的目的有了一定的结果,如同臧(人名)之所为与其目的相符一样;"必合","必,不已(改)也"(《经上》),名对应了一定的实,且达到"宜合",这样的名实对应关系就是确定的了,不可更改,"圣者用而勿必",处于"必合"的名与实是不必置疑的,"必也者可勿疑"①。

仅有"名实耦"的基本要求还不够,关键是如何做到"名实耦",为此,《墨辩》提出了名实相合的"正名"原则。

> 循此循此(彼此彼此)与彼此同,说在异。(《经下》)
> 彼:正名者彼此。彼此可,彼彼止于彼,此此止于此,彼此不可,彼且此也。彼此亦可,彼此止于彼此,若是而彼此也,则彼亦且此此也。(《经说下》)

此原则与公孙龙"唯乎其彼此"的正名思想基本一致。彼名专指彼之实,此名专指此之实。因而彼名举彼实,此名举此实,是可以的,即"彼彼止于彼,此此止于此";但彼名举此实,此名举彼实,是不可以的,即"彼且此"不可。此外,《墨辩》还比公孙龙多讨论了一方面内容,即"彼此亦可"。对于这方面内容,有学者认为是针对"二名一实"的情况而言的。既然"彼""此"二名同指一实,那么用彼名举此名所指称之此实,或者用此名举彼名所指称之彼实,都是可以的。② 也有学者认为这是针对"兼名"而言的。"兼名",如"牛马","牛"彼"马"此,"牛马"即为彼此之名,用"牛马"之名举"牛马"之实,即"彼此止于彼此"。③ "彼此可""彼此不可""彼此亦可"从三个方面对名实之间的一一对应关系提出了具体的要求,它们都是围绕着"循此循此(彼此彼此)与彼此同,说在异"这一总原则而展开的。只有遵循上述原则,才能实现名实一致,保证名的确定性,避免"狂举"的出现。

(三) 后期墨家对辞的谬误的具体分析

第一,自相矛盾之"悖"辞。

墨子有关"悖"的思想,对《墨辩》产生了重要的影响。墨子的"悖",

---

① 崔清田主编:《名学与辩学》,山西教育出版社 1997 年版,第 194 页。
② 参见周云之、刘培育《先秦逻辑史》,中国社会科学出版社 1984 年版,第 133 页;林铭钧、曾祥云:《名辩学新探》,中山大学出版社 2000 年版,第 239 页。
③ 参见翟锦程:《先秦名学研究》,天津古籍出版社 2005 年版,第 200 页。

主要指的是因自身的认识、言辞、言行等蕴含着不可解的矛盾而造成的谬误。《墨辩》继承了墨子对"悖"的认识,并重点分析了自身蕴含矛盾的"悖"①辞。

其一是关于"言尽悖"。

> 以言为尽悖,悖,说在其言。(《经下》)
> 以悖,不可也。之人之言可,是不悖,则是有可也。之人之言不可,以当,必不审。(《经说下》)

"言尽悖"是《墨辩》对道家怀疑主义立场加以总结之后所得的结论。老庄认识到了事物的变动性以及认识的相对性,却由此走向相对主义,否定知识的确定性和真理性,"言者不知"(《老子·五十六章》),"言辩而不及"(《庄子·齐物论》)。《墨辩》将老庄的观点归纳为"言尽悖",即一切言论都是错误的。《墨辩》认为,"言尽悖"的谬误之处,在于其自身蕴含的自相矛盾,即"说在其言"。"言尽悖"本身就在它自己所陈述的对象"言"之中,因而如果说"言尽悖"正确,那就断定了一切言论都是错误的,那么"言尽悖"这一言论也是错误的,但这与之前已肯定"言尽悖"正确相矛盾,即从"言尽悖"为真,可推出"言尽悖"为假,自相矛盾,因而《墨辩》说,"之人之言可,是不悖,则是有可也"。

其二是关于"学之无益"。

> 学之益也,说在诽者。(《经下》)
> 学也,以为不知学之无益也,故告之也是。使智学之无益也,是教也,以学为无益也教,悖。(《经说下》)

老庄否认认识的确定性和真理性,认为"绝圣弃智"(《老子·十九章》),"绝学无忧"(《老子·二十章》),"吾生也有涯,而知也无涯,以有涯随无涯,殆已"(《庄子·养生主》),因而主张"学之无益"。《墨辩》认

---

① 四库全书及《中国逻辑史资料选》中使用的是"誖"。为与《现代汉语词典》保持一致,本书统改为"悖"。

为,肯定"学之无益",也就会主张不应该施教,但告诉别人"学之无益"本身就是一种施教行为,"使智学之无益也,是教也"。主张"学之无益"因而要人们取消学习,但同时又让人们学习"学之无益"的道理,自相矛盾,因而《墨辩》说,"以学为无益也教,悖"。

其三是关于"非诽"论。

非诽者谆(悖),说在弗非。(《经下》)

不诽,非己之诽也。不非诽,非可非也。不可非也,是不非诽也。(《经说下》)

老庄的相对主义怀疑论取消了是非、真假的界限,"不谴是非,以与世俗处"(《庄子·天下》),"与其誉尧而非桀也,不如两忘而化其道"(《庄子·大宗师》)。既然无是非、真假,也就无所谓批评,因而老庄主张"非诽",即反对一切批评。《墨辩》认为,"非诽"本身就是一种"非",一种批评,即"非己之诽也"。如果认为"非诽"正确,即认为应反对一切批评,那么也应该反对"非诽",这与之前肯定"非诽"相矛盾;同样,如果认为"非诽"不正确,即主张肯定批评,那么也应肯定"非诽",这与之前认为"非诽"不正确相矛盾。因而《墨辩》说,"非诽者谆(悖)"。

第二,虚假之"悖"辞。

《墨辩》中所论之"悖"字,具有两种含义,除了其重点分析的自相矛盾之意外,还泛指一般的虚假之意,"假必悖,说在不然"(《经下》)。在《墨辩》看来,虚假的言辞因不能正确反映实际而成为谬误之辞。《墨辩》从自家思想出发,对他所认为的儒、道、名等各家的错误之辞进行了批驳。如儒家认为"尧善治",《墨辩》也肯定"尧善治",但同时认为这种肯定是有条件的。尧是生活在特定历史时期的人物,因而他只是在其所在的特定的古代是"善治"的,"在尧善治,自今在诸古也。自古在之今,则尧不能治也"(《经说下》)。再如对于儒家"无不让"的观点,《墨辩》指出其与事实不符。请人喝酒可以对客人礼让,但酒喝完了要去买时,就不能礼让而只能让仆人去买,"无让者酒,未让,始也,不可让也"

(《经说下》)。对于名家辩者的诸辩题,《墨辩》从自然科学等角度给予了事实上的反驳。如《墨辩》提出"平,同高也"(《经上》),驳斥惠施"天与地卑,山与泽平"(《庄子·天下》)的观点;提出"厚,有所大也"(《经上》),驳斥惠施"无厚不可积也,其大千里"(《庄子·天下》)的观点等。对于公孙龙"白马非马"的观点,《墨辩》也是通过指出其与事实不符来加以批驳的。求马时,不管牵来的是什么马,是白马、秦马,等等,都不影响他牵来的是马这一断言,"智来者之马也"(《大取》)。《墨辩》通过对错误之辞的分析,对各家思想进行了批判。

既然言辞容易出现虚假之谬误,我们怎样才能保证言辞的正当性?《墨辩》从言、意、实三者的关系角度,对辞的正当与否进行了界定。

  信,言合于意也。(《经上》)
  信,不以其言之当也,使人视城得金。(《经说上》)

正确之辞应该符合"信"且"当"的要求。辞是用以"抒意"(《小取》),即表达思想内容的,因而言辞所表达的内容应与头脑中的思想内容相一致,即"言合于意"。"言合于意"即所谓"信"。头脑中思想内容的形成又是以客观事物为依据的,是对客观事物的断定与认知,因而意应与实相符合。意合于实即所谓"当"。言辞同时符合"信"且"当"的要求,才是正当的。有时言不合于意,却碰巧与事实相符合,如有人说谎道"城门内有金",结果事实确为有金,"使人视城得金",此为言"当"却不"信",乃不正当之辞。辞只有与思想内容相一致,又与思想中所意指的实相一致,才能令人知其意并使人信之,从而使言辩顺利进行。

(四) 后期墨家对辩的谬误的具体分析

《墨辩》中对辩的谬误进行了较集中的论述。

  夫物有以同而不率遂同。辞之侔也,有所至而正。其然也,有所以然也;其然也同,其所以然不必同。其取之也,有所以取之。其取之也同,其所以取之不必同。是故辟、侔、援、推之辞,行而异,转而危,远而失,流而离本,则不可不审也,不可

常用也。故言多方,殊类异故,则不可偏观也。(《小取》)

在这段论述中,《墨辩》对辩之谬误的表现、成因及如何克服等问题进行了论述和初步的分析。

第一,辩之谬误的表现。

《墨辩》重点分析了辟、侔、援、推这四种论式在实际应用过程中所造成的谬误,"辟、侔、援、推之辞,行而异,转而危,远而失,流而离本"。

其一是"行而异"。

"行而异"说的是辟式推论的谬误。"辟也者,举也物而以明之也"(《小取》),它是根据两种事物存在借以成喻的可比之处,用一种事物说明另一种事物(辩题)的方法。辟式推论的依据就在于辩题与其所借助的事物或事理之间存在某种类似之处。但两种类似的事物之间的相同之处并不是绝对的,它们之间也有不同之处,"物有以同而不率遂同"。因而要想正确地运用"辟",必须使之限定在可类比的合理范围之内,不能仅依据事物之间的表面上的某些相似之处,甚至用毫不相干的事物设喻,否则就会导致"行而异"之谬误。

其二是"远而失"。

"远而失"说的是援式推论的谬误。"援也者,曰子然,我奚独不可以然也?"(《小取》)"援"是援例证明,它根据论敌观点与自己观点之间的类同,用论敌所肯定的观点证明自己的观点也应得到肯定。援式推论的依据就是辩论双方观点的类同而"引彼以例此"[①]。但论辩双方的观点即使相同,其论点各自成立的依据也不一定相同,"其然也,有所以然也;其然也同,其所以然不必同"。因而,要想正确地运用"援",必须注意分析考察立论之"所以然",援所以援之例,否则就会导致"远而失"之谬误。

其三是"流而离本"。

"流而离本"说的是推式推论的谬误。"推也者,以其所不取之同于

---

① 孙诒让:《墨子闲诂》,中华书局1954年版,第261页。

其所取者,予之也"(《小取》),它是通过指出对方不同意的观点与对方所同意的观点相类同,从而反驳对方的观点的方法。对某一观点的赞同或不赞同都有一个为什么的问题,同为赞同或不赞同某一观点,其赞同或不赞同的根据不一定相同,"其取之也,有所以取之。其取之也同,其所以取之不必同"。因而要想正确地运用"推",必须注意分析考察其"所以取之",否则就会导致"流而离本"之谬误。

其四是"转而危"。

"转而危"说的是侔式推论的谬误。"侔也者,比辞而俱行也"(《小取》),它是根据事物的类属关系对两个命题同时加以肯定的方法。侔式推论的依据是论据中主、谓项的类属关系和论点中主、谓项的类属关系相同。但在实际运用中,具有相同语言形式的不同命题之间主、谓项的类属关系不一定相同。因而要想正确地运用"侔",必须使之有一定的限度,"有所至而正",否则就会导致"转而危"之谬误。《墨辩》认为,侔式推论是最容易造成谬误的论说形式,因而它对侔式推论的各种谬误情形进行了具体的分析。

> 夫物或乃是而然,或是而不然,或一周而一不周,或一是而一不是也,不可常用也。(《小取》)

上述几种情况中,除了"是而然"是正确的推论外,其他情况都是超出一定的限度而强行推论所造成的谬误。

关于"是而不然"。

> 获之亲,人也。获事其亲,非事人也。其弟,美人也。爱弟,非爱美人也。车,木也。乘车,非乘木也。船,木也。入船,非入木也。盗人,人也。多盗,非多人也。无盗,非无人也。奚以明之?恶多盗,非恶多人也。欲无盗,非欲无人也。世相与共是之。若若是,则虽盗人人也,爱盗非爱人也,不爱盗非不爱人也,杀盗人,非杀人也。无难盗无难矣。此与彼同类,世有彼而不自非也,墨者有此而非之,无也故焉,所谓内胶

外闭与心毋空乎,内胶而不解也,此乃是而不然者也。(《小取》)

在上述事例中,附性后同一语词的词义发生了变化,从而使得前一命题中主、谓项所具有的属种关系,在附性后的命题中不再具有属种关系。如在"获之亲,人也。获事其亲,非事人也"中,前一命题中的"人"泛指所有人,而后一命题中"事人"之"人"专指"亲"以外的人。两个"人"的词义不同,指称的对象亦不同,因而由"获之亲,人也"简单地附加"事"而得到"获事其亲,事人也"是不合理的。同样,在"盗人人也,爱盗非爱人也,不爱盗非不爱人也,杀盗人,非杀人也"中的"人"也具有两种词义,一是泛指所有的人,而另一却是已带有了价值评价的道义上的人。因而由"盗人人也"简单地附加"爱""不爱""杀"等附性词而得到的命题同样是不合理的。"是而不然"提醒人们在侔式推论中,应保持前后命题中同一语词的词义不变,如果因附加的词项使语词的意义发生变化,却仍然据以为推,就会造成谬误。

关于"不是而然"。

且夫读书,非好书也。好读书,好书也。且斗鸡,非鸡也。好斗鸡,好鸡也。且入井,非入井也。止且入井,止入井也。且出门,非出门也。止且出门,止出门也。若若是,且夭,非夭也。寿夭也,夭也。有命,非命也;非执有命,非命也。无难矣,此与彼同类。世有彼而不自非也,墨者有此而罪非之,无也故焉,所谓内胶外闭与心毋空乎,内胶而不解也。此乃是而不然者也。(《小取》)

在上述事例中,前一个命题的主、谓项之间不具有属种关系,而后一命题中的主、谓项之间却具有属种关系。如并不能说"将要读书"就是"读书",但"好读书"却可以表示"好书"。再如"将要跳入井"并不是"入井",但"阻止将要跳入井"也就表示"阻止入井"。既然前一命题中主、谓项的关系与后一命题中主、谓项的关系不同,那么就不能据以为推,否则就会造成谬误。

关于"一周而一不周"。

> 爱人,待周爱人而后为爱人。不爱人,不待周不爱人。不周爱,因为不爱人矣。乘马,不待周乘马然后为乘马也。有乘于马,因为乘马矣。逮至不乘马,待周不乘马而后为不乘马。此一周而一不周者也。(《小取》)

"爱人"与"乘马"、"不爱人"与"不乘马"中的"爱"与"乘"、"不爱"与"不乘"所表示的关系的性质不同,因而它们在其所立之辞中所指涉的对象的范围就不同。"爱人"必须指涉对象的全部,即爱所有人才能称为"爱人","乘马"却只需指涉对象的部分,即不需乘所有马而只要乘上一匹马就可以称为"乘马";"不爱人"指涉的是对象的部分,即不必对所有人都不爱,只要不爱一个人就可以称为"不爱人","不乘马"却指涉对象的全部,即必须不乘所有的马才能称为"不乘马"。可见"爱"与"乘"、"不乘"与"不爱"是"一周而一不周","周"与"不周"之间,情形不同,不能据以为推,否则就会造成谬误。

关于"一是而一非"。

> 居于国,则为居国;有一宅于国,而不为有国。桃之实,桃也,棘之实,非棘也。问人之病,问人也。恶人之病,非恶人也。人之鬼,非人也。兄之鬼,兄也。祭人之鬼,非祭人也。祭兄之鬼,乃祭兄也。之马之目盼,则为之马盼。之马之目大,而不谓之马大。之牛之毛黄,则谓之牛黄。之牛之毛众,而不谓之牛众。一马,马也。二马,马也。马四足者,一马而四足也,非两马而四足也。一马,马也。马或白者,二马而或白也,非一马而或白。此乃一是而一非者也。(《小取》)

"一是而一非"是指,对于某些表达对象具有某种性质或具有某种关系的辞来说,通过改变其中的名,可推出否定的结论。① 有的是动词的直接变换造成对象性质或关系的变化,"居于国,则为居国;有一宅于国,而不为有国"中动词"居"变为"有",造成"一是""一非";"问人之病,问人也。恶人之病,非恶人也"中动词"问"变为"恶",也造成"一是""一非"。有的是不同语词的适用范围不同造成对象性质或关系的变化,如"之马之目盼,则谓之马盼。之马之目大,而不谓之马大"中的"盼"仅限于形容眼睛,而"大"却可以同时形容眼睛与形体,因而由"盼"变为"大"就造成"一是""一非";"之牛之毛黄,则谓之牛黄。之牛之毛众,而不谓之牛众"中的"黄"仅限于形容牛毛的颜色,而"众"却可以同时形容牛毛的数量和牛的数量,因而由"黄"变为"众"就造成"一是""一非"。"一是""一非"的两个前后命题,其表达对象的性质或关系已经因其中名的改变而发生了变化,因而不能据以为推,否则就会造成谬误。

第二,谬误的成因。

在《墨辩》看来,正确的论辩必须具备三个要件:故、理、类,辞"以故生,以理长,以类行也者","三物必具,然后足以生"(《大取》)。在论辩过程中,如果不能做到明故、循理、察类,就会出现谬误。

关于"殊类"。

"类"是先秦逻辑,也是墨家论辩理论中最基本的范畴。立辞如果"不知类",即不以事物的类别归属为依据进行类推,就会造成谬误,"立辞而不明于其类,则必困矣"(《大取》)。但是客观事物之间的同异关系非常复杂,这造成了人们对事物类别归属的认识的困难。如事物之间类的范围有大小之别,如果不能正确认识,就会造成类推的困难,"推类之难,说在之大小"(《经下》)。为了正确认识事物之"殊类",就必须正确辨别事物的类同、类异关系,为此《墨辩》对同、异的多样性进行了详细的论述。

同,重、体、合、类。(《经上》)

---

① 崔清田主编:《名学与辩学》,山西教育出版社1997年版,第350页。

同,二名一实,重同也。不外于兼,体同也。俱处于室,合同也。有以同,类同也。(《经说上》)

　　重同,具同,连同,同类之同,同名之同,丘同,鲋同,是之同,然之同,同根之同。(《大取》)

　　异,二、不体、不合、不类。(《经上》)

　　异,二必异,二也。不连属,不体也。不同所,不合也。不有同,不类也。(《经说上》)

　　有非之异,有不然之异。(《大取》)

事物之间类别上的归属关系必须以其本质属性的同异为依据。但事物之间的同和异有些是本质性的,如"重同"(两个名对应同一实)、"类同"(之所以成为某个事物的属性之同)、"二之异"(一个名对应不同之实)、"不类之异"(不具有之所以成为某物的属性之异);有些是非本质性的,如"体同"(构成同一整体的不同部分之间)、"合同"(存在于同一个区域范围内的事物之同)、"不体之异"(不属于同一物体的各部分之异)、"不合之异"(不在同一区域范围内的事物之异)。将表面相同但本质相异的事物当作同类,或者将表面相异但本质相同的事物当作异类,都会造成"不知类",据此为推,必然造成谬误。

　　关于"异故"。

　　一方面,"故"是事物形成的原因,事物的所以然之故是区分事物类别的根据。同类事物,其"故"必然相同;不同类的事物,其"故"必然不相同,即"异故"。因而,"知类"应以明故为前提。不求故或者"异故"不明就对事物的类属关系妄加断定,容易形成类属关系的错误判断,造成"不知类"的谬误。

　　另一方面,故也是立辞的理由。论辩双方各自所持的论点,必须以其所成立之"故"为根据。无"故"之辩说是没有说服力的。无故、故不当等都会造成论辩过程中的谬误,"立辞而不明于其所生,忘(妄)也"。当然,"故"的性质也具有多样性。不同性质的"故"对立辞所产生的作用和影响也不同。

小故，有之不必然，无之必不然。(《经说上》)

大故，有之必然，无之必不然，若见之成见也。(《经说上》)

"大故"与"小故"之别，对立辞中运用的完全理由和不完全理由、全部根据和部分根据做了明确的区分。① "小故"相当于普通逻辑所说的必要条件，它是辞之所以成立所凭借的条件之一，有了它所立之辞不一定成立，但没有它所立之辞必然不成立。"大故"相当于普通逻辑所说的充分必要条件，它是辞之所以成立所凭借的全部条件，有了它所立之辞一定成立，没有它所立之辞必然不成立。可见，只有"大故"才能使结论具有必然性。因此，我们应对注意二者的区分，防止造成误以"小故"为"大故"的谬误。

关于不明理。

人们要想正确地认识事物之"故"，就必须进一步把握事物之所以如此的内在规律，即"理"。因而《墨辩》指出，不了解事物背后之"理"，就不可能形成对事物的正确认识，从而陷入迷惘。表现在论辩过程中，就是不清楚立辞之故背后的道理、规律，这样，也必然会造成谬误。《墨辩》指出，不明"理"，就像人行走却没有道路，这时即使有强健的肢体，也必然陷入困境，"人非道无所行，唯有强股肱而不明于道，其困也，可立而待也"(《大取》)。

关于"言多方"。

"言多方"，指的是语言歧义。在中国的语言文字，尤其是古代的语言文字中，一词多义的现象非常普遍。在论辩过程中，如果对多义词认识不清、运用不当，就会造成谬误。《墨辩》显然意识到了这一问题，因而对其进行了一定的研究。前述所论"二名一实"的"重同"，以及"是而不然"的情况，都是因语词歧义而产生的谬误。

第三，克服谬误的原则、方法。

---

① 崔清田主编：《名学与辩学》，山西教育出版社1997年版，第294页。

关于"异类不比"。

异类不比,说在量。(《经下》)

木与夜孰长?智与粟孰多?爵、亲、行、贾,四者孰贵?麋与霍孰高?蚓与瑟孰瑟?(《经说下》)

"类"是《墨辩》论辩理论的重要概念。事物之间的类推,必须以类同为依据在同类事物之中进行;不同类的事物之间不能进行类推,因为不同质的量之间无法进行比较或者推论。这就像对木与夜进行长短的比较,虽然二者都有长短的属性,但木之长短是从空间上的度量,而夜之长短是从时间上的度量,二者的性质不同,因而无法比较和类推,同样的道理,"智与粟""爵、亲、行、贾""麋与霍""蚓与瑟"都有质上的根本差别,皆属异类,亦不能进行比较和类推。如果我们无视"异类"之间根本性质的不同而强行比附,就会造成"机械类比"的谬误。

关于"通意后对"。

通意后对,说在不知其谁谓也。(《经下》)

通:问者曰:"子知羁乎?"应之曰:"羁,何谓也?"彼曰:"羁,旅。"则智之。若不问何谓,径应以弗智,则过。且应必应,问之时若应,长应有深浅。大常中在,兵人,长所。(《经说下》)

既然语词具有多义性,不同语境中语词的意义可能不同,那么为了防止因歧义而造成的谬误,论辩过程中首要的任务就是先弄清对方语词的含义。如"羁"字有鞍具和旅客两种语义,当有人问"你知道羁吗?"时,如果不首先弄清提问者所说之"羁"的具体所指便直接回答,便可能出现谬误,"若不问何谓,径应以弗智,则过"。只有"通意后对",即双方共通语义之后再应答,才能保证论辩双方思维的确定性和交流的有效性。

关于"不可偏观"。

《墨辩》认为,造成谬误的原因是多方面的,《小取》篇将其总结为

"言多方、殊类、异故"。对于产生谬误的各种情况,我们不仅"不可不审"(《小取》),更须全面加以考察。语词的歧义、事物的类别归属以及事物的原因、立辞的理由等问题,只有"不可偏观"地全面分析,才能从根本上避免谬误的产生。

三、后期墨家谬误思想的特点分析

第一,哲学思想的倾向。在纠正名的谬误的过程中,后期墨家主张以实正名,因为它认为名依实而产生,有实才有名,无实则无名,"有文实也,而后谓之;无文实也,则无谓也"(《经说下》)。可见在名实关系上,后期墨家坚持的是以实为第一性的唯物主义立场。可见,后期墨家在哲学上继承了墨子唯物主义传统,坚持了唯物主义认识论。"知其所以不知,说在以名取"(《经下》),知与不知的区别就在于能否以名举实,能即为知,否则为不知。

第二,政治思想的倾向。虽然后期墨家对谬误的探索和贡献在先秦乃至整个中国古代历史上最为突出,但他们也未能摆脱其政治思想的倾向,最终仍然要服务于其治理天下的目的。后期墨家常常将国家的治乱与认识上的是非联系在一起,他们认为对谬误的讨论和分析既要"明是非之分"(《小取》),也要能够"审治乱之纪"(《小取》)。"审治乱"也就是要辨明政治上的是与非,是"明是非"的政治目的。我们只有辨明政治伦理上治乱的是与非,寻找治与乱的原因,去乱求治,才能实现国家和社会的有效治理。因而后期墨家对谬误的讨论必然涉及政治伦理上的内容。如他们对侔式推论的各种谬误情形所进行的具体分析,否认了推理形式的普遍有效性,其目的是要瓦解人们对墨家"杀盗非杀人"观点的攻击,捍卫其政治伦理思想。

第三,逻辑思想的倾向。从公孙龙开始,逻辑已在一定范围内从哲学中分离出来而逐渐被古代思想家们加以专门的分析、研究和总结。后期墨家在这方面的努力和贡献最为突出,形成了我国古代历史上第一个较为系统的逻辑思想体系。后期墨家的谬误思想则是这个逻辑思想体系中不可或缺的组成部分。而且后期墨家对谬误的探究是与故、理、类相联系而进行的,充分表达了后期墨家坚持"三物必具"的逻辑思想。在具体谬误类型的分析中,后期墨家重点分析了推类过程中的逻辑谬误,突出了墨辩逻辑的推类特征。这些都进一步推动了《墨辩》逻辑体系的建立,使得其谬误理论在先秦历史上最具逻辑特征。

四、后期墨家谬误思想的影响

后期墨家继承和总结了儒家、名家,尤其是前期墨家合理的逻辑思想,达到了当时逻辑思想发展的高峰。与之相应,后期墨家的谬误思想也非常丰富,在中国古代谬误发展史中功不可没。

首先,后期墨家的谬误思想可以看作中国古代谬误思想的杰出代表。后期墨家的谬误思想全面研究了名、辞、辩的各种谬误,而且分析了谬误产生的各种原因以及揭露和避免谬误的各种途径和方法。在中国古代谬误研究史上,这种相对全面系统的论述已经相当精深。尤其是在辩的谬误方面,后期墨家的研究更为集中、系统,反映了我国古代谬误思想的特色和水平,"最能代表中国古代的思想家们对中华民族自身的思维形式与语言表达的深刻反思"[①]。即使在当今社会,这一思想也是我们辨别言辩交往过程中的各种谬误的锐利武器。

其次,后期墨家的谬误思想还涉及了当今谬误研究的一些领域,对谬误理论的最新发展具有重要的启示意义。后期墨家对各种推论谬误的具体分析,否定了逻辑形式的普遍有效性。从当代观点看,后期墨家已经明确意识到形式有效性在论证评估中的不足。因而,后期墨家对谬误的评估与分析,并不侧重逻辑的形式方面。他们更多地是关注语言在社会生活领域的运用问题,即语用学问题。可以说,"墨家的谬误论体现出论证评估的辩证性、语用性、交际性和社会性"[②]。在后期墨

[①] 张斌峰:《略论〈墨辩〉"辩"的谬误》,《江汉论坛》2000 年第 11 期。
[②] 同上。

家将思维形式和思维内容相结合进行谬误分析的机制中包含丰富的非形式逻辑思想,因而如果对其进行创造性诠释,必然会深化谬误研究,推动当代谬误理论的进一步发展。

第四章

其他学派的谬误思想

除了儒家、名家和墨家,其他学派,如道家、法家、宋尹学派、纵横家,也积极参与"名辩"思潮的论辩,对中国古代逻辑的发展做出了一定的贡献。他们关于谬误的论述也是先秦谬误思想的重要组成部分。

第一节 道家庄子的谬误思想

庄子(约公元前369—前286年),名周,战国中期宋国人。在思想上,庄子接受并发展了老子的思想,"其学无所不窥,然其要本归于老子之言。故其著书十余万言,大抵率寓言也。作渔父、盗跖、胠箧,以诋訾孔子之徒,以明老子之术"(《史记·老子韩非列传》),是道家思想的重要代表人物之一。《庄子》一书一般被认为是庄子及其弟子的共同作品,反映了庄子及其学派的思想,是我们研究庄子学派谬误思想的主要依据。

一、庄子谬误思想产生的时代背景和思想倾向

庄子约与孟子同时代，如前所述，此时封建政治经济体制代替奴隶制政治经济体系在各诸侯国中纷纷建立起来。新兴地主阶级逐渐取代奴隶主贵族而取得国家政权，奴隶主贵族的地位日益下降却无力改变现状。庄子对此深感无奈甚至绝望，只能"安之若命"(《庄子·人间世》，下引《庄子》只注篇名)，消极避世。庄子认为，当时的社会"天下大乱，贤圣不明，道德不一"(《天下》)，面对新兴地主阶级"昏上乱相"、"士有道德不能行"(《山木》)的政权，庄子即使因清贫而"贷粟于监河侯"(《外物》)，也始终坚持不入仕，以此与新兴地主阶级进行消极对抗。"终身不仕"(《史记·老子韩非列传》)的隐士态度，在思想上则表现为消极的社会观。他认为，人类所追求的最终状态应该是"复归于朴"(《山木》)，即率性自然、与道为一。任何有为于天下、破坏自然而然状态的行为都是一种"机心"(《天地》)，会造成社会的混乱。只有"绝圣弃知"(《胠箧》)，"同乎无知""同乎无欲"(《马蹄》)，保持人类与自然社会"混芒"(《缮性》)的自然本性，才能达到"至德之世"(《马蹄》)。在"无知""无欲"的"混芒"状态下，"万物皆一也"(《德充符》)。即使是人，也要努力追求"无己""无功""无名"的"逍遥"(《逍遥游》)境界，从而实现"万物与我为一"(《齐物论》)。从"万物皆一"的观点出发，庄子齐成毁、生死、有无、同异、类与不类、彼此、是非等，认为"以道观之，物无贵贱"(《秋水》)，因而，只有"独与天地精神往来而不敖倪于万物，不遣是非，以与世俗处"(《天下》)，才能进入得"道"者的境界。

"不遣是非"否定了人们认识过程中的是非之分，进而也否定了通常被人们认为能够明是非、同异之分的名辩的价值。庄子所在的战国中期，百家争鸣的局面已然形成，各家思想之间争辩激烈，其中尤以儒、墨之争为最。但庄子认为，由名言产生的是非真伪之辩并不能真正确定某种看法的是与非，"有儒墨之是非，以是其所非而非其所是"(《齐物论》)。经辩论而得的是与非仅仅是一种私是私非，是遮蔽道的"小成"

(《齐物论》),不可能体认真道。因而庄子主张"无名"(《则阳》)、"无辩"(《齐物论》)。庄子有关是非及其与名辩的关系的论述,包含了他对真理与谬误关系问题的思考,构成了他关于谬误的思想。

二、庄子关于谬误的思想

(一) 庄子论"无名"

先秦时代的"正名"思想,是要纠正名实不正的混乱关系,保证名与实之间的一一对应关系。它是事物之间的同异关系和类别归属关系在思维中的反映,对于保证思维的确定性具有重要作用。但是,庄子并不这样认为。在庄子的哲学中,道是最高范畴,是万物产生的本原。万事万物之间虽然存在着同异的界限,但是从它们都绝对地统一于道这个角度来看,任何事物之间的界限都是相对的。因此,庄子认为,从道的角度,万物是齐一而没有任何差别的。"万物一齐,孰短孰长?"(《秋水》)既然"以道观之,物无贵贱"(《秋水》),那么事物之间的同异差别可以视为齐同。"自其异者视之,肝胆楚越也;自其同者视之,万物皆一也"(《德充符》),事物之间的同异是相对的,从相异的方面看,再相似的事物也莫不相异;从相同的方面看,差别再大的事物也莫不相同。既然"以道观之,物无贵贱",那么彼和此也可以齐同。"物无非彼,物无非是。自彼则不见,自知则知之。故曰彼出于是,是亦因彼"(《齐物论》),任何一个事物都可以说是彼,但也可以说是此。彼和此是相互对立的,但也是相互依赖的,二者经常变化而无法弄清其区别。既然"以道观之,物无贵贱",那么物类之间的区别也可以齐同。"类与不类,相与为类,则与彼无以异矣"(《齐物论》),事物之间的类与不类的差别是相对的,例如相同的言论和不相同的言论,从它们都是言谈议论这一意义上来说,不管其内容如何,二者都是同类。既然事物的同异、彼此、类与不类等都是相对的,那么在此基础上而形成的事物的名称,从道的角度来看,也是相对而"未可以为常"(《秋水》)的。庄子重道,崇尚社会"混芒"的自然本性。他认为任何人为,包括万物有名,都是对道的破坏。因而从道的角度看,事物的名称不仅"未可以为常",而且没有存在的必要,"无名故无为,无为而无不为"(《则阳》)。

先秦时代很多思想家将"正名"看作调节社会关系、防止社会混乱的有效乃至根本手段。对此,庄子也提出了反对的意见。他认为,形名只是"治之具",而非"治之道"(《天道》),这是臣下事上而非君王治理臣下的工具,"形名比详,古人有之,此下之所以事上,非上之所以畜下也"(《天道》)。它可以用于天下,却不足以用以治理天下,"可用于天下,不足以用天下"(《天道》)。在庄子看来,要达到治理天下的最高境界,必须"明大道"(《天道》),为此需要明天、道德、仁义、分守、形名、因任、原省、是非、赏罚,"古之明大道者,先明天而道德次之,道德已明而仁义次之,仁义已明而分守次之。分守已明而形名次之,形名已明而因任次之,因任已明而原省次之,原省已明而是非次之,是非已明而赏罚次之"(《天道》)。可见,形名不仅不是治之本,而且在社会治理的位置非常次要,"古之语大道者,五变而形名可举"(《天道》)。放弃大道而将形名作为社会政治治理的首选,是"不知其本"(《天道》)的表现,必然会带来治理的衰败,"形名比详,治之末也"(《天道》)。

庄子认为形名不仅不能在治国安世中发挥重要作用,名本身还是造成社会混乱的重要原因之一。"名也者,相轧也"(《人间世》),它跟人的智慧一样,是使人倾轧、争斗的"凶器"(《人间世》),因而不应该推行于世。庄子这里讲的"名"是与道德相关的。庄子认为,"德溢乎名,名溢乎暴"(《外物》),名使德行外溢,张扬使名外溢,这些皆与道相悖。正如关龙逄和比干,他们道德修养高尚却被他们的国君排斥、杀害,在庄子看来,招来杀身之祸的原因乃"是好名者也"(《人间世》),因好名而使德行外溢,显露了自己,从而不得保己而"终其天年"(《山木》)。因而,庄子认为"名,公器也,不可多取"(《天运》),主张"圣人无名"(《逍遥游》)。如是为了名而施德,那必然有所折损;只有不为名之德,才能真正润泽世间。在庄子那里,由于"无名"实现的是人与自身心性而非与外界的东西的契合,因而唯有"无名",德才能永恒,"券内者,行乎无名;

券外者,志乎期费。行乎无名者,唯庸有光;志乎期费者,唯贾人也"(《庚桑楚》)。可见,庄子将"无名"而非"正名"看作实现"治之至"(《天道》)的有效手段。

(二) 庄子论"无辩"

先秦名辩之所以被称为"名辩",就是因为有了"正名"的问题,才有了在"思以其道易天下"(章学诚《文史通义·原道中》)的过程中如何"正名"的论辩方法问题。庄子不仅对"正名"不感兴趣,对言辩也采取否定的态度。当先秦诸子相互之间展开激烈辩论,试图以此来评判各自言论的是非对错时,庄子则明确否认了论辩之明是非的作用。庄子认为,百家争鸣的辩论过程,皆是以自家思想为标准,因而不同学派辩论是非的标准是不同的。既然辩论是非的标准是相对而不确定的,那么辩论就不可能帮助人们判定是非对错,辩论自身也就无所谓胜负。

> 既使我与若辩矣,若胜我,我不若胜,若果是也,我果非也邪? 我胜若,若不吾胜,我果是也,而果非也邪? 其或是也,其或非也邪? 其俱是也,其俱非也邪? 我与若不能相知也,则人固受其黮暗。吾谁使正之? 使同乎若者正之? 既与若同矣,恶能正之! 使同乎我者正之? 既同乎我矣,恶能正之! 使异乎我与若者正之? 既异乎我与若矣,恶能正之! 使同乎我与若者正之? 既同乎我与若矣,恶能正之! 然则我与若与人俱不能相知也,而待彼也邪?(《齐物论》)

庄子将辩论过程中可能进行裁定的情形列为四种:一是让与论辩中己方观点相同而与对方观点不同的人来做判定者,既然他与自己观点相同,那就不可能做出公正评判;二是让与论辩中对方观点相同而与己方观点不同的人来做判定者,既然他与对方观点相同,那也不可能做出公正评判;三是让与论辩中双方观点都相同的人做判定者,既然双方观点相同,何需评判? 四是让与论辩中双方观点都不相同的人做判定者,既然他与双方观点都不同,又如何进行评判? 在庄子看来,这四种情况穷尽了所有可能,因而辩论是不可能得出谁对谁错、谁胜谁负的结论的。

庄子认为辩论不仅不能评判是非,反而是造成是非争论的重要原因。庄子主张,从道的角度看,"彼亦一是非,此亦一是非。果且有彼是乎哉?果且无彼是乎哉?"(《齐物论》),世间万物的同异、彼此都是相对的,因而人们在对事物认识基础上的是非判断也必然是相对的,有以此为是、以彼为非的,但同时也有以彼为是、以此为非的。如果从道的角度顺应事物的自然本性,那么是非问题本是不存在的,"是非之彰也,道之所以亏也"(《齐物论》)。但是现实中的人们更多地却只是从自身所处的角度出发,形成对事物某一个方面的偏执之见。除了道的角度之外,日常观察事物的角度和方法还有"以物观之""以俗观之""以差观之""以功观之""以趣观之"(《秋水》)等。角度不同,人们所得的结论也就不同。如"因其所然而然之,则万物莫不然;因其所非而非之,则万物莫不非"(《秋水》),顺着事物肯定的一面观察而认为是对的,则万物没有什么不是对的;顺着事物否定的一面去观察而认为是不对的,则万物没有什么不是错的。当人们皆以自己对事物某一方面的偏执之见为是的时候,便产生了试图辨明所谓"是非"的辩论。因而,庄子认为在没有偏执之见基础上的自己为是,即"成心"(《齐物论》)之时,人们之间是没有争执、没有是非问题的。

基于"成心"基础上的辩论双方,皆以自己"所是"为是,以自己"所非"为非,对是非的判断缺乏客观性,加剧了人们之间的争执。在庄子看来,专窥别人的错误并且拘于智巧、斤斤计较的言论只是"小知"(《齐物论》),由此而形成的辩者之是非并不是真正意义上的是非。真正的"大知"(《齐物论》)是破除偏蔽、顺乎自然本性,实现对道的体认,而这是"言辩而不及"(《齐物论》)的。因而,庄子指出,"六合之外,圣人存而不论;六合之内,圣人论而不议。春秋经世先王之志,圣人议而不辩"(《齐物论》)。大凡争辩,总是因为有自己看不见的一面,"辩也者,有不见也"(《齐物论》),有损于大道,因而"大辩不言"(《齐物论》)。"大辩"

和"不言之辩"也就是庄子所说的"和之以天倪"的"无辩"(《齐物论》),"何谓和之以天倪?曰:是不是,然不然。是若果是也,则是之异乎不是也亦无辩;然若果然也,则然之异乎不然也亦无辩"(《齐物论》),它超然于是非,能使人明理知道,最终实现"道通为一"(《齐物论》)。

庄子"无辩"的思想和当时社会各家激烈论辩的现状形成强烈的冲突。庄子认为,各家的学说都是关于某一方面的学问,从道的角度看,都是"成心"之见。因而无论它们之间如何争辩,都不可能分出是非胜负。相对于大道来说,它们都是偏执之见,最多是"小成"(《齐物论》),但是各家却将自家学说看作真理而各执一词。对此,庄子做出"已乎,已乎"(《齐物论》)的劝告。但是为了防止后世学者因此而误入迷途,他也积极参与到当时的名辩思潮之中,是善辩、能辩之人。他将学问进行了"道术"(《天下》,本段中以下引文均出自《天下》)与"方术"之分。"道术"是普遍的学问,而"方术"是各执一偏的片面的学问。"方术"各有其功能,却不能相互通用,"往而不反,必不合矣"。在庄子看来,"天下之治方术者多矣",除道家之外的各家思想,如墨家、宋尹学派、惠施、公孙龙等辩者学派的思想都是"方术"。为了防止"道术将为天下裂",庄子从"道术"出发,对各家学说进行了分析评论。庄子从道的角度对"方术"进行了既有肯定,又有否定的较为持中、平和的评价。他肯定了它们"有所明""有所长",但同时也指出它们"不能相通""时有所用"。只有"道术"才是"无乎不在",真正见到"天地之纯,古人之大体"的学问,此"道术"即老庄之学。

三、庄子谬误思想的特点分析

第一,哲学思想的倾向。庄子的谬误思想有其自身的哲学依据。他对"不遣是非"的"无名""无辩"的讨论是建立在相对主义本体论和认识论基础上的。道是庄子哲学的最高范畴,是万物产生的本原。因而着眼于大道,"万物皆一",可谓之曰"齐"。从存在的角度看,"齐物"取消了客观世界有无、同异、彼此、物类等的区别;从认识的角度看,齐

"物"取消了物我、是非、知与不知等的区别。认识上的"不遣是非"、否认真知进而否认人的认识能力,也就从根本上否定了名言、争辩的客观基础。庄子"无名""无辩"的实质是要求人们能够将是与非在更高的层面上统一起来,"和之以天倪",最终是要达到体道、悟道的最高境界。

第二,政治思想的倾向。在庄子的思想中,没有关于社会治理的详细设想;在实际生活中,他宁愿过粗食布衣的清贫生活,也坚决拒绝入仕当官。可以说,庄子是一个超脱于现实政治的学者①,是隐士的利益和要求的代表。隐士们对社会现状失望,空有理想却感到无可奈何,只得通过消极避世来表明自己对统治者的抵抗和不合作态度。庄子的谬误思想与他这种政治态度密切相关。在庄子看来,当时天下大乱,而造成社会混乱的主要原因在于人之"有为",因而他提倡"无为"而治。但是庄子的"无为"并不是要人们什么都不做,他所说的"无为"是要人们按照道的要求顺应事物的自然本性而不横加干预,最终是要实现"无不为"的理想。"无名""无辩"是"无为"要求在名辩思想中的体现。庄子认为,形名和言辩是使人们倾轧、争斗的凶器,不应该加以推行。只有遵循道的要求,"无名""无辩"才能真正实现"治之至"。

第三,伦理思想的倾向。庄子在讨论社会生活中的"无名"时所讲的"名"是与德相关的。他对"无名"的讨论,受他对德的理解的影响。先秦时代的思想家,尤其是儒家特别重视伦理道德规范在治理社会以及提高个人修养中的作用。庄子也重视德性的作用。但他所讲的德与一般意义上的道德规范完全不同。庄子非常反对儒家将礼义作为道德的最高准则而"明乎礼义"(《田子方》)的做法,认为这是造成社会混乱的原因,"礼者,道之华而乱之首也"(《知北游》)。因为儒家的礼义规范违背了"德不形"(《德充符》),即真正的德应该不着痕迹之特点,破坏了德之纯美和谐的状态。如果"好名"而死守某一种德,就会使真正的德

---

① 尹继佐、周山主编:《中国学术思潮史(卷一)·子学思潮》,上海社会科学院出版社 2006 年版,第 354 页。

有所折损。如被儒家视为"圣人"的尧、舜,他们将德性外溢,因而是"大乱之本"(《庚桑楚》)。真正的圣人,坚持的是"无名"的道德品行,保持人与自身心性的契合,从而追求德之永恒。

四、庄子谬误思想的影响

从以上的讨论,我们可以看出,庄子和其他思想家一样重视真理与谬误的问题,但是他对这一问题的处理与其他诸家不同,独树一帜。他的思想是充分表明先秦谬误思想多元化特点的独特而重要的一环。庄子谬误思想不同于其他思想家的独特之处在于,他并没有将真理与谬误看成完全对立的两种事物,而是注意并着重于分析二者的相互关联性。庄子认为,真理与谬误是相对的。除了"以道观之"之外,任何在某种角度、立场上所形成的观点都是片面的,都不是真的"是",以此"是"为标准所判断的"非"也不是真的"非"。这种真理与谬误的对立完全可以在道的高度上统一起来。可见,在庄子看来,并没有什么谬误,有的只是人们各执一偏的知识不全。消除此种"成心"、偏蔽之见的方法就是体道、悟道,"和之以天倪"。

庄子在思考真理与谬误关系问题时,表现出了不同于常人的"逆反否定性思维方式"①,对传统思维方式具有重要影响。庄子的"不遣是非"以及"无名""无辩"思想与人们的常识相悖,奇异而看似不着边际,"(庄周)以谬悠之说,荒唐之言,无端崖之辞,时恣纵而不傥,不以奇见之也。以天下为沈浊,不可与庄语,以卮言为曼衍,以重言为真,以寓言为广。独与天地精神往来而不敖倪于万物,不遣是非,以与世俗处。其书虽瑰玮而连犿无伤也。其辞虽参差而諔诡可观"(《天下》)。但这实际上是因为庄子反对各家,尤其是儒墨皆以自家思想为参照系、是己异非的独断思想,主张不持一端之见。他思想奔放而不拘执,追求独与天地精神往来而博大通达的境界,因而呈现出独特的具有叛逆精神的否

---

① 崔清田主编:《名学与辩学》,山西教育出版社1997年版,第255页。

定性思维方式。"庄子提出的这种具有否定性、求异性和批判性的思维方式是人类早期文明反对常识、反对世俗、批驳谬说的有力思维工具,它对中国传统思维方式也产生了深远久长的影响。"①

庄子有关是非问题及"无辩"的思想从反面刺激了后期墨家对辩的问题的探讨和研究。如庄子认为,辩论根本不存在判定是非、胜负的标准,因而"辩无胜"。后期墨家则针锋相对,提出"辩,争彼也。辩胜,当也"(《墨辩·经上》)。后期墨家明确肯定了辩论双方所持必须是具有矛盾关系的观点,其观点必然一真一假,辩论的结果必然是一胜一负。对于后期墨家的辩学思想与庄子"无辩"理论的承接关系,崔清田曾做过详细的列表说明。该表表明《墨辩》在辩的界说、客观基础、判定标准、功用、法则,以及言语、认知等诸多方面的建树都曾受到庄子"无辩"的刺激与影响。② 可见,庄子的"无辩"理论为墨家辩学体系的建立提供了反面刺激和动力。

第二节 宋尹学派的谬误思想

宋钘(约公元前 400—前 320 年),战国时期宋国人;尹文(约公元前 360—前 270 年),战国时期齐国人。他们"俱游稷下"(《汉书·艺文志》颜师古注引刘向《别录》),为稷下学派的学士。稷下学宫为当时学术思想的中心园地,宋钘、尹文在此受到各种学术思想的影响,在兼收儒、墨、道等各家思想内容的基础上形成自己的学术思想。也正因为此,学界对于宋钘、尹文的学术归属问题,历来有不同的认识。《汉书·艺文志》列宋钘为小说家,列尹文为名家第二。鉴于对宋、尹二人在学派归属方面的认识并未达成统一,在本书中,我们将他们单列为宋

---

① 崔清田主编:《名学与辩学》,山西教育出版社 1997 年版,第 255 页。
② 同上书,第 253—254 页。

尹学派加以讨论。

郭沫若在其《青铜时代·宋钘尹文遗著考》一文中,将《管子》一书中的《心术上》《心术下》《内业》《白心》四篇看作宋钘、尹文的遗著。本书采用这一观点,将以上《管子》四篇与《尹文子》一起作为研究宋钘、尹文谬误思想的主要依据。

一、宋钘、尹文谬误思想产生的时代背景和思想倾向

春秋战国时期,随着社会经济基础的变革,各诸侯国内部新旧矛盾激化,社会极不稳定。在封建制度取代旧的奴隶制宗法等级制度的过程中,新、旧贵族之间的斗争激烈,这种对立在政治思想上表现为礼治与法治之间的冲突。礼是奴隶制社会所采用的调节社会关系、维护宗法等级制度的统治方法,法则是封建地主阶级用以建立封建制度、确立其统治地位的方法。礼治和法治的对立,直接关系到统治权的归属,其争斗也充满血腥。如曾两次辅佐秦孝公改革的商鞅,在秦国推行法治,帮助秦国完成从奴隶制向封建制的过渡,最后却被旧贵族车裂而死。面对礼治与法治之间如此激烈的对立,兼收并蓄众家思想的宋钘、尹文并没有取此舍彼,而是试图调和二者的矛盾。他们将礼治与法治并列,共同作为君主的统治方法。一方面,宋钘、尹文重法。

> 法者所以同出,不得不然者也,故杀僇禁诛,以一之也。
> 故事督乎法,法出乎权,权出乎道。(《管子·心术上》)

法是通过强制手段来规范人们行为的,这种方式能起到威慑作用,而这种效果是礼的道德教化作用所达不到的,因而是"不得不然者"。可见,宋钘、尹文将采用强制方式的法看作君主的统治得以有效维护的必要条件。当然,法的规定不应一味照搬旧法,而应根据社会的变化加以调整,即"法出乎权"。不过,法一经确定,其权威性就不应被质疑,全体社会成员都应按其规定行事,即使君主、圣人也不例外,"天不为一物在其时,明君圣人亦不为一人枉其法"(《管子·白心》)。另一方面,宋钘、尹文重法却并不反对礼,他们重视儒家的礼义和乐。礼义和乐可以使人内心虚静,提高道德修养。

> 凡民之生也,必以正平;所以失之者,必以喜乐哀怒,节怒莫若乐,节乐莫若礼,守礼莫若敬。外敬而内静者,必反其性。(《管子·心术下》)

> 凡人之生也,必以平正。所以失之,必以喜怒忧患。是故止怒莫若诗,去忧莫若乐,节乐莫若礼,守礼莫若敬,守敬莫若静。内静外敬,能反其性,性将大定。(《管子·内业》)

礼义更是对社会的宗法等级制度的维护,它规定社会各阶层所应处的社会地位以及与各个阶层的社会地位相对应的权责。人人按此礼义之规定行事,则社会必然有序。

> 君臣、父子、人间之事谓之义,登降揖让、贵贱有等、亲疏之体谓之礼。(《管子·心术上》)

> 义者,谓各处其宜也。礼者,因人之情,缘义之理,而为之节文者也,故礼者谓有理也。理也者,明分以谕义之意也。故礼出乎义,义出乎理,理因乎宜者也。(《管子·心术上》)

宋钘、尹文虽然重礼,但他所说的礼已不同于孔子所极力主张恢复的"周礼"。因为宋钘、尹文认为,"礼出乎义,义出乎理,理因乎宜",礼和法一样,也应该根据社会实际状况的变化而进行调整。只有这样,才能解决社会变化所带来的矛盾,从而维护君主统治。

在宋钘、尹文的思想中,"道"是最高的范畴,礼和法都是统一于"道"的。"道"本身"可安而不可说"(《管子·心术上》),"与人并处而难得"(《管子·心术上》),因而人们只有"静"以"正心"(《管子·内业》)才能实现对它的认识。要达到"静因之道"(《管子·心术上》),人应该"恬愉无为,去智与故"(《管子·心术上》)。礼治讲究内心虚静以养德,因而跟"恬愉无为"的"静因之道"并无明显冲突;法治却不同,它所主张的"杀僇禁诛"(《管子·心术上》)跟"道"的清静无为相矛盾。为此,宋钘、尹文提出了其"正名"思想。在他们看来,如果"法顺",法就可以自动运行而实现对社会秩序的维护,这样,君主就可以无为而无不为。但"法顺"的前提是"名正","名正而法顺"(《尹文子·大道上》)。因而君主只要"正名",便可实现无为而治,"是以圣人之治也,静身以待之,物至而名自治之。正名自治之,奇身名废。名正法备,则圣人无事"(《管子·白心》)。以此为目的,宋钘、尹文展开了对"正名"思想的研究。

二、宋钘、尹文关于谬误的思想

(一)宋钘、尹文对谬误的界定及分类

形名问题,是宋、尹学说的重点,因而他们对谬误的讨论也主要在名的领域。他们将不正确的名称为"奇名","正名自治之,奇身名废"(《管子·白心》)。所谓"奇名",指的是与实不一致的名,它是由于名过其实,或者实延其名而形成的。

宋、尹在详细考察了"奇名"的各种表现,并对其进行了分类说明。
第一,"悦名而丧实"。

> 宣王好射,说人之谓己能用强也,其实所用不过三石。以示左右,左右皆引试之,中关而止。皆曰:"不下九石,非大王孰能用是?"宣王说之。然则宣王用不过三石,而终身自以为九石。三石,实也,九石,名也,宣王悦其名而丧其实。(《尹文子·大道上》)

齐宣王只满足于"九石"之虚名而不究其实,造成了"三石"之实却有了"九石"之名。齐宣王没有按照量的度量标准而是仅以取悦他的人的话为标准来衡量其力量,造成了名实相违。

第二,"违名而得实"。

> 齐有黄公者,好谦卑。有二女,皆国色。以其美也,常谦辞毁之,以为丑恶,丑恶之名远布,年过而一国无聘者。卫有鳏夫,失时冒娶之,果国色。然后曰:"黄公好谦,故毁其子不

姝美。"于是争礼之,亦国色也。国色,实也;丑恶,名也。此违名而得实矣。(《尹文子·大道上》)

黄公因"好谦卑"而造成其女"丑恶"之名与"国色"之实相悖。齐人只考虑名而未考察实的具体情况而未能得国色之妻。但卫国鳏夫因穷而无条件考虑是否"丑恶",反而娶得美妻。

第三,得名而失实。

楚人担山雉者,路人问:"何鸟也?"担雉者欺之曰:"凤皇也。"路人曰:"我闻有凤皇,今直见之,汝贩之乎?"曰:"然。"则十金,弗与。请加倍,乃与之。将欲献楚王,经宿而鸟死。路人不遑惜金,惟恨不得以献楚王。国人传之,咸以为真凤皇,贵,欲以献之。遂闻楚王,王感其欲献于己,召而厚赐之,过于买鸟之金十倍。(《尹文子·大道上》)

楚人为厚金而将"山雉"之实假冒"凤凰"之名。路人虽见了"山雉",却没有发现名实相悖,因而只得"凤凰"之名,未得"凤凰"之实。而楚国国人及楚王仅凭传闻,未实地检验,也不可能发现名实相悖。路人、楚国国人以及"厚赐"路人的楚王都是得名而失实。

魏田父有耕于野者,得宝玉径尺,弗知其玉也,以告邻人。邻人阴欲图之,谓之曰:"怪石也,畜之弗利其家,弗如复之。"田父虽疑,犹录以归,置于庑下。其夜,玉明光照一室,田父称家大怖,复以告邻人。曰:"此怪之征,遄弃,殃可销。"于是遽而弃于远野。邻人无何盗之以献魏王。魏王召玉工相之,玉工望之再拜而立:"敢贺王,王得此天下之宝,臣未尝见。"王问价,玉工曰:"此无价以当之,五城之都,仅可一观。"魏王立赐献玉者千金,长食上大夫禄。(《尹文子·大道上》)

"邻人"故意将"宝玉"之实假冒"怪石"之名以实现将"宝玉"据为己有的目的。他与上例中卖"山雉"的楚人一样为了一己私利而故意使名不符实。而"田父"听信"邻人",因"怪石"之名而失"宝玉"之实,得名而失实。

第四,同名不同实。

> 庄里丈人字长子曰"盗",少子曰"殴"。盗出行,其父在后追,呼之曰"盗,盗"。吏闻因缚之。其父呼"殴"喻吏,遽而声不转,但言"殴,殴",吏因殴之,几殪。(《尹文子·大道下》)

> 康衢长者字僮曰"善搏",字犬曰"善噬",宾客不过其门者三年。长者怪而问之,乃实对。于是改之,宾客复往。(《尹文子·大道下》)

"盗""殴"本已形成它固有的意义,当使用它们的时候,人们首先联想到的自然是它们约定俗成的意义"盗贼"和"殴打",而非极少使用的人名。官吏只是按寻常之理作为,并不能算其错。文中的误会是由"父"对其"子"的命名的不妥造成的。同样的道理可以用于分析第二个事例,在此不予赘述。

> 郑人谓玉未理者为璞,周人谓鼠未腊者为璞,周人怀璞谓郑贾曰:"欲买璞乎?"郑贾曰:"欲之。"出其璞,视之,乃鼠也。因谢不取。(《尹文子·大道下》)

事物的命名会因地域、风俗习惯等的差异而有所不同。"璞"之名在郑国与周国分别指"玉"之实与"鼠"之实,因而造成了两国商人交易时的误会。这种误会并不是"郑贾"或"周人"造成的,而是因为名在社会中的使用还未完成其统一过程。

同名不同实的谬误,实际上涉及在表达过程中所形成的和语言相关的谬误。名通过语词表达,但由于不同地区风俗习惯的不同,表达同一实的名称所使用的语词可能会有不同,同一语词所表达的同一名称所指称的实也可能各不相同。如"璞"之名在郑国指"玉"之实,在周国却指"鼠"之实。即使在同一地区,同一语词也有多义。如果不对它们进行严格区分,就会产生语词歧义的谬误。

(二) 纠正谬误的具体要求

宋、尹认为,当时社会普遍存在的"名实相怨"现象,破坏了名实之间相符、相应的逻辑确定性要求。为此,我们应该按照"言不得过实,实不得延名"(《管子·心术上》)的要求以"正形名"。形和名本是相符、相应的,但社会上大量存在的名过其实和实延其名的现象,造成名实不符之"乱",只有以名正形,以形应名,才能达到正名,"今万物具存,不以名正之,则乱;万名具列,不以形应之,则乖。故形名者不可不正也"(《尹文子·大道上》)。正名的具体要求包括:

第一,正形名。

宋、尹认为,万事万物都是由最高的"道"衍生出来的。"道"虽然"无形",具体事物却各有其形,"大道不称,众有必名。生于不称,则群形自得其方圆。名生于方圆,则众名得其所称也"(《尹文子·大道上》)。名是人们按事物之形所赋予事物的,"名者,名形者也"(《尹文子·大道上》),因而,名由形决定,即"以形务名"(《管子·心术上》),"形以定名"(《尹文子·大道上》)。另一方面,名一经形成,有其独立性。根据具体事物而形成名,与其所指称的具体事物之间有着相互对应的关系。因而人们可以根据名辨别客观事物的类属关系,对某事物是否为某名所指称的对象进行检验,即"名以正形","名以检形"(《尹文子·大道上》)。因此,所谓"正形名",就是要用名去检查相应之形,同时又要用形去确定对应之名。通过形与名的相互辨察检验,就能保持名实之间的确定性,避免"奇名"的产生。

第二,正名事。

有形状的事物可以据形定名,但世界上并非所有的事物都有形。"有形者必有名,有名者未必有形"(《尹文子·大道上》),事物有形,则可以"名形",但并不是所有的名都依形而定。"名而不可,不寻名以检其差。"(《尹文子·大道上》)无形之事,多指社会伦理生活中的道德规范行为。这方面名的意义,是由人所规定的。人通过赋予名的相关规定,确定名所指称之实。如"善""恶"之实,无具体形状,属于无形之事。

宋、尹将"善"规定为"圣贤仁智"(《尹文子·大道上》),将"恶"规定为"顽嚚凶愚"(《尹文子·大道上》)。按照善之"圣贤仁智之名","以求圣贤仁智之实"(《尹文子·大道上》),按照恶之"顽嚚凶愚之名","以求顽嚚凶愚之实"(《尹文子·大道上》),就能将人们善与恶的行为区分开来,并加以价值评判。宋、尹认为,按照这种"名以定事"(《尹文子·大道上》)的方式,即使所规定之名不能完全反映事物的实际情况,也不会出现大的差错,"虽未能尽物之实,犹不患其差也"(《尹文子·大道上》)。另一方面,"事以检名"(《尹文子·大道上》),即根据一个人所行之事来验证加于其人之上的名,看事与名是否一致。有什么样的事,就要有相应的名与之相称。如对于有"善"名之人,我们应看其所行之事是否符合"圣贤仁智"的规定,二者一致,为"正名",否则即为"奇名"。因此,所谓"正名事",即"名以定事,事以检名"。一方面用名去求取与其相应之事,另一方面,用事去检查与其相应之名。二者相互结合,从而保证名实之间的相符、相合。

第三,定名分。

宋、尹将名明确区分为"彼之名"和"我之分"。

> 今亲贤而疏不肖,赏善而罚恶。贤不肖善恶之名宜在彼,亲疏赏罚之称宜属我。我之与彼,又复一名,名之察者也。名贤不肖为亲疏,名善恶为赏罚,合彼我之一称而不别之,名之混者也。故曰:名称者,不可不察也。(《尹文子·大道上》)

> 五色、五声、五臭、五味,凡四类,自然存焉天地之间,而不期为人用。人必用之,终身各有好恶,而不能辨其名分。名宜属彼,分宜属我。我爱白而憎黑,韵商而舍徵,好膻而恶焦,嗜甘而逆苦。白黑、商徵、膻焦、甘苦,彼之名也;爱憎、韵舍、好恶、嗜逆,我之分也。定此名分,则万事不乱也。(《尹文子·大道上》)

色、声、臭、味等是客观事物所具有的性质,指称它们的名称,如白、黑、甘、苦等,是对事物的客观反映,并不受人的主观意志所影响。这种指称客观事物及其性质的名称,即为"彼之名"。但是人对于客观事物及其性质,会从自身主观需要或好恶倾向出发,形成各自不同的态度,如爱、憎、好、恶、亲、疏、赏、罚等。这种指称人对客观事物及其性质的态度的名称,即为"我之分"。宋、尹认为,名称是用来"检形""定事"的,它可以区分事物、规范等级制度、评价社会现象等。但这些作用的发挥,建立在对名的正确运用基础上,因而他们十分重视名称本身所包含的名与分的区分。名与分的区分是否清楚明白,对于正名非常重要,"大要在乎先正名分,使不相侵杂","定此名分,则万事不乱"(《尹文子·大道上》)。对于同一客观对象,由于人们的主观标准不同,所形成的名分也往往有偏差。有了"彼""我"之分,就可以对"我之与彼又复一名"的"名分"进行辨察,分析"彼"名是否符合彼实,"我"与"彼"合为一体的"名分"是否相宜。① 因而,宋、尹认为,"失者,由名分混;得者,由名分察"(《尹文子·大道上》)。宋、尹对名分的区分,主要是为正政服务的。

> 雉兔在野,众人逐之,分未定也;鸡豕满市,莫有志者,分定故也。(《尹文子·大道上》)
>
> 名定则物不竞,分明则私不行。物不竞,非无心;由名定,故无所措其心。私不行,非无欲;由分明,故无所措其欲。(《尹文子·大道上》)

名分不定、不明是造成人们争夺事物、社会私欲盛行,从而引起社会秩序混乱的根本原因。名分确定之后,人们就无法实施争夺之心,也无法实施自己的私欲。因而定名分是维护社会秩序稳定的重要基础。

(三) 避免谬误的根本方法

宋、尹认为,道是宇宙万物的本原。名是人在对物之形的感觉基础

---

① 温公颐、崔清田主编:《中国逻辑史教程》(修订本),南开大学出版社2001年版,第94页。

上而自定的。正名的根据是物之形,在这一过程中,人只能顺应物本身中道的特征,不能因自身的好恶妄加臆断,人为地对物有所增益或减损,"应也者,以其为之人者也。执其名,务其应,所以成,之应之道也。'无为之道,因也。因也者,无益无损也。以其形因为之名,此因之术也'"(《管子·心术上》)。要想真正体认物之道,实现"因应之术",必须做到"正心"。"正心"可以使身体的各个器官正常、健康,从而成为精气的处所,"定心在中,耳目聪明,四肢坚固,可以为精舍"(《管子·内业》)。而精气的多少决定人的认识能力,有了精气,就可以认识天下万物,"精存自生,其外安荣,内藏以为泉原,浩然和平,以为气渊。渊之不涸,四体乃固;泉之不竭,九窍遂通。乃能穷天地,破四海。中无惑意,外无邪灾"(《管子·内业》)。因而只要"正心",就能获得衡量万物的正确标准,并能实现对道的认识,"正心在中,万物得度。道满天下,普在民所,民不能知也。一言之解,上察于天,下极于地,蟠满九州。何谓解之?在于心安"(《管子·内业》)。要做到"正心",就要"静","中不静,心不治"(《管子·内业》);要做到"静",就要无所欲求。

> 人之可杀,以其恶死也;其可不利,以其好利也。是以君子不休乎好,不迫乎恶,恬愉无为,去智与故。其应也,非所设也;其动也,非所取也。过在自用,罪在变化。是故有道之君,其处也若无知,其应物也若偶之。静因之道也。(《管子·心术上》)

人们有所欲求,因而对事物就会产生喜好、厌恶之情,这样就会被诱惑或胁迫。只有不妄加推断,不做主观择取,消除智谋和巧故,与外物相配合,才能认识道。

宋、尹认为,只有遵循"静因之道",才能达到对万事万物的正确认识。物是正名的根据,正名"以物为法"(《管子·心术上》),实现对物之道的正确、全面认识,就能使名正确无误,保证名实相符、相应的确定性,从而从根本上杜绝"奇名"的产生。

三、宋钘、尹文谬误思想的特点分析

第一，哲学思想的倾向。宋、尹继承了老子的"道"，将其作为哲学的最高范畴，但他们对"道"进行了唯物主义改造。在形名问题上，宋、尹认为，"物固有形，形固有名"（《管子·心术上》），物是先于名而存在的，先有物，然后才有依据物之形而形成的名，从而肯定了物的第一性。名是因物而生、因形而定的，因而是第二性的。"名以检形，形以定名""名以定事，事以检名"（《尹文子·大道上》）的正名要求，就是以这种唯物主义名实观为基础的。在认识论上，宋、尹虽然不否认感觉经验的作用，却反对人们的实践，认为积极的实践是对道的破坏，因而主张"若无知"。要认识事物，只要在自己感觉的基础上静观就可以了。以这种消极认识论思想为基础，宋、尹将"静因之道"看作消除谬误的根本方法。

第二，政治思想的倾向。在正名问题上，宋、尹继承了孔子正名以正政的思想。正名的出发点和最终目的，都是围绕着求治而展开的。在宋、尹看来，君主用来管理国家的两种统治工具——礼和法的顺利实施，都与正名有着莫大的关系。礼治的实质在于通过道德教化使人自觉遵守它所规定的一套宗法等级制度。社会等级秩序的规定离不开名的作用，"名者，所以正尊卑"（《尹文子·大道下》）。道德教化同样离不开名的作用，"善名命善，恶名命恶"（《尹文子·大道上》），"善""恶"之名本身包含着对社会现象的价值评判，因而是统一人们道德观念的重要手段。法则是通过强制性的赏罚制度来规范人们的行为。赏罚得当，必须弄清是非；弄清是非，必然要核查名实。因而正名是法律实行的先决条件，只有"名正"才能"法顺"。宋、尹不仅将名与礼、法一起看作统治者治理国家的统治之术，"仁、义、礼、乐、名、法、刑、赏，凡此八者，五帝三王治世之术也"（《尹文子·大道下》），而且，在他们看来，正名比礼、法更为基本。只有做到"正名自知之"，君主才能真正实现无为而治。

四、宋钘、尹文谬误思想的影响

宋、尹的正名思想兼收各家思想,他们在继承老子、孔子、墨子、邓析思想的基础上进行创新,自成一体。这种博采众长的思想反过来对之后的众多思想家如惠施、公孙龙、荀子、韩非等都产生了直接、重要的影响。因而,宋、尹学说在"先秦名学的发展过程中起着承上启下的作用"①,"是战国中期以后各种思潮发展中不可缺少的一环"②。宋、尹的正名思想的直接影响主要表现为两个方面。

一是宋、尹的形名思想对惠施、公孙龙的名学思想有着重要的启蒙作用。公孙龙的指物思想、白马非马等名实理论都受到宋、尹正名思想的影响。宋、尹对名的细致深入的分析,与惠施、公孙龙关于抽象的名的讨论方法相近。如宋、尹在论述"定名分"时,对于"名"与"分"的分析与后期名家析辞正名所采用的形式颇为相似:

> 语曰"好牛",又曰,不可不察也。好则物之通称,牛则物之定形,以通称随定形,不可穷极者也。设复言"好马",则复连于马矣,则好所通无方也。设复言"好人",则彼属于人矣。则"好"非"人","人"非"好"也。则"好牛""好马""好人"之名自离矣。故曰:名分不可相乱也。(《尹文子·大道上》)

"牛""马""人"是对事物形体的指称,为"定形"之名;而"好"是对事物的评价,为"通称"之名。"定形"之名所指称的对象有所限定,而"通称"之名所使用的范围没有什么限定,因而"好"非"人","定形"之名非"通称"之名。这种对"通称"和"定形"之名的抽象分析可能是公孙龙"白马非马"之说的先声。

二是宋、尹名法统一的思想对荀子、韩非思想的直接影响。战国时期,封建制统治制度已逐渐在各诸侯国得以建立,尊君权、重法治的风

---

① 崔清田主编:《名学与辩学》,山西教育出版社1997年版,第127页。
② 温公颐:《先秦逻辑史》,上海人民出版社1983年版,第244页。

气愈来愈浓。宋、尹顺应此种趋势,将正名与法顺看作君主所必须具备的统治工具。从宋、尹开始,正名思想逐渐向重法过渡。身为儒家学者的荀子,在正名问题上也受他们的影响,开始重视法的作用。对于君主,要"临之以势,道之以道,申之以命,章之以论,禁之以刑"(《荀子·正名》);对于社会全体成员,要"一于道法而谨于循令"(《荀子·正名》)。韩非则进一步推进这一趋势,发展了系统的刑名法术思想,并使其在秦以后逐渐占据了统治地位。

第三节 法家韩非的谬误思想

韩非(约公元前 280—前 233 年),战国末期韩国人。虽然韩非"与李斯俱事荀卿"(《史记·老子韩非列传》),但他走上了与荀子重"礼"不同的道路。他"喜刑名法术之学,而其归本于黄老"(《史记·老子韩非列传》),继承和发展了法家的思想,成为法家思想的集大成者。韩非的思想主要集中在《韩非子》一书中,这是我们研究其谬误思想的主要资料。

一、韩非谬误思想产生的时代背景和思想倾向

在韩非生活的时期,封建制经济已经在各诸侯国得到充分的发展。封建制经济的不断发展,对建立与之相应的新型政治体制的需求越来越迫切,结束诸侯割据,建立封建大一统的政治统治已迫在眉睫。为了实现这一要求,荀子虽然以法治充实了礼治,但仍以高度"隆礼"为其思想核心,因而被认为"迂远而阔于事情"(《史记·孟子荀卿列传》)而受到各诸侯国统治者的冷落。韩非则直接抛弃礼治,积极推行法治以实现统一天下的霸业。在韩非之前,子产、李悝、吴起、慎到、申不害、商鞅等法家代表人物就在各诸侯国积极推行变法,在一定程度上巩固了新兴地主阶级所取得的政权,因而韩非认为,只有变法才能图强。当时秦

国的实力即在商鞅变法后一跃而为各诸侯国之首,韩非认为商鞅变法为秦国以后的统一天下做了必要的准备,"以此与天下,天下不足兼而有也"(《韩非子·初见秦》,下引《韩非子》只注篇名)。

韩非认为,封建大一统的政治统治以中央集权和君主专制为核心,即统治者只能是君主一人,臣子和平民一样都是被统治的对象。但在当时,君臣之间权力斗争激烈,臣子"战胜则大臣尊,益地则私封立"(《定法》)的现象非常普遍,成了对君主的政权和权威的最大威胁。因而,韩非重点研究了君臣之间的关系,严格规定了君臣之间的等级差别,认为"君臣不同道,下以名祷。君操其名,臣效其形,形名参同,上下和调也"(《扬权》)。韩非认为,君主只有以法为中心,法、术、势相互辅助,有机结合,才能有效地治理臣下,保证君主专制统治的顺利实施。因而,韩非反对对名的抽象讨论,其"形名参同"的名实观是以君权、君术为核心而展开论述的,有其自身的新意所在。"名实不称"(《安危》)的形名相乱是对君主御用臣下之统治术的严重破坏,不利于君主专制统治的正常运转,韩非站在新兴地主阶级的立场上,把对名实不符的分析与法术统一起来,形成其独特的正刑名逻辑思想。

与君主专制制度相适应,韩非也强调意识形态领域的思想专制。荀子"君子必辩"实质是"以辩止辩",其目的就是齐整异说,实现思想统一。韩非则在此基础上,反对一切辩说。他认为辩说的盛行,是各诸侯国割据一方,争权夺利的外在表现,"其言古者,为设诈称,借于外力,以成其私而遗社稷之利"(《五蠹》)。辩产生的根本原因在于"上之不明"(《问辩》)。这些辩说的存在,会破坏法术的顺利实施,"儒以文乱法,侠以武犯禁"(《五蠹》),"坚白无厚之词章,而宪令之法息"(《问辩》),又反过来加剧诸侯割据、"上之不明"的局面,君主"喜淫辞而不周于法,好辩说而不求其用,滥于文丽而不顾其功者,可亡也"(《亡征》)。因而他极力主张对与法术相背的淫辞、乱说加以清除,"言行而不轨于法令者必禁"(《问辩》)。

二、韩非有关谬误的思想

（一）韩非对谬误的界定及分类

韩非将法治看作其实现封建大一统目标的根本途径和手段，因而他反对破坏法术思想的一切言论，将其称为"浮说""淫说"等。

夫韩尝一背秦而国迫地侵，兵弱至今，所以然者，听奸臣之浮说，不权事实，故虽杀戮奸臣，不能使韩复强。（《存韩》）

故破国亡主以听言谈者之浮说，此其故何也？是人君不明乎公私之利，不察当否之言，而诛罚不必其后也。（《五蠹》）

臣视非之言，文其淫说，靡辩才甚。（《存韩》）

诸侯淫说其主，微挟私而公议。（《说疑》）

韩非将"浮说""淫说"看作臣下实现其奸谋的八种途径，即"八奸"之一——"流行"。

凡人臣之所道成奸者有八术……六曰流行。何谓流行？曰：人主者固壅其言谈，希于听论议，易移以辩说。为人臣者求诸侯之辩士，养国中之能说者，使之以语其私，为巧文之言，流行之辞，示之以利势，惧之以患害，施属虚辞以坏其主，此之谓"流行"。（《八奸》）

因而，"流行之辞"可被看作韩非对不合法术之言论的统称，此即韩非所谓的谬误。韩非对此分别从名的领域和辩的领域进行了研究。他认为，"流行之辞"的谬误，首先表现为"名实不称"的形名相乱。韩非认为，"利""威""名"是治理国家的三种手段，"圣人之所以为治道者三：一曰利，二曰威，三曰名"（《诡使》），其中，尤以正名最为重要，"用一之道，以名为首"（《扬权》）。因而韩非对"流行之辞"的形名相乱之谬误，进行了详细的分析和批判。在辩说领域，"流行之辞"则表现为"无用之辩"。韩非通过对"无用之辩"的分析，揭示了辩说扰乱法令，且没有任何实际功用，"不以功用为的"（《外储说左上》）的特征及危害，并指出了只有息辩,才能消除"流行之辞"的谬误。对于这两种谬误的表现和危害,韩非进行了具体的分析。

第一,"名实不称"之谬误的表现和危害。

与先秦其他诸子所论的"名"和"实"的意义有所不同,韩非所说的"名"和"实"有其新意所在,并且其意义具有多重性,具体表现为:以言为名,以事为形;以官职为名,以官位为形(实);以法为名,以事为形(实);一般意义的名与实。① 在韩非那里,讨论的重点并不在于一般意义上的名实关系,而是与法术相结合具有浓厚政治意义的形名关系。他所讨论的"名实不称",主要指的是"事"与"言"的不相符,"功不当其事,事不当其言"(《主道》);官与职的不相符,"越官"与"越其职"(《二柄》);事与法的不相符,"言行而不轨于法令"(《问辩》)。其具体表现为:"有名无实""不合参验""不当名""名不称实"。②

"有名无实"。韩非认为,作为国家唯一的统治者,君主应该享有绝对的权力和权威。但春秋时期的周天子,却"有主名而无实,臣专法而行之"(《备内》),大权旁落,失去了对国家的控制权,使得"主有人主之名,而实托群臣之家"(《有度》)。韩非认为,这种"有名无实"的现象使"上下易位"(《备内》),破坏了君臣等级关系,必然造成国家的衰亡。

"不合参验"(《孤愤》)。韩非强调"参验"对判定名实是否相符的重要性,认为"无参验而必之者,愚也"(《显学》)。君主在实施赏罚时,应先"参验","不合参验"的名实不符,必然造成是非不明,赏罚混乱,使"主上愈卑,私门益尊"(《孤愤》)。

"不当名"(《二柄》)。"群臣其言大而功小者则罚,非罚小功也,罚功不当名也;群臣其言小而功大者亦罚,非不说于大功也,以为不当名也,害甚于有大功,故罚。"(《二柄》)"言大而功小",是名过其实;"言小而功大",是实延其名,这二者都是名实不符的表现,都会对政治秩序造

---

① 翟锦程:《先秦名学研究》,天津古籍出版社 2005 年版,第 84 页。
② 同上书,第 91—93 页。

成严重的威胁。再者,不按照官名、官职所规定的职责去做事的"越官""越职"和"失职",也属于"不当名"。如韩昭侯酒醉而寝,典冠者(掌帽官)见他寒冷,就给他加盖了衣服。韩昭侯醒后却同时处罚了典冠和典衣(掌衣官),"其罪典衣,以为失其事也;其罪典冠,以为越其职也"(《二柄》)。再如,子路为郈令时,曾用自己的俸粮做成稀饭,邀请挖沟的人来吃。孔子认为子路此举侵犯了鲁国君主的"爱民"之权,实可谓犯了侵官之最,"夫礼,天子爱天下,诸侯爱境内,大夫爱官职,士爱其家,过其所爱曰侵。今鲁君有民而子擅爱之,是子侵也"(《外储说右上》)。韩非认为,"不当名"的现象,会破坏"群臣守职,百官有常"(《主道》)的正常秩序,严重者会造成"上下易位",国家危亡。因而韩非认为对此类现象应罚之,甚至诛之,"越官则死,不当则罪"(《二柄》)。

"名不称实"。韩非所言的名实相符,其核心是君用术,臣尽忠。对于君来说,"君操其名"(《扬权》),充分调动和发挥臣下积极性和主动性,使其完全为君所用;对于臣子来说,"臣效其形"(《扬权》),按照君主所操之名的规定行事,完全忠于君主的统治。所谓的"名不称实",就是对以上两方面的违背:君主调动不了臣下,臣下对君主不专一。"人主之患在莫之应,故曰:一手独拍,虽疾无声。人臣之忧在不得一,故曰:右手画圆,左手画方,不能两成。"(《功名》)这样,必然造成政治混乱,君主的统治地位不保。

第二,"无用之辩"的表现和危害。

韩非在《难言》中,详细分析了进说之难的十二种表现,而这些本质上都是"无用之辩"。这十二种"无用之辩"实际上也是韩非对当时辩说中存在的弊端的总结。

"华而不实"。"言顺比滑泽,洋洋洒洒然,则见以为华而不实。"言辞和顺流畅,洋洋洒洒,这种辩说虽然语言美好动听,但缺乏思想内容。

"掘而不伦"。"敦祗恭厚,鲠固慎完,则见以为掘而不伦。"敦、祗、恭、厚、鲠、固、慎、完,彼此孤立而没有实际联系,把它们生硬地拼凑在一起,却不能指明它们在思想内容上的联系,这种辩说是笨拙而不成条理的。

"虚而无用"。"多言繁称,连类比物,则见以为虚而无用。"广征博引,但并不是从实际出发,只是将一堆不同的说法简单罗列;类推旁比,但其实只是对事物做牵强附会的无类比附,这种辩说空而无用。

"刿而不辩"。"总微说约,径省而不饰,则见以为刿而不辩。"只是简单说出结论,却不对结论的得出做必要的论证,这只能算是出口伤人而称不上辩说。

"潜而不让"。"激急亲近,探知人情,则见以为潜而不让。"言语激烈明快而无所顾忌,触及他人隐情,这种辩说远离辩说的内容本身,却针对别人的人身加以中伤。

"夸而无用"。"闳大广博,妙远不测,则见以为夸而无用。"高谈阔论,浮辞博辩,其意义亦高深莫测,这种辩说只是不针对具体问题的夸夸其谈,实为浮夸无用。

"陋而无用"。"家计小谈,以具数言,则见以为陋。"只对日常小事发表一些琐碎陈说,对于国家大事却没有深刻的看法,这种辩说浅薄而无用。

"贪生而谀上"。"言而近世,辞不悖逆,则见以为贪生而谀上。"言辞切近世俗,遵循常规,没有自己独到的认识,这种辩说被看作因贪生而做出的对君主的奉承。

"诞而无用"。"言而远俗,诡躁人间,则见以为诞。"故意使用一些脱离约定俗成的、晦涩难懂的言辞,让听者不明所以,以显示自己的与众不同,这是荒唐的表现。

"史而无用"。"捷敏辩给,繁于文采,则见以为史。"口才敏捷,富于文采,实际上却是为了卖弄自己,因而只是徒有虚文的无用之说。

"鄙而无用"。"殊释文学,以质信言,则见以为鄙。"辩说过程中不借鉴已有的相关文献,仅仅以自己的语言陈说自己的粗陋想法,这是粗俗而无用之辩说。

"诵而无用"。"时称诗书,道法往古,则见以为诵。"动辄援引《诗》

《书》，称道效法古代，对问题没有自己的独立见解，这是一切以崇圣尚古为准的无用辩说。

韩非认为，这些"无用之辩"的存在，直接危害着君主专制的统治。辩说者各持己说，势必造成思想混乱，是非不明，"自愚诬之学、杂反之辞争，而人主俱听之，故海内之士，言无定术，行无常议"（《显学》）。他们或者言辞洋洋洒洒，浮辞博辩，或者言辞晦涩难懂，专事卖弄，但都对国家社会之实况一无所知或认识错误。他们以辩说诋毁法制，蒙蔽君主，不过是欲成己私，势必破坏社会秩序，使国家衰亡，"夫世之愚学，皆不知治乱之情；謵䜋多诵先古之书，以乱当世之治"（《奸劫弑臣》）。

此外，韩非还分析了语言上的歧义谬误。韩非认为，表达思想不难，但让人们准确理解自己所表达的思想却很困难，"凡说之难，非吾知之有以说之难也；又非吾辩之能明吾意之难也；又非吾敢横失而能尽之难也"（《说难》）。思想的表达依赖于语言，语言上的谬误会影响人们对意义的理解。歧义谬误就是因语词或语句的多义而造成意义不明，导致人们对原意的曲解。

> 书曰："绅之束之。"宋人有治者，因重带自绅束也。人曰："是何也？"对曰："书言之，固然。"（《外储说左上》）
>
> 鲁哀公问于孔子曰："吾闻古者有夔一足，其果信有一足乎？"孔子对曰："不也，夔非一足也。夔者忿戾恶心，人多不说喜也。虽然，其所以得免于人害者，以其信也。人皆曰：'独此一，足矣。'夔非一足也，一而足也。"哀公曰："审而是，固足矣。"一曰：哀公问于孔子曰："吾闻夔一足，信乎？"曰："夔，人也，何故一足？彼其无他异，而独通于声。尧曰：'夔一而足矣。'使为乐正。"故君子曰：""夔有一足。'非一足也。"（《外储说左下》）

"绅之束之"因其本身所具有的两种意义"约束自己"和"把自己束起来"而造成宋人曲解书意。"夔一足"也是同样的道理，"足"既可指

"腿",亦可指"足够"。孔子认为鲁哀公将"夔一足"理解为"夔只有一条腿"是不通的。另外,还有因书中文字的错脱,而导致读者不明其书意的真实所指。

> 郢人有遗燕相国书者,夜书,火不明,因谓持烛者曰:"举烛。"而误书"举烛"。举烛,非书意也。燕相受书而说之,曰:"举烛者,尚明也;尚明也者,举贤而任之。"燕相白王,王大说,国以治。治则治矣,非书意也。(《外储说左上》)

难能可贵的是,韩非对于语义的讨论,已显示出语用思想的萌芽。

> 书曰:"既雕既琢,还归其朴。"梁人有治者,动作言学,举事于文,曰:"难之。"顾失其实。人曰:"是何也?"对曰:"书言之,固然。"(《外储说左上》)

> 所说出于厚利者也,而说之以名高,则见无心而远事情,必不收矣。所说阴为厚利而显为名高者也,而说之以名高,则阳收其身而实疏之;说之以厚利,则阴用其言显弃其身矣。(《说难》)

第一段涉及上下文语境对于语义理解的作用。梁国人并没有将"既雕既琢,还归其朴"还原到原书的语境中,而是断章取义,造成对书意的曲解。第二段涉及辩说主体(论者和听者)对语义理解的影响。不同主体会因立场、好恶等因素的影响,对同一语词或语句形成不同的理解。因而臣下在向君主进言时,应首先了解君主的立场、好恶、心情等,用己说去配合,才能收到好的进言效果。

(二)谬误的判定标准及检验方法

韩非将法术作为判别谬误的依据。凡是与法术不相符合的,皆为"流行之辞"。法术是韩非思想的核心。韩非认为,人与人之间的关系,即使是父母与子女的关系,从本质上来讲,也都是一种赤裸裸的利害关系。父母与子女之间"犹用计算之心以相待也,而况无父子之泽乎"(《六反》)。因而,君主以道德教化作为统治工具根本不可能实现国家和社会的有效治理。韩非继承前期法家人物的思想,将慎到的势、申不害的术、商鞅的法结合起来,形成了他以"法"为核心,"法""术""势"相结合的统治术。法是君主规定、设立和公布的法律条文;术是君主驾驭臣下、掌握政权的策略和手段;势是君主统治天下的权威、权势。韩非认为,这三者对于君主的政治统治"不可一无,皆帝王之具"(《定法》)。执法、用术须以处势为本,反过来,法、术又是处势的重要手段;用术是执法的手段。韩非尤其强调"法"在这三者中的根本作用,"先王以道为常,以法为本"(《饰邪》)。既然法是君主治理和统治国家的根本,那么一切与法术思想相背的"流行之辞",必然因其会动摇君主专制的政治统治而被韩非视为"必禁"之说。

在韩非看来,言论是否符合法的标准,不能一概而论,需要进行审查,即"参验"。

> 循名实而定是非,因参验而审言辞。(《奸劫弑臣》)
> 偶参伍之验,以责陈言之实。(《备内》)
> 参伍之道:行参以谋多,揆伍以责失;……言会众端,必揆之以地,谋之以天,验之以物,参之以人。(《八经》)

"参"就是对事物的各个方面进行比较,又称"参伍"。"参验"即通过考察比较来验证,表现在名实关系上,就是验证形名是否参同;表现在言辞上,就是详细考察其是否为虚妄之说。"参伍"有四征:揆地、谋天、验物、参人,通过对这四方面的考量取证,即可验出是非得失。与他的名实观相应,韩非对"参验"的讨论,亦主要运用于政治领域。因而,韩非的"参验"主要以社会的实际效果,即"功用"作为检验名实和言辞的主要标准。韩非的功用,主要就是指对君主御用臣下、治理国家有用。从名的领域来看,"审合刑名"(《二柄》),就是要看"功""事""言"三者的关系,"功不当其事,事不当其言"(《二柄》),就属于"名实不称"之谬误,当罚,当诛。从辩的领域看,用"参验"的方法检验言辞,就是看其言有无实际功用。

>听言、督其用,课其功,功课而赏罚生焉,故无用之辩不留朝。(《八经》)

>今听言观行,不以功用为之的彀,言虽至察,行虽至坚,则妄发之说也。(《问辩》)

如果君主"好辩说而不求其用,滥于文丽而不顾其功者"(《亡征》),那么国家"可亡也"(《亡征》)。

(三) 揭示谬误的逻辑方法

第一,韩非论"不察类"。

韩非继承先秦诸子重视"类"的传统,强调"知类"的重要性。指出对方辩说过程中的"不知类"(《难势》),是他揭示对方谬误的逻辑方法之一。"不知类"主要表现为误认同类为异类和误认异类为同类。对于误认同类为异类的情形,韩非称之为"似类"(《内储说下》),将其看作"六微"之一,并进行了集中而详细的论述。

>六微:……三曰托于似类。……似类之事,人主之所以失诛,而大臣之所以成私也。是以门人捐水而夷射诛,济阳自矫而二人罪,司马喜杀爰骞而季辛诛,郑袖言恶臭而新人劓,费无忌教郤宛而令尹诛,陈需杀张寿而犀首走。故烧刍廥而中山罪,杀老儒而济阳赏也。(《内储说下》)

韩非认为,"似类"会造成君主处罚不当,有利于大臣谋取私利。为此,韩非用八个"似类"事例加以例证。对于误认异类为同类的情形,韩非也有较多的论述。如:

>夫欲追速致远,不知任王良,欲进利除害,不知任贤能,此则不知类之患也。(《难势》)

>虎豹之所以能胜人执百兽者,以其爪牙也,当使虎豹失其爪牙,则人必制之矣。今势重者,人主之爪牙也,君人而失其爪牙,虎豹之类也。宋君失其爪牙于子罕,简公失其爪牙于田常,而不蚤夺之,故身死国亡。今无术之主,皆明知宋、简之过

也,而不悟其失,不察其事类者也。(《人主》)

"任王良"之于"追速致远"和"任贤能"之于"进利除害"同属一类,但人们只知"任王良"却不知"任贤能",是误认同类为异类;同理,虎豹的爪牙之于虎豹"能胜人执百兽"同人主之势重之于人主能御臣治国,但人们只知虎豹受人所制的原因在于"失其爪牙",却不知道人主"身死国亡"的原因在于"无术",此亦误认同类为异类。

韩非认为,人们之所以会犯"不知类"之谬误,是因为人们"不察类"。"类"的现象纷繁复杂,如果人们不仔细详察,就会对事物的同异关系形成错误的认识。

> 田伯鼎好士而存其君,白公好士而乱荆。其好士则同,其所以为则异。公孙友自刖而尊百里,竖刁自宫而谄桓公。其自刑则同,其所以自刑之为则异。慧子曰:"狂者东走,逐者亦东走。其东走则同,其所以东走之为则异。故曰:'同事之人,不可不审察也。'"(《说林上》)

如果不对事物加以详细审察,就会将表面相同而本质不同的事物误认为同类,或者将表面不同而本质相同的事物误认为异类,从而犯"不知类"之谬误。如魏国有一"客"杀一"老儒",其本为报"私怨",但他却美其名曰"为君杀之",济阳君"因不察而赏之"(《内储说下》),造成了言、事、功之间的不相符合。这样,韩非就通过对因"不察类"而造成的"不知类"的揭示,识别出了对方言论的谬误所在。

第二,韩非论"矛盾之说"及二难推论。

先秦时期,通过揭露论敌矛盾以实现驳斥对方谬论的方法被诸子广泛运用,这说明,先秦诸子对思维领域内矛盾不能两立的逻辑要求已有了充分的认识,但真正对这一要求从理论上加以概括并最终定名,始于韩非的"矛盾之说"。

> 楚人有鬻盾与矛者,誉之曰:"吾盾之坚,莫能陷也。"又誉其矛曰:"吾矛之利,于物无不陷也。"或曰:"以子之矛陷子之

盾何如？"其人弗能应也。夫不可陷之盾与无不陷之矛，不可同世而立。今尧、舜之不可两誉，矛盾之说也。（《难一》）

韩非用"不可陷之楯"与"无不陷之矛"之间的"不可同世而立"，说明了"吾盾之坚，莫能陷也"与"吾矛之利，于物无不陷也"两个命题的不能同真，必有一假。虽然韩非是用社会现实中两种具体事物"矛"和"盾"来说明他的"矛盾之说"，但在韩非那里，"矛盾之说"确实已具有普遍意义。韩非以它设譬，论证了"今尧、舜之不可两誉，矛盾之说也"（《难一》）和"夫贤之为势不可禁，而势之为道也无不禁，以不可禁之势，此矛盾之说也"（《难势》），这说明，"'矛盾之说'在韩非那里具有很大程度的普遍性，它能够守常应变，用来驳斥内容不同但性质相同，即都包含逻辑矛盾的观点。……'矛盾之说'完全具有这种抽象说法的完整意义，因而可以视为该说法的代表，在语言表达中随时取而代之"①。

作为逻辑矛盾的形象化表达——"矛盾之说"的提出，表明韩非对思维领域中的矛盾律要求有着深刻的认识。正基于此，韩非大量使用二难式推论驳斥与法术思想相背的各种"流行之辞"。如：

孔子、墨子俱道尧、舜，而取舍不同，皆自谓真尧、舜，尧、舜不复生，将谁使定儒、墨之诚乎？殷、周七百余岁，虞、夏二千余岁，而不能定儒、墨之真；今乃欲审尧、舜之道于三千岁之前，意者其不可必乎！无参验而必之者，愚也；弗能必而据之者，诬也。故明据先王，必定尧、舜者，非愚则诬也。（《显学》）

孔子、墨子都称道尧、舜，但距离三千年之久的尧、舜之道的真相已无从确定。因而，韩非构造了一个二难式推论，对孔、墨"明据先王，必定尧、舜"的观点进行了批判：无参验而必之者，愚也（如不用事实加以验证就对事物做出判断，是愚蠢）；弗能必而据之者，诬也（如不能确定

---

① 黄朝阳：《中国古代的类比——先秦诸子譬论》，社会科学文献出版社2006年版，第238页。

事物的真假就把它作为依据,是欺骗)。所以,明据先王(宣扬未经验证的先王之道),必定尧、舜者(依据不能确定真假的先王之道,肯定尧、舜事迹的行为),非愚则诬也(不是愚蠢就是欺骗)。

有时,韩非还会将二难论法与归谬式类推法相结合使用,如当惠子得知魏王不听其建议,欲攻打齐、楚时,与魏王进行了如下的辩说:

> 王言曰:"先生毋言矣。攻齐、荆之事果利矣,一国尽以为然。"惠子因说:"不可不察也。夫齐、荆之事也诚利,一国尽以为利,是何智者之众也?攻齐、荆之事诚不可利,一国尽以为利,何愚者之众也?凡谋者,疑也。疑也者,诚疑以为可者半,以为不可者半。今一国尽以为可,是王亡半也。劫主者,固亡其半者也。"(《内储说上》)

惠子首先假定魏王所言"攻齐、荆之事果利矣,一国尽以为然"为真,构造出如下二难推论:夫齐、荆之事也诚利,一国尽以为利,是何智者之众也(如果攻打齐、楚确实有利,并且如果全国人都认为有利,那么全国人就都是聪明的人);攻齐、荆之事诚不可利,一国尽以为利,何愚者之众也(如果攻打齐、楚确实不利,并且如果全国人都认为有利,就说明全国人都是愚蠢的人)。攻打齐国或者有利,或者不利,所以,或者全国人都是聪明的人,或者全国人都是愚蠢的人。

攻打齐、楚是经过谋划而定的,"凡谋者,疑也",既然有"疑",那么就会有一半人与另一半人意见不同。因此"或者全国人都是聪明的人,或者全国人都是愚蠢的人"是假的,也因此前提中假定魏王所言"攻齐、荆之事果利矣,一国尽以为然"为真不成立。韩非通过二难推论和归谬式类推的方法,熟练运用思维中矛盾对立的辩难,揭示"流行之辞"的谬误从而加以反驳。

二难推论是韩非常用的推论方式,它以其矛盾律的思维规范要求,成为韩非揭示谬误,与各种敌对思想进行斗争的有力武器。

三、韩非谬误思想的特点分析

第一，哲学思想的倾向。韩非对名的谬误探讨，是建立在他唯物主义认识论的基础上的。他反对先验的"前识"，认为"先物行，先理动，之谓前识。前识者，无缘而妄意度也"(《解老》)。在名实关系上，他以实为第一性，名为第二性。"名正物定，名倚物徙"(《扬权》)，名依形而定，"名倚"是因为"物徙"。因而正名必先正物、正形，"不知其名，复修其形"(《扬权》)。韩非在他形名法术思想中所论的言与事、官与职、事与法的关系，也体现了他唯物主义的正名观。韩非虽然主张"君操其名，臣效其形"(《扬权》)，但名的形成也不是君主主观上的任意规定，而是由事物本身规定的，"圣人执一以静，使名自命，令事自定"(《扬权》)。在言事关系上，言的形成以事为依据；在官与职关系上，官职的规定以官位为依据；在事与法的关系上，法的规定非人的主观强为，而是依事而定。

第二，政治思想的倾向。韩非的谬误思想是和他的政治主张紧密联系在一起的。韩非作为新兴地主阶级的代表，极力主张通过社会变革实现封建制政治体制的建立和巩固。他认为以法为中心，法、术、势相结合的统治术是实现封建君主专制的法宝。但社会上大量存在的"流行之辞"是对法术思想的破坏，会导致君主失去王国的严重后果。基于此，韩非对"流行之辞"的谬误进行了研究。为了更好、更集中地阐述他的法术思想，韩非甚至舍弃对名的谬误的一般讨论，而是直接把名实与实际的法术思想结合起来进行分析，形成他独特的刑名逻辑思想。韩非以法术思想为标准，对"不合参验"且"无用"的"流行之辞"进行了无情的批判，论证刑名法术理论的工具之最终目的，无非就是要实现其以法治统治天下的政治理想。韩非谬误思想的实质就在于，它是从反面论证形名法术思想合理性的有力工具。

第三，"工作逻辑"的倾向。如前所述，韩非为了实现其政治目的，舍弃对名的谬误的一般讨论，直接把名实与实际的法术思想结合起来进行分析,形成他独特的形名逻辑思想。名和实在韩非那里,有其独特的社会政治含义。他以言为名,事为形;以官职为名,官位为形;以法为名,依法所做之事为形,从社会政治、人事方面讨论名实关系,"形名参同"不仅是判别是非的标准,更是君主御用臣下的统治术。"韩非的逻辑,有人称它为实质的逻辑,也有人称它为应用的逻辑,这是因为韩非不像名家、墨家或荀子等发挥逻辑的力量,而着眼于逻辑在刑名法术上的运用。"①他对谬误以及逻辑的研究,直接体现在他对社会历史事实的分析和评价中,把谬误分析与社会政治、历史结合起来,是韩非谬误思想的突出特点。在此,我们可以将之称为"图尔敏模式"意义下的"工作逻辑"或"操作逻辑"(working logic),或是张东荪所说的"实际逻辑"(material logic)。②

四、韩非谬误思想的影响

韩非"矛盾之说"的提出,为揭露论敌矛盾以实现驳斥对方谬论的方法提供了理论依据。通过揭露论敌矛盾以实现驳斥对方谬论的方法,为中国古代思想家所广泛运用,但韩非却是真正从理论上进行分析、揭示其逻辑意义的第一人。韩非"矛盾之说"的贡献不仅在于他用形象化的"矛盾"一词第一次为先秦时代的矛盾律思想提供了正式的名称,而且这一名称一直沿用至今;更重要的是,"矛盾之说"中的断语:"不可陷之盾与无不陷之矛,不可同世而立"(《难一》),"不可陷之盾与无不陷之矛,为名不可两立也"(《难势》),是对逻辑思维中矛盾律的精神的概括陈述,揭示了传统逻辑中矛盾律的意义,即两个互相否定的判断不能同时为真,其中必有一假。韩非"矛盾之说"从理论上揭示了矛盾律的意义,使得人们对其运用更加得心应手,对后世产生了深远的影响。此后,"矛盾之说"一直是人们在论辩中揭示谬误、反驳论敌的常用

---

① 温公颐:《先秦逻辑史》,上海人民出版社 1983 年版,第 315 页。
② 张晓芒、董华、关兴丽:《先秦推类方法的模式构造及有效性问题》,《逻辑学研究》2013 年第 4 期。

方法。如魏晋时期的嵇康即将其作为驳斥论敌"两可之说"的有力武器,他指出,"矛盾无俱立之势,非辩言所能两济也"(嵇康《答释难宅无吉凶摄生论》)。此外,东汉王充、唐代刘禹锡、柳宗元等也都有对"矛盾之说"的具体应用。清人方以智更言曰:"设教之言惟恐矛盾,而天地者不妨矛盾。"(方以智《一贯问答》)。

韩非将谬误分析与法术的政治思想相结合的特点,一方面表明了谬误理论在实践应用中的重要,但另一方面,这个特点不仅妨碍了他对谬误思想的深入研究,也进一步造成了他逻辑思想的局限性。韩非将逻辑附属于他的法术思想,削弱了他对逻辑思想形式的探索。同时,韩非还以法术思想作为其判别谬误的标准,将辩说视为"无用"而与法术完全对立,拼命反对一切辩说。要实现法术,就必须止辩黜智,"坚白无厚之词章,而宪令之法息"(《问辩》)。这不仅使他不能自觉地进行逻辑学研究,进一步推动逻辑思想在中国古代的发展,而且也削弱了社会对逻辑思想进行研究的风气。"用法术改造逻辑学,是韩非逻辑的一个特点,也是一个弱点。"①

第四节 纵横家鬼谷子的谬误思想

鬼谷子其人及《鬼谷子》其书在中国古代史上都具有浓重的神秘色彩。历史上相关的传说很多,但可靠史料却很少。因而对于鬼谷子其人的真实性、《鬼谷子》一书的作者以及成书年代的问题,至今仍无定论。

《史记》中有关于鬼谷子为苏秦和张仪之师的明确记载,"苏秦者,……习之于鬼谷先生"(《史记·苏秦列传》),"张仪者,魏人也,始尝与苏秦俱事鬼谷先生"(《史记·张仪列传》)。司马迁被公认为治史比

---

① 周云之、刘培育:《先秦逻辑史》,中国社会科学出版社1984年版,第271页。

较严谨,因而其所引之史料具有较强的可信性。《隋书·经籍志》也曾记载"鬼谷子,周世隐于鬼谷"。因而本书认为,鬼谷子乃历史上之真实人物,因隐居于鬼谷之地而被称为鬼谷子。其真实姓名可能为王诩,生活于战国时期。

至于《鬼谷子》一书,有学者认为其乃后世所杜撰之伪书,实际成书于六朝时期。当然这一说法也为许多学者所反对。虽然《鬼谷子》没有被刘向的《别录》和班固的《汉书·艺文志》所著录,但是它曾被很多史书所载,如前述的《史记》,刘向的《说苑》也对《鬼谷子》做过大段引述。而且《鬼谷子》中所描写的现实、反映的思想、写作的风格等都与战国时代相符。因而,本书采用《鬼谷子》非伪书的观点,认为其成书于先秦的战国时代,"为纵横家之祖"(《四库全书总目》)。

将《鬼谷子》看作先秦古籍之后,关于《鬼谷子》一书的作者的争议问题就相对简单了。本书认同《鬼谷子》乃由鬼谷子及其弟子完成的观点。今本《鬼谷子》共二十一篇,分内篇十二篇,外篇九篇,是我们研究鬼谷子谬误思想的主要依据。

一、鬼谷子谬误思想产生的时代背景和思想倾向

战国时期,诸雄并存,各国为了争霸或生存而积极谋求扩张,烽烟不断。与此同时,人们也逐渐意识到武力斗争并不是称霸所凭借的唯一手段。而且长期的战乱使得各个诸侯国及其民众都不堪重负,因而各国非常重视战争之外的另一种斗争形式,即政治外交斗争。在当时,政治之于武力的作用越来越突出。《战国策》说苏秦"约从散横,以抑强秦","不费斗粮,未烦一兵,未战一士,未绝一弦,未折一矢,诸侯相亲,贤于兄弟。夫贤人在而天下服,一人用而天下从"(《战国策·秦一》)。依靠政治手段,大国可以获取别国的支持,增强自身实力;小国可以解除自身危机,提高生存能力。因而各国急切地招揽能够熟练运用政治谋略、具备高超游说技巧之人,以期为自己赢取政治外交上的"威"与"势"(刘向《战国策·刘向书录》)。这样的历史条件为善游说之术、重

权变之谋的纵横家的兴起和显盛提供了广阔的政治舞台。对此,《淮南子·要略》曾做过详细的论述:"晚世之时,六国诸侯,溪异谷别,水绝山隔,各自治其境内,守其分地,握其权柄,擅其政令。下无方伯,上无天子,力征争权,胜者为右,恃连与国,约重致,剖信符,结远援,以守其国家,持其社稷,故纵横修短生焉。"作为"纵横之祖",鬼谷子非常重视各国在政治外交方面的较量。在他看来,通过政治外交而非战争解决国家纷争,是治国、平天下的更为有效的途径。因而,比起得城池,他更重视对人心的争取;比起斗武力,他更重视知识和智能的巨大作用;比起争斗沙场的将领,他更重视驰骋政坛的辩士。

纵横家重视口舌,"释本而事口舌"(《史记·苏秦列传》)。据载,张仪刚刚出世时,因被诬盗楚相之璧而遭笞辱,但是张仪对此不愠不怒,唯一关心的是"舌尚在不",在他看来,只要舌在,即"足矣"(《史记·张仪列传》)。刘勰也曾评价鬼谷子"唇吻以策勋"(《文心雕龙·诸子》)。从国家来看,政治外交的顺利开展,需要精通游说技巧和能够征服人心的辩才。从个人来看,游说技巧是广大士阶层,尤其是出身卑贱的寒士施展才能、谋求官职、为政立功的首要条件。鬼谷子自身虽然一生隐居,并没有凭说服技巧去追名逐利,但他确实倡导士人要精通权谋和游说之道,从而把握人心,干预社会,立功扬名。因而游说之道确实非常重要。鬼谷子认为"说人之法"乃"万事之先"(《鬼谷子·捭阖》,以下引《鬼谷子》只注篇名),他非常注重对游说技巧的研究和传播,可以说游说是鬼谷子思想的主轴。在鬼谷子有关游说之道的论述中,包含了他的谬误思想。

二、鬼谷子有关谬误的思想

(一)鬼谷子对谬误的界定

鬼谷子没有关于谬误的明确界定,但是,既然游说是鬼谷子思想的核心,其他思想都与此相关,那么谬误思想也不例外。鬼谷子有关谬误的研究是在对游说的论述过程中展开的。凡是成功说服他人的游说,就是合理的；反之，如果游说没有实现成功说服，那么其游说过程必然有其问题所在。而妨碍游说实现其说服目的的这些问题，就是谬误。

> 不见其类而为之者，见逆；不得其情而说之者，见非。
> （《内揵》）

谬误是对成功说服的妨碍，因而要想准确理解谬误的界定，我们需要对什么是鬼谷子所说的游说进行详细考察。

游说的目的是要实现成功说服，但是与这种一般意义上的游说相比，鬼谷子的游说具有自身的特点。

首先，鬼谷子的游说理论是与其政治思想密切相关的。鬼谷子重视游说，主要是因为游说在社会政治生活中发挥着重要的作用。在鬼谷子的思想中，除了游说，还有一个重要的方面即谋略。所谓谋略是策士们为人（主要是为君主）或为己谋划的一套策略，最终是为了实现某种功利目的。无论是为了君主的治国救世而献谋，还是为了达成个人目的而施谋，都要通过游说才能实现。因而谋略的得以实施，离不开游说。另一方面，游说又是为谋略服务的。在鬼谷子看来，游说并不止于成功说服，而是更进一步，其最终目的是在成功说服基础上的"成事"，即引诱、驱使对方帮助自己实现自己的目的，"说者，说之也；说之者，资之也"（《权》）。因而在鬼谷子的思想中，游说是谋略得以"成事"所凭借的必要工具。

其次，游说最终是要使被游说者以实际行动帮助游说者"成事"，因而鬼谷子游说的重点并不在于能否在言语上取胜。他所看重的是，游说能否获得对方心理上的认同。言语上的胜利，只能使对方口服而已，这样一来，对方对自己观点的接受并非心甘情愿而是被强迫的，因而也就不可能从行动上帮助自己。赢得对方之心的游说则不同，只有对方真正从内心认同自己，他才可能接受、采纳进而实施我们的谋略。因而，鬼谷子认为，游说成功与否的关键在于能否征服人心。为此，鬼谷子非常重视"达人心之理"（《捭阖》）。他认为，"口者，心之门户也。心者,神之主也"(《捭阖》),只有真正做到"达人心之理",游说才能征服人心从而实现自己的目的。

为了保证游说的成功,鬼谷子从不同角度对各种影响因素进行了全面的考察。从游说的主客体方面来说,鬼谷子认为要提高主体的内在修养和游说技巧,要全面掌握不同客体之具体状况,如其人、其情、其心等,同时还要全面掌握游说的外在情境,如所处之国的政治、经济、外交、风俗、地理等状况。从游说的方法和技巧方面来说,鬼谷子分篇详细分析了有助于成功说服的游说方法:捭阖、反应、内揵、抵巇、飞箝、忤合、揣摩、权谋、决疑。此外,鬼谷子还分析了游说所必然借助的思维和表达的工具——逻辑和语言对游说的影响。与之相应,谬误就是对以上保证游说成功的各方面要求的错误或片面应用,"无成功者,其用之非也"(《摩》)。

(二) 谬误的具体表现和防止方法

鬼谷子的游说思想与其政治思想紧密联系,他所论及的游说对象多为君主或国家重臣,游说的内容多是国家的政治、外交、军事等有关国家治理的事宜。因而很多人凭借着游说的成功而飞黄腾达,成为达官显贵,但如果游说失败,则也可能给自己带来灾祸,"说人臣者,必与之言私。其身内,其言外者,疏;其身外,其言深者,危"(《谋》)。为了趋吉避凶,鬼谷子必然重视游说的策略和技巧,同时也重视对妨碍游说成功的谬误的研究。鬼谷子主要从言、情、思、知、利等方面分析了谬误的各种表现以及避免的方法。

第一,"言者,有讳忌也"(《权》)。

语言在人们表达思想、沟通交流的过程中具有重要的作用,但如果运用不当,也会触犯忌讳,带来灾祸。鬼谷子指出,关于这一点古代圣贤早已有所认识,"古人有言曰:口可以食,不可以言"(《权》)。如俗语说的众口铄金,形象地说明了怀有私心的语言会对即使是最正确的思想、观点造成严重曲解,"众口铄金,言有曲故也"(《权》)。因而在实际的游说过程中,游说者要扬长避短,出言小心谨慎,切不可随便。鬼谷子重点分析了语言在表达人的情感、意志等各种情绪时应该注意的谨慎态度。

鬼谷子认为,"口者,心之门户也;心者,神之主也。志意、喜欲、思虑、智谋,此皆由门户出入"(《捭阖》),语言可以表达情绪,这类言辞可以根据人的五种基本情绪分为病言、怨言、忧言、怒言、喜言,"辞言五:曰病,曰怨,曰忧,曰怒,曰喜"(《权》)。病言是气息衰弱而没有精神的语言;怨言是太过伤心而无所适从的语言;忧言是忧心郁结而不顺畅的语言;怒言是胡乱发泄而没有条理的妄言妄语;喜言是心情激动而跳跃、散漫、没有要点的语言。在游说过程中,富有情感的语言能够动人以情、打动人心,因而具有一定的说服力量。但是,情绪也具有破坏性,它会干扰人的理智的作用。如果游说者过于无精打采、悲哀、忧伤、恼怒、激动,就会扰乱理智的思考,不仅不能有效地调控对方的情绪,反而会因自己的情绪失控而易为别人所掌控。因而人的真实情感不能轻易外泄,"口者,机关也,所以闭情意也"(《权》)。有能力的游说者可以发挥语言对人的情感和意志的调控作用,从而使表达出来的情绪适度。但这不容易掌握,因而鬼谷子认为,以上五种辞言是非常态的,只能"精则用之,利则行之"(《权》),即只有在精通的基础上,碰到有利的情况时才能适当使用。

第二,"不得其情"(《内揵》)。

游说最终是要看能否成功说服对象并为自己所用,因而在游说过程中,游说对象非常关键。整个游说的过程都是以游说对象为核心而展开的。鬼谷子非常重视游说对象对整个游说成败的影响。他认为,如果不对游说对象的真实情况,尤其是内心世界进行深入了解,游说是不可能成功的,此即"不得其情而说之者,见非"(《内揵》)。

鬼谷子认为,人有个体差异性,不同的人对不同的游说内容、方式等有不同的接受度和排斥度,"夫贤不肖、智愚、勇怯、仁义有差,乃可捭,乃可阖,乃可进,乃可退,乃可贱,乃可贵"(《捭阖》)。因而游说必须首先了解不同游说对象的差异性。鬼谷子根据人在品德、性格、地位、才能等方面差异,将游说对象分为九种:智者、拙者、辩者、贵者、富者、贫者、贱者、勇者、过者。不同的对象有不同的个性特点、好恶标准以及利益追求,因而必须根据不同的情况,采取不同的方法。如对于笨拙之人,游说要简单、清楚、易懂;对于能言善辩之人,游说则要抓住重点、简单扼要,"与拙者言,依于辩;与辩者言,依于要"(《权》)。只有根据对象的不同类别进行具有针对性的游说,才能"不失其类"(《权》),取得成功;如果无视对象的差异性,只能是无的放矢的乱说,不可能取得良好的说服效果。

以上只是对游说对象的粗略认知,仅仅是认识对象的第一步。要想实现成功说服,还须对游说对象进行更为深入的了解,即"得其情"。在我们所需要了解的游说对象的所有真实情况中,鬼谷子最重视对其心理状况的探究。他认为,揣情乃"说之法"(《揣》),它直接关系到游说的成败。如果我们不能够审明对象的内在心理,不知道隐匿的思想感情及其变化情况,"揣情不审,不知隐匿变化之动静"(《揣》),而盲目游说,必"见非"。鬼谷子所说的心理状态包括人的情感、意愿、思虑等,它们隐匿难知、真假难辨,而且容易受外界影响而处在变动之中,因而最难掌握,"揣情最难守司"(《揣》)。但同时鬼谷子也承认虽然"情变于内",却总要"形见于外",我们可以"以其见者,而知其隐者"(《揣》)。也就是说,我们可以先对对象隐匿的心理加以揣测,然后通过各种方法刺激对方,使其内情得以外化,并以此来检验我们的揣测。此即鬼谷子所说的"揣之本"与"摩之术",二者结合,可以实现"达人心之理",增强游说的说服效果。

第三,"不见其类"(《内揵》)。

鬼谷子重视类在游说过程中的作用。他肯定"物类相应"(《摩》),"物归类,抱薪趋火,燥者先燃;平地注水,湿者先濡"(《摩》),因而人们可以据类以推,"摩之以其类,焉有不相应者"(《摩》)。在鬼谷子看来,类首先是人们获得正确认识的重要手段。"知类在窍,有所疑惑,通于心术,心无其术,必有不通"(《本经阴符七术·盛神》),人类认识的获得离不开感知基础上的思维作用,但是思维要发挥作用,要有一定的思维方法,"见微知类"(《反应》)和"象比"(《反应》)就是贯穿《鬼谷子》全文的思维方法。"听其辞,察其事,论万物,别雄雌。虽非其事,见微知类","欲开情者,象而比之,以牧其辞,同声相呼,实理同归。或因此,或因彼;或以事上,或以牧下。此听真伪,知同异,得其情诈也"(《反应》)。鬼谷子游说中所需要的众多信息,如有关游说对象的实情、游说的客观情境的状况等,多是通过以上的思维方法获得的,"言有象比,因而定基"(《反应》)。它们为游说者全面、准确把握信息,从而提高游说效果提供了保证。另一方面,鬼谷子将象比,即类比譬喻看作游说技巧之一而加以运用,"言有象,事有比。其有象比,以观其次"(《反应》)。运用类比说理,形象生动,增强了说服的可理解程度,提高了游说的效果。但是,这些都是以"知类"为基础的,如果不了解同类情况或者没有弄清事物的类别国学,那么其游说一定会遭到拒绝,此即"不见其类而为之者,见逆"。

第四,"量权不审"(《揣》)。

从鬼谷子思想中不难看出,鬼谷子游说的对象主要是上层统治者,游说的目的主要是使统治者接受自己有关治国救世的谋略,从而重用自己。要想自己的谋略被采用,设谋者必须明了天下大势。如果游说者对天下大势没有进行精审的衡量,不明轻重、强弱及发展趋势,"量权不审,不知强弱轻重之称"(《揣》),就不可能为国家谋划出合理的策略,也就不可能实现成功说服。

"量权"涉及的范围非常广泛,它涵盖了游说所涉及的所有外在情境。包括财物的有无、人民的多少、国家的贫富状况、地形的险易、有无谋士、君臣的亲疏关系、门客的智慧与否、天时的祸福吉凶、与别国的交往关系、民心的向背等等。

何谓量权?曰:度于大小,谋于众寡;称货财有无之数,料人民多少、饶乏、有余不足几何?辨地形之险易,孰利孰害?谋虑孰长孰短?揆君臣之亲疏,孰贤孰不肖?与宾客之智慧,孰少孰多？观天时之祸福,孰吉孰凶？诸侯之交,孰用孰不用？百姓之心,去就变化,孰安孰危？孰好孰憎？反侧孰辩？能知如此者,是谓量权。(《揣》)

这些外在情境是复杂且多变的,我们只有对其进行充分、全面的掌握并能够加以合理预测,为国计事才不容易产生偏差。因而成功的游说者,必定是知识广博、才能出众的"智囊"(《史记·樗里子列传》)。

第五,使人"失利""离害"。

任何人都有自己的利益追求,鬼谷子自身就将达成自身的目的和利益看作游说的最终目的。推己及人,鬼谷子也非常注重谋略要能为对象获取利益,避免灾祸。如果不能"求其利"(《捭阖》),反而会使对方丧失某种利益或者遭受灾害,游说都不可能成功,"有使失利者,有使离害者,此事之失"(《决》)。

此外,鬼谷子还指出,人与人之间的利害冲突决定了他们的亲疏关系,"相益则亲,相损则疏"(《谋》)。而人们总是愿意相信与自己关系亲近之人的言说,因而人与人之间的亲疏远近与游说的成功与否有着密切的关系。可见,帮助对象获取利益,从而建立亲密关系,有利于获得长期的进谏机会。

(三)避免谬误的根本要求

鬼谷子认为,要想从根本上精通各种游说技巧,避免谬误而保证成功说服,关键还在于游说者自身的修养。游说者的自我修养涉及很多方面,而其中最根本的是要实现心与道相通的精神境界。

道作为鬼谷子哲学的最高范畴,是产生万物的本原,"道者,天地之始,一其纪也。物之所造,天之所生,包宏无形。化气先天地而成"(《本经阴符·盛法》)。因而只要心能够遵循道、掌握道,就可以从根本上获得对万事万物的正确认识。游说者要做到心与道的相通,就要做到"心能得一"(《本经阴符·盛法》),即顺应自然,镇静专一。人的精神包含神、魂、魄、精、志五脏之气,只有得道才能五气旺盛,"养神之所归诸道"(《本经阴符·盛法》)。人心只有宁静专一才能体认道之理,从而使五气得到滋养。得到滋养的五气,受道的引导,可以使意志、思想、精神、道德四者和谐、旺盛,永不衰败,并向四方散发威势。人心只有宁静专一才能节制欲望。人心容易受欲望驱使而心思分散,从而不能守一养气;同时这还会影响人的思虑,妨碍人的理性思考,"志者,欲之使也。欲多,则心散。心散,则志衰。志衰,则思不达"(《本经阴符·养志》)。因而节制欲望而使思想专一,就能坚定意志,使畅通思虑,"心气一,则欲不徨。欲不徨,则志意不衰。志意不衰,则思理达矣。理达,则和通。和通,则乱气不烦于胸中"(《本经阴符·养志》)。人心只有宁静专一才能充实内在意念和思虑。人的思虑只有深远,谋略才会周详,"虑深远,则计谋成"(《本经阴符·实意》)。人心无为、内敛才能摒除杂念,静心洞察、听取,思虑才能不受堵塞,"无为而求,安静五脏,和通六腑,精神魂魄,固守不动,乃能内视反听,定志,虑之太虚,待神往来"(《本经阴符·实意》)。这样,人们就可以达到"道知"(《本经阴符·实意》),即凭道来了解一切。有了"道知",人们就可以通达神明,通晓万事万物,何来谬误呢?

三、鬼谷子谬误思想的特点分析

第一,哲学思想的倾向。鬼谷子的谬误思想是以他的道为本原和阴阳转化的哲学思想为理论基础的。道是鬼谷子哲学中产生万物的最高范畴,因而达到"道知"就可以通晓万物而从根本上避免谬误的产生。具体来说,要想精通游说技巧,实现成功说服,就必须掌握阴阳转化之理。鬼谷子认为,万事万物都具有阴阳两种性质,阴阳的互动转化构成了世界万物之变化。事物之间的阴阳变化是可以为人为力量所推动和影响的。鬼谷子将推动阴阳转化的方式称为"捭阖","捭阖者,以变动阴阳,四时开闭以化万物"(《捭阖》)。鬼谷子将"捭阖"应用到言说领域,希望通过游说实现社会政治事件的阴阳转化,从而实现自己的目的和利益。阴阳之法是鬼谷子游说理论建构的基础。如他所分的九类游说对象,实际都可归为为善、向上的阳类和为恶、卑下的阴类,如果我们按照"与阳言者依崇高,与阴言者依卑小"(《捭阖》)的方法对待他们,就不易产生谬误。另外,要想全面了解被游说者和外在情境的各种相关信息,也依赖于以"捭阖"为基础的各种言说方法。

第二,政治思想的倾向。鬼谷子的谬误思想是与其政治思想紧密相连的。首先,鬼谷子对游说理论的重视和研究,直接来源于并服务于其重视政治外交方面的较量在诸侯争霸中的重要作用的政治思想。其次,为了防止妨碍说服成功的谬误发生,鬼谷子要求对游说的对象及其具体实情、游说的外在情境的详细状况进行周密的考察。而在鬼谷子有关游说的论述中,其说服的对象多为君主、重臣等上层统治者;说服的内容主要是为统治者治国救世出谋划策。因而为了防止谬误,鬼谷子必须对所游说国家的内政、外交、军事等政治思想有明晰的了解,而且要具有一套独特的、能够有效巩固统治的政治思想。因而在鬼谷子的游说思想中,包含着他的内政、外交和军事思想。

第三,心理学思想的倾向。鬼谷子的游说理论以达成自己的目的和利益为最终目标,因而其游说是要获得对方心理上的认同。为了赢得对方的内心,首先需要对对方的内心状况有深入的了解,实现"达人心之理"。但是人的内心是隐匿的、变化的,真假难辨,因而鬼谷子的谬误思想中,非常重视对人的心理的研究。他详细分析了人之心理的组成以及如何运用揣、摩加以探明的方法,包含了丰富的心理学思想。

四、鬼谷子谬误思想的影响

鬼谷子被看作纵横家之祖。从理论上看,其著作不仅开创了纵横家的理论体系,更是唯一保存至今的纵横家的思想著作,对之后的人们进行纵横家思想研究具有重要意义。从实践上看,鬼谷子的思想,包括其谬误思想,重实用,具有很强的操作性,为纵横家们的实践提供了具体的指导。这在很大程度上推动了纵横之兴,以至于当时"天下方务于合纵连横,以攻伐为贤"(《史记·孟子荀卿列传》)。纵横家如苏秦、张仪、陈轸、公孙衍等在当时非常受重视,被认为"一怒而诸侯惧,安居而天下熄"(《孟子·滕文公下》),掀起了中国历史舞台上"合纵""连横"的风云变化。《战国策》中就详细记录了很多可以与鬼谷子思想相印证的游说实践。

中国历代对鬼谷子和纵横家的评价褒贬不一。有的学者从正统的儒家仁义道德思想出发,对鬼谷子的功利思想进行了批判。鬼谷子重利,他的游说理论是围绕着谋取个人利益这一最终目的而展开的,为了达到目的,可以采用多种手段。是否达到目的是判断游说成功与否的唯一标准。同时,利也是影响游说能否成功的因素之一,在游说过程中,如果使对方"失利""离害"就会造成游说失败。正是这种对热衷名利的直言不讳,使得鬼谷子和纵横家背负了诸多骂名。如孟子评价他们的思想为"妾妇之道"(《孟子·滕文公下》);荀子将他们视为对国家危害最大的"态臣",主张"用态臣者亡","态臣用则必死"(《荀子·臣道》);柳宗元认为"其妄言乱世,难信,学者宜其不道"(柳宗元《辩鬼谷子》)。

但是,鬼谷子思想有其重要的学术价值,这也得到了众多学者的肯定。如刘勰评价道:"暨战国争雄,辩士云涌,纵横参谋,长短角势。《转丸》聘其巧辞,《飞钳》伏其精术。一人之辩,重于九鼎之宝;三寸之舌,强于百万之师。六印磊落以佩;五都隐赈而封。"(《文心雕龙·论说》)鬼谷子谬误思想的学术价值,最突出地表现在修辞学方面。鬼谷子非常重视游说对象、游说过程中言辞的使用对游说的影响。他认为对不同的游说对象应采用不同的游说方法,游说时,言辞应有所"讳忌",避免使用不当,而且为了增加说服力量,言辞应该进行适当剪裁、修饰,"饰言者,假之也;假之者,益损也"(《权》)。这些都表明了鬼谷子谬误思想的修辞学特点。虽然先秦各家都有重视修辞的传统,但是鬼谷子是唯一对此进行系统、详细论述之人,因而成为先秦多元化谬误思想中独具色彩的一环。

第五章

秦汉时期对先秦谬误思想的发展与总结

先秦时期的儒、墨、名、法、杂诸家都对名辩谬误论的发展做出了贡献。秦汉之际,《吕氏春秋》和《淮南子》进一步阐发了名辩谬误论,对名辩思想进行了总结。

第一节 《吕氏春秋》的谬误思想

吕不韦(约公元前300—前235年),战国末期卫国濮阳人。在其任秦相国期间,吕不韦组织他的门客编写了《吕氏春秋》一书。《吕氏春秋》,又称《吕览》,全书分为八览、六论、十二纪,一百二十篇,共计二十余万言。该书在秦国文化中占据权威地位,是研究此时期谬误思想的主要资料。

一、《吕氏春秋》谬误思想产生的时代背景和思想倾向

战国末期,随着生产力的不断提高,实现社会大一统的条件已日渐成熟。春秋战国时期的长期征战,给国家和人民带来了严重的灾难,

"战者,国之残也"(《战国策·齐策》),"争地以战,杀人盈野;争城以战,杀人盈城"(《孟子·离娄》)。至战国中后期,人们对统一的渴望愈来愈强烈,"今夫天下之人牧,未有不嗜杀人者也。如有不嗜杀人者,则天下之民皆引领而望之矣。诚如是也,民归之,由水之就下,沛然谁能御之"(《孟子·梁惠王》)。战国末期,各诸侯之间势均力敌的状况有所改变。秦国自秦孝公任用商鞅、实行变法之后,实力大大增强。秦赵之间的长平之战中,秦灭赵国 40 万军队。此后,秦国日益强大,其他六国日渐衰微而无力与其抗衡,秦国逐渐成为七雄之首而呈现出统一天下之势。

与政治上的统一趋势相应,春秋战国时期思想上的百家争鸣局面也日渐弱化。此时,荀子、韩非等学者为齐整百家异说所做的努力,促进了各种思想之间的交融、过渡而使之逐渐呈现出统一的特点。《吕氏春秋》便是这种思想交融的典型代表。它以黄老道家之学为主旨,兼收并蓄了先秦各派学说,对先秦的名辩思潮进行了系统的批判总结。《汉书·艺文志》评价其"兼儒墨,合名法",因而将其列为杂家;高诱《吕氏春秋·序》也说它是"汇儒墨之恉,合名法之源"。吕不韦作为秦相国,其组织编写《吕氏春秋》与其政治目的是分不开的。在《吕氏春秋·序意》篇中,吕不韦明确指出,"良人请问十二纪。文信侯曰:尝得学黄帝之所以诲颛顼矣,'爰有大圜在上,大矩在下,汝能法之,为民父母。'盖闻古之清世,是法天地。凡十二纪者,所以纪治乱存亡也,所以知寿夭吉凶也。上揆之天,下验之地,中审之人,若此则是非可不可无所遁矣"。可见,吕不韦是要通过《吕氏春秋》,"备天地万物古今之事"(《史记·吕不韦列传》),为秦统一天下、治理国家提供理论思想武器和是非标准。[①]《吕氏春秋》一方面保存了先秦名辩思想的许多珍贵资料,另一方面对先秦名辩思想有所继承和发展。《吕氏春秋》对先秦谬误思想的发展主要表现在对言、意、行、实一致性关系的探讨,对正名理论的发挥,类推或然性问题的提出及分析等方面。

---

① 周云之、刘培育:《先秦逻辑史》,中国社会科学出版社 1984 年版,第 274 页。

二、《吕氏春秋》有关谬误的思想

(一)《吕氏春秋》对谬误的界定及分类

在谬误方面,《吕氏春秋》也继承了先秦的名辩谬误思想,对谬误的讨论亦主要集中在名和辩两个方面。在名的方面,《吕氏春秋》主要继承并发展了儒家的正名思想,将主要围绕名实关系的讨论扩展为对言、意、行、实之间关系的研究,强调四者的统一,并将四者不合之谬误称为"悖""离"。

> 言意相离,凶也。(《吕氏春秋·离谓》,下引《吕氏春秋》只注篇名)

> 鉴其表而弃其意,悖。(《离谓》)

> 凡言者以谕心也。言心相离,而上无以参之,则下多所言非所行也,所行非所言也。言行相诡,不祥莫大焉。(《淫辞》)

《吕氏春秋》认为,四者的悖、离将会带来极大的危害,因而主张正名审分,从而清除"可不可而然不然,是不是而非不非"的"淫说"(《正名》)及其危害,防止"名丧"(《正名》)的产生,保证言、意、行、实四者的确定性和统一性。在辩的方面,《吕氏春秋》重点分析了类推这一辩说方法,认为"类固不必可推知"(《别类》),因而考察了在据类以推过程中可能发生的谬误,并对谬误发生的原因以及如何提高结论的可靠性问题都进行了一定的分析。

(二)《吕氏春秋》对名的谬误的具体分析

1.《吕氏春秋》论"悖""离"及其具体表现

《吕氏春秋》继承并发挥了先秦正名传统,认为名是实的反映,同时也是构成言的基本单位,言又是用来表达思想的,"言者以谕意"(《离谓》),人们的行为依赖于思想的指导。因而《吕氏春秋》对名的谬误的分析,不仅仅局限在名与实的一致性上,而是将讨论的范围扩展到言、意、行、实四者的一致性与确定性上,强调避免四者的相悖、相离,实现

"通意之悖,解心之缪"(《有度》)。

第一,"言意相离"。

《吕氏春秋》多次阐明,言辞是表达思想的思维方式,如"言者以谕意","夫辞者,意之表也"(《离谓》),"凡言者以谕心也"(《淫辞》)。离开言辞,人们无法表达客观事物,无法进行思想的交流与沟通,"非辞无以相期"(《淫辞》)。言辞如果不能正确地表达思想,人们同样无法进行有效的沟通与交际。因而对于言谈者而言,言辞不能"谕意""谕心",或者言辞因其意义的不确定而不能准确地表达思想,或者言者故意"欺心"(《淫辞》),即故意使言辞与其所想不一致,从而使听者不能明白言者的思想,就会造成"言意相离"的谬误,《吕氏春秋》称这种言辞为"桥言","听言而意不可知,其与桥言无择"(《离谓》)。对于听者而言,不仅要理解言者的言辞,更重要的是通过言辞真正理解言者的思想,听其言而知其意。如果听者只注重言辞而忽视其所表达的真正意思,也会造成"言意相离"的谬误,"鉴其表而弃其意,悖"(《离谓》)。

言意相离,不仅不利于思想交流,会造成社会交往的障碍,而且会造成言实不符,"言意相离,凶也。乱国之俗,甚多流言,而不顾其实"(《离谓》),以及言行不一,给社会带来危害,"言心相离,而上无以参之,则下多所言非所行也,所行非所言也。言行相诡,不祥莫大焉"(《淫辞》)。

第二,言、意与实之不符。

在言实关系上,《吕氏春秋》主要讨论了名和实的关系。虽然正名问题是先秦各思想家所首要关注的问题之一,但名不当实、名实相乱的现象仍然大量存在,"刑名异充,而声实异谓"(《正名》),主要表现为以下几种:

其一是关于"不求其实"。

《吕氏春秋》认为,名实不符谬误的最重要的一个表现就是淫说诡辩,"使名丧者,淫说也"(《正名》)。诡辩者只是玩弄言辞,互相诋毁,根本不注重言谈与实际是否相符,"天下之学者多辩,言利辞倒,不求其实"(《察今》)。就像有人想要牛却说马,想要马却说牛,"求牛则名马,求马则名牛"(《审分》),不仅他想要的得不到,还会造成牛、马之名的混乱,造成"名不正"的谬误,"所求必不得矣,……牛马必扰乱矣"(《审分》)。宋国有个叫澄子的人,丢了件黑色的衣服,便去路上寻找,结果见一人穿黑色的衣服,明知不是自己的也硬要寻回。"昔吾所亡者,纺缁也;今子之衣,禅缁也。以禅缁当纺缁,子岂不得哉?"(《淫辞》)的言论实乃只求"黑衣"之名而不求"黑衣"之实的诡辩,因而被《吕氏春秋》列为"淫辞"之列。

《吕氏春秋》的正名思想不仅有其逻辑意义,同时也具有为政权服务的政治意义。它认为社会混乱的根源就在于"名不正"的谬误,"凡乱者,刑名不当也","名正则治,名丧则乱"(《正名》)。因而它重点分析了普遍存在于在社会政治领域内的与"以牛为马、以马为牛"(《审分》)相类同的名实相悖现象。"夫说以智通,而实以过悗;誉以高贤,而充以卑下;赞以洁白,而随以污德;任以公法,而处以贪枉;用以勇敢,而堙以罢怯,此五者,皆以牛为马、以马为牛,名不正也"(《审分》),《吕氏春秋》认为,百官应该端正名爵,区别职责,并以此来实施赏罚,但实际中存在以下五种现象:说一个人明智通达,而实际却愚蠢糊涂;说一个人高尚贤德,实际却很卑下;说一个人品质高洁,实际却表露出污浊的德性;因秉公执法而得以任命的人,实际做事却贪赃枉法;因勇敢而获任用的人,实际却非常怯懦。这五种现象跟"以牛为马、以马为牛"的诡辩一样,不仅"白之顾益黑,求之愈不得者"(《审分》),更会造成百官混乱悖逆,从而导致国家危亡,"故名不正,则人主忧劳勤苦,而官职烦乱悖逆矣。国之亡也,名之伤也,从此生矣"(《审分》)。

其二是关于只知其名而不知其实。

名依实而生,是对实的反映,但名一旦产生又有其相对独立性,这就造成有的人只知其名而不知其实,因而造成名实相悖。

尹文见齐王,齐王谓尹文曰:"寡人甚好士。"尹文曰:"愿闻何谓士?"王未有以应。尹文曰:"今有人于此,事亲则孝,事君则忠,交友则信,居乡则悌。有此四行者,可谓士乎?"齐王曰:"此真所谓士已。"尹文曰:"王得若人,肯以为臣乎?"王曰:"所愿而不能得也。"尹文曰:"使若人于庙朝中深见侮而不斗,王将以为臣乎?"王曰:"否。大夫见侮而不斗,则是辱也,辱则寡人弗以为臣矣。"尹文曰:"虽见侮而不斗,未失其四行也。未失其四行者,是未失其所以为士一矣。未失其所以为士一,而王以为臣,失其所以为士一,而王不以为臣,则向之所谓士者,乃士乎?"王无以应。(《正名》)

齐闵王说自己喜欢"士",但当被问及什么样的人算"士"的时候,却"未有以应",因而齐闵王是"知说士,而不知所谓士"(《正名》)。这导致他在任用人才的时候,并没有真正做到他所说的以"士"为标准,陷入对具有"士"的条件的人一会儿任用,一会儿不任用的矛盾。

其三是关于言辞之"类是而非"。

言辞中存在大量一词多义或同音异义的情形。在不同的语境中所使用的同形或同音的言辞可能具有不同的意义,如果把不同的意义相混淆,就会造成名实不符。

鲁哀公问于孔子曰:"乐正夔一足,信乎?"孔子曰:"昔者舜欲以乐传教于天下,乃令重黎举夔于草莽之中而进之,舜以为乐正。夔于是正六律,和五声,以通八风,而天下大服。重黎又欲益求人,舜曰:'夫乐,天地之精也,得失之节也,故唯圣人为能和。乐之本也。夔能和之以平天下,若夔者一而足矣。'故曰'夔一足',非'一足'也。"宋之丁氏,家无井而出溉汲,常一人居外。及其家穿井,告人曰:"吾穿井得一人。"有闻而传之者曰:"丁氏穿井得一人。"国人道之,闻之于宋君。宋君令人问之于丁氏,丁氏对曰:"得一人之使,非得一人于井中也。"求能之若此,不若无闻也。(《察传》)

"夔一足"既可以指夔只有一只脚,也可以指"若夔者一而足矣",即像夔这样的人,有一个就足够了。根据语境,传闻的"夔一足"应该指的是后者。鲁哀公没有深入考察事物的常理,误将"夔一足"理解为夔只有一只脚,造成名实相悖。同样的道理,"穿井得一人"既可以指"得一人之使",即挖井时得到一个人使唤,也可以指"得一人于井中",即从井里挖到一个人。丁氏本义是指前者,国人却将其误认为后者,造成了名实相悖。

另外,史书在记载、传承过程中,也有可能将笔画相近的字混淆。

子夏之晋,过卫,有读史记者曰:"晋师三豕涉河。"子夏曰:"非也,是己亥也。夫'己'与'三'相近,'豕'与'亥'相似。"至于晋而问之,则曰"晋师己亥涉河"也。(《察传》)

"己亥"与"三豕"字形相近,因而读史记的人将"己亥"误为"三豕",造成名实不符。

因为言意是相互联系的,言是对意的表达,因而在名实不符、言实不符中也包含着意与实不相符的问题。只有言、意都与实相符,才能避免谬误的产生。

第三,言、意与行之"悖"。

意通过言表达,因而言、意与行之"悖",主要表现为言、行之间关系的悖逆。《吕氏春秋》认为,言与行、言与言、行与行之间都应保持一致,否则就会造成言与行、言与言以及行与行之间的矛盾。如有人主张"偃兵",但实际却是始终在"用兵","今世之以偃兵疾说者,终身用兵而不自知悖"(《荡兵》),此为言行相悖。再如有人所说的言辞自身包含着矛盾,"齐人有淳于髡者,以从说魏王。魏王辨之,约车十乘,将使之荆。辞而行,有以横说魏王,魏王乃止其行"(《离谓》)。"合纵"之术与"连横"之术是两相反对的,淳于髡对二者同时肯定,使得其言自相矛盾,此即言与言之悖。《吕氏春秋》在论述教与学的道理时指出,不善于学习的人"问事则前后相悖"(《诬徒》),此为行与行之悖。

2.《吕氏春秋》论"正名审分"

《吕氏春秋》反对言、意、行、实四者的相离、相悖,而主张四者的一致,即"信",并为这种人事上的一致性、确定性要求从客观世界寻找到一定的基础,"天地之大,四时之化,而犹不能以不信成物,又况乎人事?"(《贵信》)"以天地、四时运行变化中的某种一致性和确定性('信')作为人事上'信'的依据,这可说是对言、意、行、实的一致性和确定性的客观基础的一种探求。"①也正是因为对客观世界基础作用的重视,在言、意、行、实四者中,《吕氏春秋》非常注重实,肯定实对言、意、行的决定作用。其正名思想就是从实出发,以客观事物为依据对名加以考察、审核。

取其实以责其名,则说者不敢妄言。(《审应》)

按其实而审其名,以求其情;听其言而察其类,无使放悖。(《审分》)

正名就是要以实审名,按照客观事物的实际情况和类别去审察名,防止名实相悖。

《吕氏春秋》认为正名与国家治乱直接相关。因而它所谓的"正名审分"不仅是正名实之名,审名实之分,而且还要正百官之名,审百官之职。百官各有其名爵,相应亦各有其职责,按照其官职及其职责做事,就可以实现名实相符。《吕氏春秋》主张"君道无知无为"(《任数》),做事的是臣子,"为者,臣道也"(《任数》)。无为、守静的君主要想很好地驭使臣下,关键在于"正名审分","至治之务,在于正名"(《审分》)。《吕氏春秋》将"正名审分"比喻为治理国家、驾驭臣下的"缰绳","正名审分,是治之辔已"(《审分》)。只有审定君臣的名分,国家才能安定,"凡人主必审分,然后治可以至,奸伪邪辟之途可以息,恶气苛疾无自至"(《审分》);否则,就会驾驭不得法,百官混乱悖逆,国家危亡,"不审名分,是恶壅而愈塞也"(《审分》)。

---

① 温公颐、崔清田主编:《中国逻辑史教程》(修订本),南开大学出版社 2001 年版,第 148 页。

(三)《吕氏春秋》对辩的谬误的具体分析

1.《吕氏春秋》论"辩必中理"

辩是人们分辨是非长短的工具,没有辩,就会是非不定,"辩说去之,终无所定论"(《振乱》)。为了定是非、免疑惑而进行的论辩,其本身也必须遵守一定的规则和标准,违反规则和标准的错误之论辩,不可能辨明是非、解除疑惑。《吕氏春秋》认为,这个标准就是"理","理也者,是非之宗也"(《离谓》),正确的辩必须"中理""当理"。

  凡君子之说也,非苟辨也;士之议也,非苟语也。必中理然后说,必当义然后议。(《怀宠》)

  辩而不当理则伪,知而不当理则诈。(《离谓》)

《吕氏春秋》所论之"理",一方面以自然和社会的客观存在为基础,指的是事物按其本然之"性"而发展的必然性,"性者,万物之本也,不可长,不可短,因其固然而然之"(《贵当》)。因而,辩必"中理",即要以自然和社会实际为依据,"缘物之情及人之情以为所闻"(《察传》)。另一方面,《吕氏春秋》经常将理和义连用,如"必中理然后说,必当义然后议";"必中理然后动,必当义然后举"(《不苟》);"不知理义,生于不学"(《劝学》);"为师之务,在于胜理,在于行义"(《劝学》);"察而以达理明义,则察为福矣"(《不屈》)。这表明,《吕氏春秋》所说的理有封建道义、礼义之义。

《吕氏春秋》以是否"中理""当理"为标准,对先秦时期各家的辩论,进行了一定的分析,对"辩而不当理"的诡辩进行了批判,其中尤以对名家的代表人物邓析、惠施、公孙龙等的名辩学说的批判为最。《吕氏春秋》认为其并不是为了辨明是非长短、追求真理,而仅仅是为了争辩而争辩。在争辩中,论辩双方"人以自是,反以相诽"(《察今》),皆以自己为对,言谈锋利,互相诋毁,不以求实为目的而是将战胜对方、取得论辩的胜利为唯一目的,"言利辞倒,不求其实,务以相毁,以胜为故"(《察今》)。《吕氏春秋》非常反对这种不"中理""当理",仅仅玩弄辞句,凭借巧妙的言辞强词夺理而让人难以驳倒的"辞胜",认为它们既不合事物之理,也不符合道义,"察士以为得道则未也,虽然,其应物也,辞难穷矣"(《不屈》)。《吕氏春秋》称这种辞胜于理的辩说为"淫学流说"(《知度》),并对其中的一些著名辩论进行了分析。

《吕氏春秋》记载并批判了邓析的"两可"说,认为其"以非为是,以是为非,是非无度,而可与不可日变"(《离谓》)。这种"是非无度"的诡辩,使邓析想让人赢官司就能赢,想让人获罪就能获罪,"所欲胜因胜,所欲罪因罪"(《离谓》),最终使"郑国大乱"(《离谓》),因而统治者如果"欲治其国",必须"诛邓析之类",否则只能使国家"欲治而愈乱也"(《离谓》)。

《吕氏春秋》对公孙龙亦进行了批判。公孙龙根据秦赵所达成的契约"秦之所欲为,赵助之;赵之所欲为,秦助之",以"赵欲救之(魏),今秦王独不助赵,此非约也"来反驳"秦欲攻魏,而赵因欲救之,此非约也"(《淫辞》)这一秦国对赵国的非难。这一手法跟邓析的"两可"说性质相同,都是"是非无度"的表现。《吕氏春秋》还批驳了公孙龙"臧三耳"的辩题,认为它是强词夺理而不求实的表现。这类辩题,只需与客观实际相对照,即知其乃是"空言虚辞"(《知度》),不值一信,"谓臧三牙甚难而实非也,谓臧两牙甚易而实是也。不知君将从易而是者乎,将从难而非者乎?"(《淫辞》)

此外,《淫辞》篇对"失其所对"的诡辩亦进行了分析和批判。

> 荆柱国庄伯令其父视日,曰"在天";视其奚如,曰"正圆";视其时,曰"当今"。令谒者驾,曰"无马"。令涓人取冠,曰"进上"。问马齿,圉人曰"齿十二与牙三十"。(《淫辞》)

庄伯令其仆人"视日",实际是想知道太阳的早晚,结果仆人却回答"太阳在天上";让看看太阳什么情况以知道时间的早晚,结果仆人回答"太阳正圆";让看看什么时辰,却回答"就是现在"。让"谒者"通知赶马人备驾,他却回答"没有马"。让"涓人"清理湿处使之干燥,他却以为让其取冠而回答说"呈上去了"。问圉人马齿的状况以知道马的年龄,圉人却回答"马有门牙十二颗,加上槽牙共三十颗"。以上这些都是因为仆人没有理解庄伯问语的真正语义,所以其回答"失其所对",这是对《墨辩》"通意后对"的反面例证说明。

2."类固不必可推知"的提出及具体分析

类推是中国古代论辩中使用最多也最重要的论辩方法,先秦时期论辩过程中所使用的推论多为类推。《墨辩》指出了类推过程中的各种复杂情况,表明如果仅仅依据形式对其加以简单套用,就很容易造成谬误。继《墨辩》对类推谬误的深入分析之后,《吕氏春秋》从物类的复杂性及其变化性出发,归纳出"类固不必可推知"的主张,明确指出了类推的或然性问题。

> 物多类然而不然,故亡国戮民无已。夫草有莘有藟,独食之则杀人,合而食之则益寿。万堇不杀,漆淖水淖,合两淖则为蹇,湿之则为干。金柔锡柔,合两柔则为刚,燔之则为淖。或湿而干,或燔而淖,类固不必,可推知也?(《别类》)

《吕氏春秋》认为,造成"类固不必可推知"的原因,主要有两个方面:

第一,物类本身的多样性和复杂性。

世界上的事物千差万别,其类别亦是多种多样,"万物殊类殊形"(《圆道》)。很多事物看似属于某一类别而实际上并非如此。即使是同一事物在不同的条件、场合下也可能具有不同的性质,发挥不同的作用,因而事物类别的归属也不是固定不变的。就像莘和藟两种毒草,单独食用会致人死亡,合在一起食用则能益寿;单独的漆和水都是流体,将其混合则会凝固;纯铜和纯锡质地柔软,将二者混合之后硬度就会增大,如果再加热,又会变为流体。再者,有些事物表面上看起来好像仅仅是同类事物之量上的差别,实际却是不同类事物之质的不同。"偏枯",即偏瘫和死分属不同类别,因而治疗偏瘫的药无论如何加倍使用,都不可能使人起死回生,"物固有可以为小,不可以为大,可以为半,不可以为全者也"(《别类》)。因而,推类的过程不可能都按照一个固定的模式进行。就像我们可以说小方形属于大方形一类,小马属于大马一类,但如果由此模式得出,小聪明属于大聪明一类,就会造成谬误,"小方,大方之类也;小马,大马之类也;小智,非大智之类也"(《别类》)。

第二,人的认识能力的相对性和局限性。

从个人来说,人的认识总是受到其自身的认知水平、立场、情感等众多因素的制约,容易造成认识的片面性。正如一个只向东面观望的人,无论如何是看不见西面的墙的;总向南看的人,也不可能看见北方的东西,"东面望者不见西墙,南乡视者不睹北方,意有所在也"(《去尤》)。再比如,同样是黄白所铸之剑,有人以"白所以为坚也,黄所以为韧也,黄白杂则坚且韧"(《别类》)为由,认为此剑为"良剑";而有人则以"白所以为不韧也,黄所以为不坚也,黄白杂,则不坚且不韧也"(《别类》)为由,认为此剑为坏剑。这就是双方只看到问题的一个方面而造成认识的片面。还有的人在认识过程中"好小察,而不通乎大理"(《别类》),如高阳应穿凿小道理,使木匠"无辞而对"而按其所说盖房子,结果"室之始成也善,其后果败"(《别类》)。从全体人类来看,人的认识受其所处的历史条件的制约,总有其局限性和相对性。人的感觉和理性认知并不是绝对完善的,总是受一定条件的制约,即"目固有不见也,智固有不知也,数固有不及也"(《别类》),因而事物总有人们所不能认识、不能解释之处,对此我们只能顺应自然规律,而不能主观妄加臆测,否则就会造成谬误,"不知其说所以然而然,圣人因而兴制,不事心焉"(《别类》)。

为了防止推类过程中的谬误,提高其可靠性,《吕氏春秋》特别重视"察"这一范畴。它以"察"为中心,对改善推类的一系列方法进行了讨论。

关于"察类"。推类以事物的类同为基础,只有正确认识事物的类别,才有可能避免谬误的产生,"听其言而察其类,无使放悖"(《审分》)。

物类本身的复杂性和多样性,需要我们对事物的类别关系仔细辨察,不要"得其细,失其大"(《达郁》)而"不知类"。

关于"察故"。事物的所以然之故是事物的更为本质东西。"凡物之然也,必有故。而不知其故,虽当,与不知同,其卒必困"(《审己》),只知其然而不知其所以然,还不能称为真正的"知"。以此进行类推,必然会造成种种困难。

关于"中理"。理是事物的规律,辨察事物如果"不通大理",只能是"小察",并不能掌握真理。由此所进行的推理也就不仅不能成立,即"辩而不当理则伪"(《离谓》),还会迷惑愚人,成为坏事,"察而以达理明义,则察为福矣。察而以饰非惑愚,则察为祸矣"(《不屈》)。

三、《吕氏春秋》谬误思想的特点分析

第一,哲学思想的倾向。《吕氏春秋》的正名思想是建立在其唯物主义的哲学思想之上的。《吕氏春秋》认为,世界上的事物各有不同,各处其位,不同的事物有不同的名称,"万物殊类异形,皆有分职,不能相为"(《圆道》)。因而,《吕氏春秋》的正名,要求"按其实而审其名""听其言而察其类"(《审分》),即名要根据事物的实际情况来考察,有什么实,就命什么名。

第二,政治思想的倾向。《吕氏春秋》对谬误思想的讨论离不开吕不韦为封建君主提供理论武器的政治意图。《吕氏春秋》讨论名的谬误的最重要的原因,是名不正对国家治理具有极大的破坏力,"名不正,则人主忧劳勤苦,而官职烦乱悖逆矣,国之亡也"(《审分》)。因而《吕氏春秋》的"正名审分"更侧重于其政治意义。正名正的是百官之名,审分审的是百官之职。"正名审分,是治之辔已"(《审分》),君主只要掌握这两个方面,就可以控制群臣,实现"君道无为"。《吕氏春秋》对名家辩士的批判,同样也是服务于统治阶级的政治需要。因而《吕氏春秋》谬误思想的出发点和最终目的都与吕不韦的政治思想直接相关。

四、《吕氏春秋》谬误思想的影响

《吕氏春秋》将先秦各派学说、思想兼收并蓄,并对它们进行了系统的总结和发展。《吕氏春秋》对我国古代谬误思想的发展,主要表现在以下两个方面。

第一,《吕氏春秋》将先秦传统的正名思想的讨论范围加以扩展,从强调名实一致延伸到要求言、意、行、实四者的一致性与确定性上。《吕氏春秋》对这四者的讨论,表明其不仅注意到名言的指谓性,还涉及了名言的交际性和规范性。对言、意、行、实四者不相背离的要求,是对正确思维、表达和行动的保证,从而避免思维的混乱、社会交际和思想交流的困难以及行为上的错误。

第二,明确提出了"类固不必可推知"的重要思想,集中地讨论了推类的或然性问题。类推是中国古代的主要推理类型,先秦思想家们意识到了据类以推过程中的各种复杂情况,并进行了具体的分析,以避免谬误的产生。但唯有《吕氏春秋》明确了推类的或然性,集中、系统地阐述了推类的各种错误、产生错误的各种原因以及提高推类可靠性的途径和方法。这不仅推动了推类的发展,而且深化了中国古代的谬误研究。此外,还显示出了中国古代有关归纳逻辑思想的萌芽。《吕氏春秋》对类推谬误的分析要求人们"要看到事物的多样性和复杂性,要看到现实界大量相似而不相类的现象,这多少把人们的注意力引导去深入考察各个具体的事物。从某种意义上说,我们可以把它看作是为强调归纳逻辑而进行着的一种呐喊"①。这一思想对以后的《淮南子》产生了重要影响。

另外,《吕氏春秋》对先秦思想的批判与总结,记录了先秦思想家们的许多言论和事实,保存了先秦时期的许多宝贵史料。这在一定程度上弥补了许多古籍文献不传的遗憾,为我们研究先秦思想家们的谬误和逻辑思想提供了重要依据。

---

① 周文英:《中国逻辑思想史稿》,人民出版社 1979 年版,第 49 页。

第二节 《淮南子》的谬误思想

刘安(约公元前179—前122年),汉高祖刘邦之孙,袭封其父刘长为淮南王。《淮南子》,又称《淮南鸿烈》,即由刘安组织其门客编纂而成。据载,《淮南子》分"《内书》二十一篇,《外书》甚众,又有《中篇》八卷"(《汉书·淮南衡山济北王传》)。但《外书》和《中篇》已佚,今本《淮南子》仅存《内书》二十一篇。《淮南子》对先秦各家思想有所取舍,并吸收了秦汉之际的新思想,自成体系,是研究西汉初期谬误思想的主要资料。

一、《淮南子》谬误思想产生的时代背景和思想倾向

西汉之初,人们对难得的和平与安定非常珍惜。面对社会经济凋敝至极,生活资料严重匮乏的状况,人们最大的希望是能尽快恢复生产。因而汉初统治者实行的是以黄老哲学思想为指导的休养生息政策。经过几十年的努力,到汉武帝时期,社会经济已得到明显发展,国力增强,人们生活得以改善。与之相应,许多社会矛盾亦开始显露。国内政治的主要矛盾是由建国之初上层统治者内部的权益纷争而发展出来的中央和各诸侯王之间的矛盾。此时黄老清静无为的思想已不能适应中央统治者的需要。为此,汉武帝采取了董仲舒"罢黜百家,独尊儒术"的主张,为政治上中央集权的强化做思想理论上的准备。作为诸侯王的刘安则与之相对,他仍然坚持汉初实行的黄老道家之学,认为其乃是"大通"(《淮南子·诠言训》,下引《淮南子》只注篇名)之学,是我们应该坚持的:"圣道"(《修务训》);反观儒学,则只是"俗世之学"(《俶真训》),因而主张"以道黜儒"。

由于长年战乱以及秦始皇的"焚书坑儒",在西汉建立之初,先秦的典籍、史书等几乎一无所存。国家的建设离不开意识形态的指导,因而

自建国之初,西汉统治者便开始组织寻找、整理先秦文献,追寻先秦文化传统,引发了汉初诸子学的复兴。《淮南子》便是这一复兴的产物。此时,先秦诸子各家学说日益融合,《淮南子》就是以道家思想为主旨,综合儒、墨、名、法诸家思想,"百家之言,指奏相反,其合道一体也"(《齐俗训》)。

《淮南子》在继承先秦思想的同时,还广泛吸收了当时社会在天文、礼法、医学等自然科学方面的最新成果,着重于解决当时许多具体的自然与社会的实际问题。刘安编《淮南子》这一"道术之书",是为"论天下之事"(《论衡·谈天》)。因而,与当时诸子学复兴的复古倾向相反,《淮南子》反对厚古薄今,主张不能完全"法古""循旧"(《氾论训》),它更重视通过对具体事例的观察研究来解决具体的实际问题。但是具体的实际问题,无论是自然还是社会问题,总是纷繁复杂的,因而它认为要想对此获得较为全面、准确的认识,除了观察,还必须能够"规虑揣度",即具备一定的逻辑思维能力,"凡人之举事,莫不先以其知规虑揣度,而后敢以定谋,其或利或害,此愚智之所以异也"(《人间训》)。因而,《淮南子》非常重视推理,尤其是推类在"论天下之事"中的重要作用。《淮南子》对谬误的研究,亦主要集中于因"不知类"(《说林训》)而造成的名实不符和对"不可必推"(《说林训》)之类的强推谬误。

二、《淮南子》有关谬误的思想

《淮南子》对谬误的讨论,主要集中在对正名和"类不可必推"思想的论述中。

(一)《淮南子》论名实不符之谬误

《淮南子》的正名思想,基本上只是综合了先秦诸子的一些相关观点。它主张按照"循名责实"(《主术训》)的要求去实现"名实同居"(《原道训》),将名实不符的谬误称为"蔽","名过其实者蔽"(《缪称训》)。其具体表现为以下几种:

第一,只取名而不取实。

《淮南子》重视对具体事物的实际认识,因而对事物的认识,如果仅仅停留在知事物之名而不知其所指之实的层面上,就不能真正做到名实相符。

> 问瞽师曰:"白素何如?"曰:"缟然。"曰:"黑何若?"曰:"黮然。"授白黑而示之,则不处焉。人之视白黑以目,言白黑以口,瞽师有以言白黑,无以知白黑,故言白黑与人同,其别白黑与人异。(《主术训》)

盲人对于颜色,如白与黑,只是知其名而已,他们不可能对白、黑形成实际的认知,也不可能对白、黑的实际事物加以区分。不能对事物加以实际的辨别,就不能算是对白、黑的真知。《淮南子》认为,名言只是实之附,"非以求名,而名从之"(《缪称训》)。不以实际经验为依据的名言,徒有其名而无其实,是"眩于名声,而寡察其实"(《主术训》)的诡辩。

第二,名同实异和名异实同。

> 或谓冢,或谓陇,或谓笠,或谓篓。头虱与空木之瑟,名同实异也。(《说林训》)

这里讲的是概念和语词的区别。"或谓冢,或谓陇,或谓笠,或谓篓"说的是"名异实同"的情形,即不同语词表达同一事物。"冢"和"陇"皆指坟墓;"笠"和"篓"皆是对雨具的称谓。"虱"与"瑟"仅仅是语音相同,它们所表达的事物却是不同的。前者指一种寄生虫,而后者指的是一种乐器。此谓"名同实异"。此外,如果名称相同,但该名称所表达的概念的本质、形成的原因等不同,那么也会造成"名同实异"。

> 狂者东走,逐者亦东走,东走则同,所以东走则异。溺者入水,拯者亦入水,入水则同,所以入水者则异。故圣人同死生,愚人亦同死生。圣人之同死生,通于分理;愚人之同死生,不知利害所在。徐偃王以仁义亡国,国亡者非必仁义;比干以忠靡其体,被诛者非必忠也。故寒颤,惧者亦颤,此同名而异

实。(《说山训》)

疯子"东走"与追赶之人"东走"的原因不同,因而虽然同为"东走"之名,但二者不为同类,应属二实。同样,同为"入水"之名,却可分别意指溺水和救人二实;同为"同生死"之名,却可分别意指"通于分理"和"不知利害所在"的圣、愚二实;同为"亡国"之名,但所以"亡国"的原因却分实行仁义和其他多种;同为被"诛",但所以被"诛"的原因却分忠心和其他多种;同为"颤",却可分别意指寒冷和畏惧二实。如果对名同实异和名异实同的种种情况认识不清,发生混淆,就会造成名实不符的谬误。

第三,不"合于时"(《齐俗训》)之名。

《淮南子》重视实际经验,而反对一味"法古""循旧"。在《淮南子》看来,客观事物是不断发展变化的,人的认识自然也要随之变化,这是法之"所以为法者","不法其已成之法,而法其所以为法。所以为法者,与化推移者也"(《齐俗训》)。如果人们无视已经发生变化之实,仍固执旧法、旧名,就会"拂道理之数,诡自然之性"(《主术训》),造成名实不符之谬误。因而《淮南子》要求名"合于时",即能够正确反映已经变化之实,以做到名实相符。

(二)《淮南子》论"类不可必推"

第一,"类不可必推"的本体论依据。

《淮南子》哲学中以道为最高范畴。道作为世界最原始的混沌状态,分而为阴阳二气,阴阳互动产生天地万物,"道始于一,一而不生,故分而为阴阳,阴阳合和而万物生"(《天文训》)。既然万物产生于阴阳二气,那么在天地万物之间,必然存在着一种内在的有机联系,即同类事物之间能够相互触动、感应,"物类相动,本标相应"(《天文训》)。不仅自然界中的事物可以借"形类"而相感、相应,"山云草莽,水云鱼鳞,旱云烟火,涔云波水,各象其形类,所以感之"(《览冥训》),就是人与自然界之间,也可因类同而"相通","天之与人,有以相通"(《泰族训》)。这样,《淮南子》就为思维中的逻辑类推建立了本体论依据,承认同类事物之间的可推性。但是,《淮南子》也指出,类推的可行性必须是以事物之类同为依据,因为只有同类事物才能相互感召,异类事物之间则不具有这种关系,"圣人处于阴,众人处于阳;圣人行于水,众人行于霜。异音者不可听以一律,异形者不可合于一体"(《说林训》)。异类不感,所以异类事物之间不具有类推的依据,不能相推。因而《淮南子》主张,"类不可必推"。

> 膏之杀鳖,鹊矢中猬,烂灰生蝇,漆见蟹而不干,此类之不推者也。(《说山训》)

> 小马大目,不可谓大马;大马之目眇,可谓之眇马。物固有似然而似不然者。故决指而身死,或断臂而顾活。类不可必推。(《说山训》)

> 人食礜石而死,蚕食之而不饥;鱼食巴菽而死,鼠食之而肥。类不可必推。(《说林训》)

一匹马的眼睛大,不能必然得出该马为大马的结论;但一匹马的眼睛瞎,能得出该马为瞎马的结论。人吃礜石会被毒死,但并不能由此得出蚕吃礜石也会被毒死。对于蚕来说,礜石反而是可以饱腹之物。这是因为人和蚕的生活条件、习性等均不相同。因而,类推不能生搬硬套,必须根据不同对象、不同情况做具体的考察,将事物表面与本质上的同异之分区别清楚。

第二,类之强推之谬误——"不知类"。

事物之间的类同、类异关系,决定着类推之"可"与"不可"。因而,如果人们无视事物的类异关系,强类以推;或者对事物类之同异关系认识错误,都将造成"不知类"的谬误。

> 尝被甲而免射者,被而入水;尝抱壶而度水者,抱而蒙火;可谓不知类矣。(《说林训》)

> 以一世之度制治天下,譬犹客之乘舟,中流遗其剑,遽契其舟桅,暮薄而求之,其不知物类亦甚矣!(《说林训》)

曾经因穿上铠甲而免遭箭伤,因而到水中游泳也穿铠甲;曾经因抱住大壶而渡过了河,因而挡火时也抱住大壶,这些都是"不知类"的表现。同时,物类也不可能一成不变,如果不能正确认识到事物的类属关系随着条件、环境等因素的变化而产生的变化,也会造成"不知类"。就像有人在行船过程中将剑掉入水中,却只是在剑掉落的船舷部位刻记号,等船靠岸后才顺着记号下水找剑。可见,此人不懂事物之变化。

《淮南子》认为,人们之所以会犯"不知类"之谬误,是由于客观事物同异关系本身的复杂性和人的认识的局限性。这是因为,客观事物的性质和事物之间的关系是纷繁复杂的,表面上看似"摩近"而实际并非同类的现象随处可见,难以识别,"物类之相摩,近而异门户者,众而难识也"(《人间训》)。具体来说,可以分为"或类之而非,或不类之而是;或若然而不然者,或不若然而然者"(《人间训》)四种情况。

类之而非,是说看似相似的事物,实际并非同类。如向人扔腐鼠,一般被看作侮辱人的表现,"鸢堕腐鼠"(《人间训》)表面上看似与之相似,但实际只是巧合而已。

不类之而是,是说看似不相似的事物,实际上是同类。如白公胜谦恭下士、不敢骄贤等行为表面上看与谋反作乱完全相反,但事实表明,白公胜的行为正是他谋反的迹象。

若然而不然,是说一事物看似属于某类但实际并非如此。如受过子发之刑的人看似对子发恨之入骨,但实际却是解救子发之人。

不若然而然,是说一事物看似不属于某类但实际并非如此。如越王勾践看似对吴王夫差卑躬屈膝、恭敬顺服,但实际却是擒获夫差、消灭吴国之人。

以上四种情况,看到了同一现象在不同情境下所表现出来的不同的类属关系,分析了事物同异分类过程中同中有异、异中有同的复杂情形,指出了事物类别归属的相对性。

《淮南子》还认为,客观事物的性质和事物之间的关系是纷繁复杂的,事物的性质有本质属性、非本质属性等,事物之间的联系有必然联系、偶然联系等等,这些如果仅仅依据表面现象去分析,那么事物的同异关系是难以识别的,"物类相似若然,而不可从外论者,众而难识矣"(《人间训》)。客观事物本已"难识",如再加上作假欺骗,就更难以辨别。就像狐狸攻击野鸡时,实现并不会露出攻击的样子来,而是先卑体弥耳等待野鸡到来。相对于禽兽,人的虚伪狡诈更甚,"人伪之相欺也,非直禽兽之诈计也",因而"不可不察"(《人间训》)。

从人的认识角度来看,一方面,如果人们只从自己有限的角度出发认识事物,那么人的认识就容易蔽于"一曲""一隅"而不能对事物进行全面认识,因而也就不可能形成对事物同异关系的正确认识,"谕于一曲,而不通于万方之际也"(《俶真训》)。就像人向东看,不可能看到西面,向南看,不可能看到北面一样。另一方面,人的认识还要受到认识条件的限制,受认识的出发点、角度、方法、观察工具等因素的影响,人们对同一事物有可能形成不同的有关同异分类的认识。如"从城上视牛如羊,视羊如豕,所居高也。窥面于盘水则员,于杯则隋,面形不变其故,有所员、有所隋者,所自窥之异也"(《齐俗训》),从高处城墙上观察地上的事物,则牛只有羊的大小,羊只有小猪的大小;从水盆中看脸和从杯子里看脸也是不一样的,一个是圆的,一个是椭圆的。可见,虽然观察的对象一样,但由于观察的主客观条件的影响,所形成的认知也有很大差异,"事之情一也,所从观者异也"(《齐俗训》)。

第三,防止谬误产生的途径——"得事之所由"和"得事之所适"。

为了防止谬误的产生,提高类推的可靠性,《淮南子》强调要对事物进行详细辨察,"见微以知明"(《氾论训》)。在辨似、察微以知类的过程中,《淮南子》非常重视对"事之所由"和"事之所适"考察。如果不能正确地认识"事之所由"和"事之所适",就不可能真正做到知类、明类。找出"事之所由"和"事之所适"并不容易,因而也更弥足珍贵,"得隋侯之珠,不若得事之所由;得呙氏之璧,不若得事之所适"(《说山训》)。

所谓"得事之所由"是要求人们注意分析事物之间的因果关系。《淮南子》将因果联系看成是客观世界的重要关系,它认为客观世界处于一个因果联系的网结之中。因而《淮南子》特别重视对事物原由的追寻,"何以知其然也"的问语几乎贯穿于《淮南子》的各个篇章之中。任一事物都有其产生的原因,而且存在众多其然同,而所以然不同的复杂情况,只有对事物的原因进行详细辨察,才能得到类与不类的认识,"繁称文辞,无益于说,审其所由而已矣"(《人间训》)。在"审其所由"的过程中,我们不能仅仅停留在事物的表面,分清同果异因和同因异果的复杂现象。如同为"东走"之果,但疯子"东走"与追赶之人"东走"的原因不同。同为杀君之因,却产生"荣名"和"大谤"不同的结果,"汤放其主而有荣名,崔杼弑其君而被大谤,所为之则同,其所以为之则异"(《说林训》)。此外,人们还容易错认因果。如北楚的任侠者,因素日行侠被官府怀疑偷盗而加以追捕,后经平时施舍过恩德的朋友帮助而免遭追捕,于是认为行侠才赖以免身,但他没看到也正是行侠才带来的灾祸。《淮南子》认为此乃"知所以免于难,而不知所以无难"(《氾论训》)。再如宋人教其女在夫家偷藏钱财以备遭遗弃,结果其女正因偷藏钱财而被夫家赶走。宋人不仅不觉得自己做错,反而自以为得计,宋人这是"知为出藏财,而不知藏财所以出也"(《氾论训》)。《淮南子》认为对以上因果关系的错误认知会产生悖谬,"为论如此,岂不悖哉"(《氾论训》),不利于人们对事物类别归属的正确认识。

所谓"得事之所适"就是要根据具体情境以及事物的具体条件,使万物各自处在其所适宜的范围内,发挥它们应有的作用,"各用之于其所适,施之于其所宜"(《齐俗训》)。《淮南子》认为,"异形殊类"(《齐俗训》)之事物各自所处的位置、所发挥的作用、所适合的条件等均有不同,因而万物各有所适、各有所宜。只有"得事之所适",才能确定事物的类别界限。否则,超过其所适、所宜的范围,就会造成类别混乱,事物也不可能正常发挥作用。就像箭有其射程范围,在其射程范围内,它可以"贯兕甲",但如果超过射程范围,即使"鲁缟"也不能入,"矢之于十步贯兕甲,于三百步不能入鲁缟"(《说山训》)。再如,"柱不可以摘齿,筐不可以持屋,马不可以服重,牛不可以追速,铅不可以为刀,铜不可以为弩,铁不可以为舟,木不可以为釜"(《说山训》)。同时,客观世界是不断变化的,因而要想真正做到"得事之所适",还必须注意客观条件,如时间、地点等的变化。否则,就只是一时的所适,并不为贵,"虽时有所合,然而不足贵"(《说林训》)。

三、《淮南子》谬误思想的特点分析

第一,哲学思想的倾向。《淮南子》虽然以道家思想为主,但它也对道家思想做了很多重要的改造。道作为道家思想的最高范畴,在《淮南子》中就与老、庄的道有所不同。《淮南子》中,道并不完全与事相脱离,而是要深入实际解决具体问题,"言道而不言事,则无以与世浮沉;言事而不言道,则无以与化游息"(《要略》)。可见《淮南子》的哲学坚持了唯物主义倾向。因而在它的谬误思想中,非常重视对实的观察与研究。它的正名思想,坚持实的第一性,主张"循名责实"。"类不可必推"的提出,也是建立在它对客观现实中众多复杂的物类的观察、分析的基础上的。再者,《淮南子》否定了道家哲学的不可知论,认为世界是可知的,肯定了观察以及思维的逻辑力量对于事物的认知作用,"天地之大,可以矩表识也;星月之行,可以历推得也;雷震之声,可以鼓钟写也。风雨之变,可以音律知也。是故大可睹者,可得而量也;明可见者,可得而蔽也;声可闻者,可得而调也;色可察者,可得而别也"(《本经训》)。也是在这样的基础上,《淮南子》展开了对逻辑类推的深入研究。它对事物因果联系的详细分析,提高类推的可靠性,是避免"不知类"谬误的有效方法。

第二,政治思想的倾向。《淮南子》对谬误的分析,有其政治目的所在。《淮南子》的编纂本就有与汉武帝争政的政治目的。而且《淮南子》重视解决实际的具体问题,那么历来受先秦思想家重视的社会政治问题自然也是《淮南子》所注重讨论的问题。《淮南子》对名实关系的讨论,更多的是从名法角度展开的,"上操其名以责其实,臣守其业以效其功,言不得过其实,行不得逾其法"(《主术训》)。它要求名实、名法一

致,是为了"各务其业,人致其功"(《要略》),从而实现国家的有效治理。《淮南子》认为自然现象"难识",社会现象比自然现象更为复杂,社会现象"以其窜端匿迹。立私于公,倚邪于正,而以胜惑人之心者也"(《人间训》)。因而《淮南子》非常重视对社会政治现象的察微辨隐,要求人们分清事物的表面与本质的不同,避免谬误,从而正确地区分正直和邪枉,防止亡国败家的发生,"若使人之所怀于内者,与所见于外者,若合符节,则天下无亡国败家矣"(《人间训》)。

四、《淮南子》谬误思想的影响

《淮南子》谬误思想的影响,突出表现在它的"类不可必推"思想中。自类概念产生之初,先秦思想家就注意到了推类之难的问题。墨子、孟子等都对"不知类"的谬误进行了具体的分析,后期墨家第一次从理论上对推类的谬误进行了研究。《吕氏春秋》明确提出"类固不必可推知"的主张,集中讨论了类推的或然性问题。但是以上思想家都没有对类究竟在哪些情况下不可必推这一问题进行清晰明确的论述。《淮南子》在前人的基础上,对此问题进行了进一步的具体分析,其研究超过了先秦思想家,推进了古代推类谬误研究的发展。

首先,在辨别类的同异过程中,《淮南子》不但注意到类的形量,而且注意到类的实质,不仅在类的外延上注意,而且重在类的内涵上下功夫。这是《淮南子》逻辑的贡献处。[①] 比如,大马和小马只有形量上的差别,二者仍属一类;但大智和小智就不仅存在形量上的差别,更有实质的差别,因而二者不属同类。《淮南子》还注意到类的发展演化,客观世界是不断变化的,物类也会随之发生转化,如"鹰化为鸠"(《时则训》)。物类还会随着客观条件,如对象、时间、地点等的变化而发生变化。比如"巴菽"对于鱼来说,是可致死之物,而对于鼠来说,却是极具营养之物。这些都是《淮南子》在辨类方面超出前人之处。

---

① 温公颐:《中国中古逻辑史》,上海人民出版社1989年版,第32页。

其次,《淮南子》特别重视因果关系在辨类过程中的重要作用,将"得事之所由"看作辨类过程中的原则性要求,详细研究了因果关系的复杂性,对于同因异果、同果异因、错认因果等现象都进行了具体的分析。这不仅对于提高推类的可靠性具有重要意义,而且还推动了我国古代归纳推理的发展。

《淮南子》"类不可必推"的思想也有其局限所在,即它过分强调了类的不可必推性,因而走向了不可知论。《淮南子》虽然对道家思想做了唯物主义的改造,但这一改造并不彻底。这使它在可知论与不可知论之间摇摆。一方面,它承认事物可通过观察、推得而认识;但另一方面,又认为物类的奥秘玄妙深微,难以凭智力认知,用辩说解释,"物类之相应,玄妙深微,知不能论,辩不能解"(《览冥训》)。即使再有智慧的人,很多现象的所以然也难以解释,所以感官的观察和思维的推理都不能够认清事物,"耳目之察,不足以分物理;心意之论,不足以定是非"(《览冥训》)。这样,《淮南子》在对"类不可必推"的困惑中就走向了不可知论。

第六章
中国近代对先秦谬误思想的研究与评价

中国近代以来,中西文化交融。一方面,自明清之际开始盛行的考据之学、训诂之风,直接诱导了近代诸子学的复兴。考据学者们的努力,使得先秦诸子的重要著作基本可解,为近代的中国逻辑史研究提供了基础和可能。另一方面,近代西方文化的传入和传播,对中国的文化传统产生极大冲击。两种异质文化思想之间的冲突促使学者们在对西学进行学习和介绍的同时,也展开了对中国传统思想的重新整理、评估的工作。因而中国近代学者在译介西方逻辑的同时,也展开了对先秦时期逻辑思想的发掘、整理与研究。在这一过程中,先秦谬误思想得到了初步研究,取得了一系列成果,对我们现阶段深入进行先秦谬误思想的研究具有重要的借鉴意义。因此,有必要对西方谬误理论的传入做较为系统的梳理,才能在此基础上,较为清晰地分析、认识中国近代是如何借助西方逻辑对先秦谬误思想展开研究与评价的,继而结合当代西方学者对先秦谬误思想的研究与评价,进一步帮助我们利用一切以往对谬误理论的研究成果,展开对先秦谬误思想的现代分析及反思。

第一节 西方谬误理论的传入

中国古代逻辑思想的发现主要是通过与西方逻辑的比较而实现的。与此相应,先秦谬误思想也主要是伴随西方逻辑的传入,通过与西方逻辑谬误理论的比较研究而发现的。因此,有必要对西方逻辑及其谬误理论的传入做一回顾。

一、西方逻辑传入中国的过程

西方逻辑在中国的首次传入,是在16世纪末到17世纪初的明末清初时期伴随着传教士"学术传教"的策略而展开的。1607年,徐光启在意大利传教士利玛窦的帮助下翻译了《几何原本》,成为我国历史上把一种全新的演绎思维方法介绍给中国知识界的第一人。1623年,耶稣会士艾儒略著《西学凡》,介绍了逻辑的相关知识。1631年,李之藻与波兰传教士傅汛际合作翻译的《名理探》介绍了亚里士多德的三段论演绎推理和辩证法,是西方逻辑在中国的第一部译著。1683年,南怀仁将《名理探》以及以往其他传教士的有关逻辑和科学的著作重新编撰,译补缺漏,结集为《穷理学》60卷,进呈康熙皇帝。不过,这一时期的逻辑传入,只是介绍了西方逻辑的基本框架,并没有涉及谬误的详细内容。而且南怀仁的《穷理学》后来散失了,李之藻的《名理探》也未能得到推广,影响甚微。

西方逻辑理论真正在中国得以系统传播,是在1840年鸦片战争之后。这一时期,西方逻辑传入的途径主要有以下几种:

其一是在华西方人士的翻译。1877年,英国传教士慕维廉和沈毓桂以《格致新法》为题摘译《新工具》一书,连载于清朝最早的一份科学杂志《格致汇编》。1878年,《万国公报》连续9期(第505卷至第513卷)刊登了慕维廉介绍培根《新工具》(时称《格致新法》)的文章。英国传教士艾约瑟的《辨学启蒙》(1896年)翻译了耶方斯的《逻辑入门》(或称《逻辑初级读本》)。英国传教士傅兰雅编写的《理学须知》(1898年)则简要介绍了穆勒的《逻辑体系》的主要内容。其中,艾约瑟的《辨学启蒙》在第四部分(第25至27章)分析了逻辑谬误,主要包括:辨论之差谬;语意含混生之差谬;即事察理中之诸差谬。

其二是中国知识分子对英文逻辑著作的翻译。王韬于1873年前在《瓮牖余谈》中就介绍了培根(《英人倍根》)。1905年,严复将穆勒《逻辑体系:演绎与归纳》译为《穆勒名学》加以出版。可惜的是,该书的后半部分(包括第5卷《论谬误》)并未被译出。1909年,严复又翻译出版了另一本逻辑著作《名学浅说》,该书和艾儒略的《辨学启蒙》一样,均译自英国耶方斯的《逻辑入门》。《名学浅说》的最后三章即讲逻辑谬误:演绎和归纳谬误。王国维翻译的《辨学》(1908年),原名《逻辑基础教程:演绎与归纳》,原著作者同样为耶方斯。其中,第五篇虚妄论介绍了逻辑谬误、半逻辑谬误与实质上的谬误。

其三是译自日文的论理学教材。田吴炤所译《论理学纲要》(1903年)的原作者是日本学者十时弥。该书在第二、三篇最后分别论述了演绎推理和归纳推理之谬误。日本大西祝的《论理学》一书曾在日本影响颇大,胡茂如于1906年将其译成中文传入中国。该书第一编第十一章《似而非推论》讨论了形式上和事实上之两种谬误。李信臣所译的《论理学纲要》(1925年),原作者是日本学者高山森次郎。其中第十三章和第二十一章分别讨论了"不正确之推论"和"关于经验之误谬"。

其四是中国知识分子以日本论理学为蓝本编写的逻辑教材。林可培的《论理学通义》(1909年)是中国学者最早编写的逻辑教科书。该书在介绍方法论的过程中,涉及有关谬论的知识,分析了名辞、命题、演绎法及归纳法运用过程中可能产生的逻辑谬误。陈文的《名学释例》发行于1910年,其中第三篇论及有关归纳谬误的内容。王延直的《普通应用论理学》(1911年)论述了普通逻辑的内容,其体系和西方普通逻辑的系统基本一致。该书在讲演绎推理和归纳推理时,分别设有专章讲述演绎推理和归纳推理中的逻辑错误。张子和的《新论理学》(1914年)是在日本十时弥的《论理学纲要》一书的基础上写成的。该书在第六、七编中分别介绍了定义、分类、论证等统整法之谬误,和获得、确定因果联系的常用方法,臆说、立证等索究法之谬误。

这一时期,伴随着西方传统逻辑体系和基本内容的系统传入和传播,西方的谬误理论得到系统介绍,并逐渐为中国学者所认同和消化。

二、西方谬误理论的传播

伴随着西方传统逻辑理论的传入而得到系统介绍的西方谬误理论是我国近代学者发掘、整理和研究先秦谬误思想的主要理论基础。因此,在分析近代学者对先秦谬误思想的研究之前,我们对近代在我国得以传播的西方谬误理论做一简单梳理。

(一)译自英文逻辑著作中的谬误思想

艾约瑟的《辨学启蒙》和严复的《名学浅说》均以耶方斯的《逻辑入门》为底本翻译而来。在这两本译著中,都设有三章专论谬误问题。

1. 艾约瑟《辨学启蒙》中的谬误思想

在《辨学启蒙》中,作者首先对逻辑谬误和一般谬误进行了区分。他将一般谬误称为"误会意",即与事实不相符合的错误认识。误会意的产生,是由妄辨论引起的。而妄辨论中的"辨论之差谬"才是逻辑上所讨论的谬误。

辨论之差谬主要是指违反三段论形式推理而引起的谬误,这种谬误很容易识别和驳斥。

日常生活中常遇到却不易识破、不易解释的谬误主要包括:(1)语意的含混,包括词义含混和句义含混。(2)"辨学书中道及者无多"的差谬,即"论辨之词驳倒时,人即将与彼言相反之断定语,奉为堪依据者观之"[①]。也就是说,如果我们以已经证明与某论断相反之断定的真实

---

① 艾约瑟:《辨学启蒙》,上海图书集成印书局1898年版,第54页。

性为据,断定该论断为真,那么就犯了此种差谬。同样的道理,如果我们以未能证明某论断的真实性为据,或者以证明某论断时所用辨论之法有差谬为据,断定该论断为假,也是错误的。"伊等虽求确据未尝得,而其所论议之理,人不可因此不信也,盖道之是否,不关乎出言人的确据未得确据耳。"①(3)将"未得的确妄视为已有凭据之语类"的差谬。如问"缘何玻璃窗能窥视过",答曰"以玻璃能透光",便是此种差谬,此种回答只是将"能窥视过"易以"透光"之名而已。

此外,还有一种即事察理之差谬。这类谬误具体可分为三种:"一有时于多端事故中确有之一种情节,误推及不归入其理中而自有专理之某情事,即所谓推阐踰分病也。二时或只于数端有专理之情节中,见为确有之一理,余等误视为于诸多他情事中,亦确有是理,仿若可奉为大同所有之公理观也。其三即于有专理之一端情节,推及于与此原无关涉,别有一端专理之他情节也。若是之差谬辨论三种,可分别定出三名,一为由大同误推及有专理处,二为由专理处误推及大同处,三即为由此专理处误推及他专理处者耳。"②此即我们通常说的偶性谬误,或者称为笼统推论;逆偶性谬误,或者称为仓促概括;错误类比。作者尤其强调了识别"错误类比"在逻辑学中的紧要性。指出错误类比产生的原因在于被比较的两种事物之相似性不足,"不适当之辨论,即取相似处不足之彼物彼情节,以易此物此情节也"③。

2. 严复《名学浅说》中的谬误思想

严复《名学浅说》中介绍的谬误思想跟上述内容相似。只不过,严复译著的一个重要特点是他在翻译过程中,运用意译、增评、删节、加按语、注评等多种形式,对原著内容做出评论或议论,阐发自己的思想。他的《名学浅说》边讲边译,"中间义恉,则承用原书;而所引喻设譬,则

---

① 艾约瑟:《辨学启蒙》,上海图书集成印书局 1898 年版,第 54 页。
② 同上书,第 57 页。
③ 同上书,第 58 页。

多用己意更易"①。因而严复在介绍耶方斯谬误理论的同时,也对其进行了中国化的阐释。

严复称英文"fallacy"为瞀词,"徒有形似,而无其实者,皆瞀也。故不佞于似论辩而实无论辨,抑论辨而所得非实者,名曰瞀词"②。具体来说,瞀词包括外籀瞀词(演绎谬误)、歧义瞀词、遁词、丐问和三种内籀瞀词(归纳谬误)。它们与上述《辨学启蒙》中所讨论的差谬各相对应。

不同的是,严复在分析歧义瞀词时,指出了中国语言文字中歧义成瞀的现象严重,因而在《穆勒名学》和《名学浅说》中,他都很强调运用定义以明确语词意义的作用,要求对所用之名、词,必先界说清楚,并按这一界定加以使用。严复还在语词意义明确化要求的基础上,提出了他的"正名"理论。他反复强调"正名"的重要性,并提出了"正名"的原则和要求,促进了汉语语词使用的精确化。严复还指出,丐问瞀词是瞀词之大宗。中国旧学,因多是"不实验于事物,而师心自用"③的臆说,所以犯者尤重。这种假定欲证的初始论点的丐问瞀词,实际上不过是自欺欺人而已。"顾此瞀不祛,将一切穷理,皆同自欺。虽貌极精微,于真理实用,毫无有当。诚初学人所不可不潜心体玩,力矫其弊者也。"④

此外,严复还受到穆勒谬误论的影响,将艾约瑟所论"即事察理之差谬"明确称为归纳谬误,与演绎谬误一同纳入谬误体系之内。他还指出,演绎和归纳推理的正确与否,关键在于"审与不审",进而在于能否辨别"真似貌似"。"吾人思辨之事,能者与不能者所事本同,而其得效大异。无他,在观同之术,审与不审耳。……顾其分,则审者所指之似,则真似也,而不审者所指之似,特貌似耳。辨于真似貌似二者之间,而决何者为可推,何者为不可推。此则名学之所有事,而二籀之术之所以

---

① 严复:《名学浅说》,商务印书馆1981年版,《译者自序》。
② 同上书,第100页。
③ 严复:《穆勒名学》,商务印书馆1981年版,第36页。
④ 严复:《名学浅说》,商务印书馆1981年版,第109页。

不可不讲也。"①

3. 王国维《辨学》中的谬误思想

王国维的《辨学》翻译了耶方斯的《逻辑基础教程》一书。在此书中,耶方斯接受了怀特莱将谬误分为逻辑的和非逻辑的分类思想,②对谬误的分类更为清晰明了。在《辨学》中,王国维将谬误译为"虚妄"③,将耶方斯的逻辑谬误和非逻辑谬误译为"辨学上之虚妄"和"实质上之虚妄","辨学之虚妄,谓虚妄之存于论证之形式者。虽吾人不知所论证之事物,犹得由论证之形式,而发见其虚妄者也。实质上之虚妄,不起于论证之形式,而起于所论证之事物。故非有此事物之知识,不能发见其虚妄也"④。具体来说,辨学上之虚妄分为纯辨学的虚妄和半辨学的虚妄。纯辨学之虚妄主要指违反三段论推理规则的谬误,具体表现为四名辞之虚妄、中名辞不分配之虚妄、大名辞或小名辞泛滥之虚妄和否定的前提之虚妄。半辨学的虚妄则包括名辞混淆之虚妄、句法混淆之虚妄、综合之虚妄、区分之虚妄、读法之虚妄和词类之虚妄。实质上之虚妄则包括偶然性之虚妄、偶然性之虚妄之反对的虚妄、不相应之结论、循环之证明、结果之虚妄、原因之虚妄、许多问题之虚妄。

(二) 译自日文逻辑著作中的谬误思想

日本明治维新的成功吸引了越来越多的中国学者走上了向日本学习的道路。由于中日文化之间的差别较小,同时也由于译自日本的论理学著作已经是经过日本学者理解、消化和吸收后整理而来的,其内容自然更容易理解,因而这一时期译自日本的论理学著作,相对于西方的逻辑著作更受大众追捧。

---

① 严复:《名学浅说》,商务印书馆 1981 年版,第 116 页。
② 武宏志、马永侠:《谬误研究》,陕西人民出版社 1996 年版,第 94 页。
③ [英]耶方斯:《辨学》,王国维译,生活·读书·新知三联书店 1959 年版,第 104 页。
④ 同上书,第 104 页。

1. 田吴炤译自十时弥《论理学纲要》中的谬误思想

田吴炤翻译了十时弥的《论理学纲要》,该书认为,谬误指的是"思考形式不正确"①,因而概念、判断、推理皆有谬误。但我们通常所说的谬误,一般是用于"不正确之推理"②。因而作者具体分析了演绎推理之误谬和归纳推理之误谬。

十时弥认为,逻辑上的严格意义的谬误,应该仅限于"推理之形式为不正确者"③。但实际上的谬误却多由资料而来,因而他将演绎推理之误谬分为形式的误谬与资料的误谬。形式的误谬是指违反了直接推理和间接推理的推理规则。具体包括四名辞之误谬、中名辞不周延、大名辞之不当周延、否定二前提、特称二前提。如果推理形式无误谬,则需我们详细考察资料的情况。资料的误谬分为语义不明之误谬、文意不明之误谬及豫定之误谬三种。

十时弥认为,归纳推理"无有决定其盖然程度之规则"④,因而其谬误的产生,"惟证明与之矛盾之真理,此外无他由也"⑤。十时弥将归纳谬误按其产生的渊源,分为观察上之误谬及推理上之误谬。观察上之误谬又分为不观察之误谬和伪观察之误谬。十时弥指出,虽然产生不观察之误谬的原因以及矫正之方法,与论理学无甚关系,但此种误谬却是人们最容易犯的误谬。归纳推理,没有决定之规则,因而归纳推理所谓推理上的误谬,"非存于推理之法式,乃存于解释现象时之所假定也"⑥,具体分为两种:归纳推理与演绎推理之混同、原因与非原因之混同。

---

① [日]十时弥:《论理学纲要》,田吴炤译,生活・读书・新知三联书店 1960 年版,第 65 页。
② 同上。
③ 同上。
④ 同上书,第 83 页。
⑤ 同上。
⑥ 同上书,第 84 页。

2. 胡茂如译自大西祝《论理学》中的谬误思想

胡茂如翻译的大西祝的《论理学》将谬误称为"似而非推论"①。从广义上说,"似而非推论"指违反推理规则的一切推论,但该书的"似而非推论"仅指表面上正确而实际"不正之故埋没难见"②的推论。

大西祝认为,似而非推论具体可分为形式上之似而非和事实上之似而非。形式上之似而非是指违反三段论推理规则而引起的,包括媒语不扩充、不当扩充(大语不当扩充和小语不当扩充)、四语等。而事实上之似而非推论种类甚多,不易分类。大别可分为四种:言意不同、不当假定、论旨相违和论证不足。言意不同之似而非,是由于语词多义而产生的,是日常中最容易犯的谬误。作者认为,避免此谬误的方法是应避免使用多义词,如避免不了,则应对所使用语词之意义加以界定。"事实上之似而非推论,皆以同一言辞解释异义而生者也。故欲议论之正确,则同一之语以数义用之之事须力避之,万不得已而出诸此涂,亦须为之明定其界。"③不当假定之似而非包括窃取论点和循环论证。论旨相违包括论点变更、非难(依据无知)和诉诸感情。论证不足包括隐蔽、前后即因果、比喻、引证、立言渐进。

3. 李信臣译自高山森次郎《论理学纲要》中的谬误思想

李信臣翻译的高山森次郎的《论理学纲要》将谬误分为"不正确之推论"和"关于经验之误谬"。

不正确之推论指违反三段论法则的推论,分为形式上之误谬和事情上之误谬。形式上之误谬包括四辞、媒辞不周延、大辞之不当周延、小辞之不当周延、二个之否定前提、二个之特称前提。至于事情上之误谬,作者认为本非论理学所关涉者,但"论理学形式上之误谬之外更述事情上之误谬已成斯学元祖亚里士多德以来累世学者之习惯"④,因而

---

① [日]大西祝:《论理学》(上卷),胡茂如译,上海泰东印书局1914年版,第128页。
② 同上。
③ 同上书,第136—137页。
④ [日]高山森次郎:《论理学纲要》,李信臣译,商务印书馆1925年版,第99页。

作者也对其进行了论述。他将事情上之误谬分为言意不同之误谬,论证不当之误谬和论证不足之误谬。言意不同之误谬分为关于量者与关于质者。论证不当之误谬即"由前提与结论之乖离而生之误谬"①。此不当之误谬在于前提中则谓之不当前提,在于结论中则谓之不当结论。论证不足之误谬与论证不当之误谬较难区分,因为二者相交错者不少。如大体区别,论证不足之误谬的主要表现为以前后为因果和前提对于结论所立言之事体不具充分理由两种。

作者认为,关于经验之误谬难以对其加以形式的说明,因而没有精细的法则加以判定,大体观之,分为观察之误谬和推测之误谬。观察之误谬分为观察之缺损和观察之错误。关于推测之误谬分为不认原因不定之误谬和不认结果混淆之误谬。

(三)中国近代学者以日本论理学为蓝本编写的逻辑教材中的谬误思想

随着西方逻辑在我国的广泛传播,西方传统逻辑理论已经逐渐为我国学者所吸收、消化。一方面,我国学者已经不满足于仅仅译述西方和日本的逻辑著作;另一方面,在严复及众多学者的倡导下,讲授逻辑在我国各地的风靡也迫切要求更通俗易懂的逻辑教材,这促使中国学者开始自编自著逻辑教材。

1. 林可培《论理学通义》中的谬误思想

林可培的《论理学通义》是中国学者最早编写的逻辑教科书。该书认为,谬误不仅表现为思想中的不合规则,而且还包括语言的不合规则。"谬论者,思想与言论不合论理学上一切之理法者也。"②

林可培对谬误的讨论是依据传统逻辑体系的框架而展开的。他将谬误分为四类:名辞之谬、命题之谬、演绎法形式之谬、归纳法之谬。名辞之谬又分为名辞虚伪之谬、名辞暧昧之谬、名辞区分之谬和名辞定义

---

① [日]高山森次郎:《论理学纲要》,李信臣译,商务印书馆1925年版,第103页。

② 林可培:《论理学通义》,中国图书公司1909年版,第254页。

之谬。命题之谬分为虚伪之谬、暧昧之谬和臆断之谬。演绎法形式之谬,指的是违反演绎推理规则而引起的谬误,分为直接演绎法形式之谬和间接演绎法形式之谬。归纳法之谬,是从观察到获得真理这一过程中所犯的一切谬误,包括枚举法之谬、比喻法之谬、假说之谬、性质分解法及分量决定法之谬、穆勒诸方法之谬。对于归纳法之谬,作者重点分析了后两种谬误。性质分解法和分量决定法首先依赖于观察和实验所得,因而正确的观察和实验非常重要。此种谬误表现为不观察之谬和伪观察之谬。

2. 张子和《新论理学》中的谬误思想

张子和的《新论理学》是在当时出版的众多逻辑教科书中流行较广的一本。张子和有关谬误的思想是在他介绍方法论时加以论述的。他将方法论分为统整法和索究法。"统整法 Method of Systematization 者,整理经验上、学问上旧有之知识,而使之益征明确之一法也。……索究法 Method of Investigation 者,为开拓新知识、新材料,俾世界真理日跻于进步无已之一法也。"[①]

统整法包括定义、分类、论证。为保证正确的定义、分类和论证,张子和详细讨论了各自的规则,但他认为这些规则并不能避免谬误的产生。"亦以关于概念之定义及分类。关于判断之论证,虽真实无伪,而当演绎推理之际,或修辞之不当,或运用方法之失宜,往往滋生谬误,仍不免以伪乱真焉。"[②]修辞上之误谬包括:一语多义之误谬,结合及分解之误谬,偶有性之误谬(偶性、逆偶性和错误类比),音调抑扬之误谬,多问之误谬(复杂问语),绮语之误谬。运用方法上之误谬,分为三种:不当假定、论旨相违、论证不足。不当假定之误谬又分为论点窃取和循环论证两种;论旨相违之误谬分为论点变更与论旨假托两种;论证不足之误谬分为隐蔽、比喻、前后即因果、非原因四种。

---

① 张子和:《新论理学》,生活・读书・新知三联书店 1959 年版,第 92 页。
② 同上书,第 101 页。

索究法包括获得、因果之确定、臆说和论证。索究法之误谬,包括观察之误谬,概括之误谬,想象之误谬,先入之误谬。观察误谬分为不观察和伪观察误谬。概括之误谬,指"举一端而概全体"①,它是由于观察实验者"浅薄狭隘,率尔从事"②而产生的。想象之误谬是由于人们夸大所想或者直接空想而产生的。先入之误谬,指由于"个人的偏见或心意固执"③,如各人之性癖、好恶、利害、信念等所生的一种先入之见。作者认为,先入之误谬是造成人们认识错误的主要原因,应引起人们的足够重视。"因各人之性癖、好恶、利害、信念诸关系,生一种先入之见,有妨世界人类正大公平之索究力者不少。且凡各社会有各社会现存之信念与习惯,人往往不能脱离此羁绊,致为知力阙陷之一主因,此尤研究论理家所必须注意者。"④

(四)中国近代所传播的谬误理论的特点分析

中国近代谬误理论的传播,无论是直接译自西方英文逻辑著作中的谬误思想,还是译自日文逻辑著作中的谬误思想,还是近代学者自编自著逻辑教材中的谬误思想,其最终的思想来源多为西方近代的谬误理论。其中,尤以西方近代学者穆勒和耶方斯的谬误理论对我国近代谬误研究的影响最为突出。艾儒略、严复、王国维都翻译了耶方斯的谬误思想;在张子和《新论理学》、屠孝实《名学纲要》的谬误思想中都可见到穆勒谬误理论的影响。章士钊就曾指出:"近世逻辑著录,颇有舍雅取穆之势,不可不论。……穆勒为逻辑作诂,未同于雅,因之语悖之位,编次亦殊。穆勒曰:'逻辑者参证之学也,如治养生之必理病相然。今号召于人曰证,而不于伪证之足以迷人似是而非之境者,一一标出,令人知警。自于职志有亏。'以是之故,逻辑与悖,几于广狭之域,蒙而可

---

① 张子和:《新论理学》,生活·读书·新知三联书店1959年版,第126页。
② 同上。
③ 同上。
④ 同上。

掩。穆勒所立五悖,延及远而包孕宏,良非无故。"①武宏志、马永侠也曾指出:"弥尔(穆勒)的谬误论有着其他谬误论无可比拟的巨大影响,它对我国学界的重要性超过了亚里士多德。"②

耶方斯对谬误的贡献之一在于他坚持了怀特莱的谬误分类思想,将谬误分为逻辑的和非逻辑的。而穆勒的重要贡献在于他对归纳谬误与演绎谬误做出了区分,并将归纳谬误纳入一般谬误分类系统,开辟了科学谬误论的领域。可见,西方近代谬误论相对来说,范围广,内容丰富,更少形式逻辑意味而更多认识论意义。具体来说,具有四个显著特点:(1)扩展的谬误论,近代谬误研究将其研究范围扩展到整个认识过程。如穆勒的谬误分类,包括"自然偏见"或"先入之见的谬误"、观察的谬误、演绎推理的谬误、归纳的谬误和混淆的即语言的谬误。(2)语言-哲学谬误分析,近代谬误论中的语言谬误研究与哲学批判融为一体,是一种语言-哲学的谬误论。(3)谬误的非逻辑因素探究。近代扩展的谬误论涉及认识的全过程,因而造成谬误的非逻辑因素成为探究的重点,人类的一般心理缺陷、非形式推论模式首先得到关注。在近代西方哲学家看来,谬误的根源有:人类天性、个体特性、权威、从众心理、成见、感情。(4)谬误论是应用逻辑,即谬误论的意义并不只是三段论形式理论的一个补充,而在于应付逻辑理论应用过程中的某些失误。③以西方近代谬误理论为直接思想来源的我国近代谬误研究,也受其影响而呈现出上述特点。

---

① 章士钊:《逻辑指要》,《章士钊全集》(第七卷),文汇出版社2000年版,第565—566页。
② 武宏志、马永侠:《谬误研究》,陕西人民出版社1996年版,第211页。
③ 同上书,第175—188页。

第二节　借助西方逻辑展开的先秦谬误思想研究

在西方谬误理论传播的基础上,近代学者展开了对先秦谬误思想的比较研究,其代表人物及其著作主要有:梁启超的《墨子之论理学》(1904年)、《墨子学案》(1921年),胡适的《中国哲学史大纲》(卷上)(1919年)、《先秦名学史》(1921年),郭湛波的《先秦辩学史》(1932年),虞愚的《中国名学》(1937年),章士钊的《逻辑指要》(1943年)等。

一、梁启超的研究

在近代的中国逻辑史的研究中,梁启超首开运用西方逻辑进行中国古代逻辑思想研究的风尚。对中国古代逻辑思想研究,始于1897年孙诒让致梁启超的一封书信。"曩读墨子书,……研校廿年,略识旨要,遂就毕本补缀成注。然《经说》诸篇,阂义眇旨所未窥者尚多,尝谓《墨经》楬举精理,引而不发,为周名家言之宗,窃疑其必有微言大例,如欧士论理家雅里大得勒之演绎法,培根之归纳法及佛氏之因明论者。惜今书讹缺,不能尽得其条理。"①此后,梁启超开始致力于对墨家逻辑的较为系统的研究。至1904年,他写成《子墨子学说》一书,附录于其后的《墨子之论理学》是"中国古代逻辑研究的开山之作"②;1921年,又著《墨子学案》一书,其中第七章讨论了"墨家之论理学"的基本内容。在对墨家逻辑的较为系统的研究中,包含了他对谬误的研究。

(一) 梁启超论墨子的"三表法"

梁启超论"三表法"是与他对归纳法的论述联系在一起的。归纳法是梁启超论述最多、最为重视的科学方法。他认为:"演绎法之三段式,

---

① 张宪文辑:《孙诒让遗文辑存》,浙江人民出版社1990年版,第87页。
② 张晴:《20世纪的中国逻辑史研究》,中国社会科学出版社2007年版,第8页。

不过语言文字之法耳,既寻得真理而叙述之,则大适于用,若欲由此以考察真理之所存,未见其当也,是以特创归纳法。"①演绎法是用已经发现的真理加以推演,而据以推演的大前提的得出却需依靠归纳法才能得出。归纳法能够发现真理并对其进行检验,这既是归纳法和演绎法的最大区别,也是梁启超极为重视归纳法的根本原因。如果归纳法所得的大前提不确实,那么即使演绎过程合乎推理规则,所得的结论也是不确实的。因而梁启超认为培根归纳法的创立"实论理学界一大革命"②,"数百年来全世界种种学术之进步亦罔不赖之"③。

为了保证由归纳法得出的大前提不致谬误,梁启超详细说明了运用归纳法得出真理的过程。"如吾心中欲提示一原理,未敢遽自信也,乃即凡事物诸现象中,分别其常现之象及偶现之象,而求其所以然之故,反复试验,参伍错综,积之既久,则能因甲知乙,必见有一现象与他现象常相伴而不可离者,夫然后定理出焉。"④大前提的得出需对现象进行详尽分析,要区分常见现象和偶然现象,即使是常见现象也要分析其背后产生的原因,并要多次检验,否则就容易产生谬误。

梁启超认为,归纳法在我国古已有之,即两千多年前的墨子所提出的"三表法"。梁启超将墨子的"三表法"进行了具体分析。第一法,"上本之于古者圣王之事",可分为甲:考之于天鬼之志;乙:本之于先圣大王之事。第二法,"下原察百姓耳目之实",分为甲:下察诸众人耳目之情实;乙:又征以先王之书。第三法,即发而为刑政以观其是否能中国家人民之利。其中第一法之甲与第二法之乙属于演绎法,第一法之乙和第二法之甲以及第三法属于归纳法。梁启超认为,墨子的三表法是其立论的"仪法",它既要求任一观点的提出应有论证过程而不能仅凭臆断,即"先定前提,然后下其断案";同时它也要求前提不能"妄定",需

---

① 梁启超:《饮冰室合集·饮冰室专集之三十七》,中华书局1989年版,第68页。
② 同上书,第69页。
③ 同上。
④ 同上书,第68—69页。

运用三表三法一一加以检验,否则所得结论皆为"非是"。梁启超认为,墨子不仅提出"三表法",其立言过程更是严格遵守之。"是故墨子每树一义明一理,终未尝凭一己之私臆以为武断也,必繁称博引,先定前提,然后下其断案。又其前提亦未始妄定,必用其所谓三表三法者,一一研究之,而求其真理之所存。若偏举之,则全书五十七篇中,无一语非是也。"①

梁启超在论述《墨辩》中的三种知识来源,即闻知、说知、亲知时,也与墨子的"三表法"结合起来进行分析。他认为,"有考之者"是闻知的应用,"有原之者"是亲知的应用,"有用之者"是说知的应用。亲知直接来自感觉器官的感知。但靠五官的亲自经验所得的知识毕竟有限,因而需要从推论得来的说知及从传授得来的闻知的补充。梁启超认为,在这三表中,墨子最注重的是第二表。因为亲知来自直接经验,被认为是最靠得住的知识。如果忽视亲知,只注重说知和闻知,那么就容易产生谬误。不重亲知是秦汉以后中国思想界的流弊所在。"秦汉以后儒者所学,大率偏于闻知、说知两方面。偏于闻知,不免盲从古人,摧残创造力。偏于说知,易陷于'思而不学则殆'之弊,成为无价值之空想。中国思想界之受病确在此。"②梁启超之所以主张墨子最注重第二表,还是因为他对归纳法的重视。他认为,亲知是"归纳的论理学说",归纳法是科学的根本精神。有了归纳所得的结论,演绎才不是空泛的推论。因而,他认为"墨家言可算得彻头彻尾的实验派哲学"③,可惜归纳法在以后的中国思想界未受到应有的重视,使得中国人"不能发明新理而往往为疑似谬悖之俗说所蒙蔽"④。

当然,亲知固然重要,却也有流弊。感官的感知有时也很靠不住。"冥冥而行者,见寝石以为伏虎也,见植林以为后人也。"只有三表结合,才能达到"无弊"。梁启超认为,《墨辩》显然已经认识到这点,因而"墨

---

① 梁启超:《饮冰室合集·饮冰室专集之三十七》,中华书局 1989 年版,第 70 页。
② 同上书,第 39 页。
③ 同上书,第 40 页。
④ 同上书,第 69 页。

经三者并用,便调和无弊了"①。

(二) 梁启超论《墨经》中的谬误思想

1. 梁启超论《墨经》中的正名思想

梁启超认为,《墨经》中的正名思想是与名的分类思想密切相关的,"分类是正名的要紧关键"②。为此,《墨经》详细讨论了辨类的方法——辨明概念内涵与外延的大小,并据此将名分为达、类、私三种。知道了概念内涵与外延的大小,才能做到"有实必得是名,是名止于是实"。

2. 梁启超论《墨经》中有关七种论理法则的谬误思想

梁启超认为《墨经·小取》篇列出了七个重要的论理的法则,即或、假、效、辟、侔、援、推。其中有关或、效、侔的论述,包含有《墨辩》的谬误思想。

梁启超认为,《小取》中的"或",是西方逻辑中的特称命题。特称命题和全称命题的区别就在于主词的周延性。全称命题的主词是周延的,而特称命题的主词不周延,二者不能混淆。"若全称特称错倒,论理便成误谬。"③

梁启超认为,《小取》中的"效",是法则。与法则相应的论辩是中效,否则便为不中效。"论理学的法则极复杂,极谨严,稍不留心,就会闹到不中效了。"④《小取》中所论的"是而不然者"就是不中效的例子。

> 获之亲,人也。获事其亲,非事人也。其弟,美人也。爱弟,非爱美人也。车,木也。乘车,非乘木也。船,木也。乘船,非人木也。盗人,人也。多盗,非多人也。无盗,非无人也。奚以明之? 恶多盗,非恶多人也。欲无盗,非欲无人也。世相与共是之。若若是,则虽盗人人也,爱盗非爱人也,不爱

---

① 梁启超:《饮冰室合集·饮冰室专集之三十九》,中华书局 1989 年版,第 39 页。
② 同上书,第 45 页。
③ 同上书,第 52 页。
④ 同上书,第 53 页。

盗非不爱人也,杀盗人,非杀人也。无难盗无难矣。此与彼同类,世有彼而不自非也,墨者有此而非之,无也故焉,所谓内胶外闭与心毋空乎,内胶而不解也,此乃是而不然者也。(《墨经·小取》)

梁启超运用名的周延性理论来解释其不中效的原因。梁启超是运用欧拉图来解释"弟"之名与"美人"之名,"车""船"之名与"木"之名之间的关系的(见图6.1)。

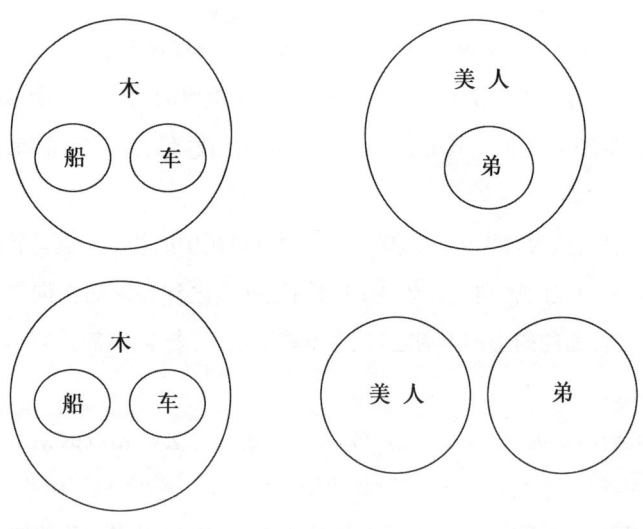

图6.1

梁启超通过欧拉图表明,"弟"的外延与"美人"的外延既可能是包含与被包含的关系,也可能是全异关系。如果是包含与被包含的关系,那么"弟"的外延就是"美人"外延的一部分,可见"弟"是不周遍的。所以说"爱弟"即"爱美人"是不中效的,因为"弟"之外还有"美人"。如果说"爱美人"即"爱弟"也是不中效的,因为"弟"与"美人"还可能是全异关系。同理可证"乘车船即乘木"和"乘木即乘车船"的不中效,以及"杀盗即杀人"的不中效。

对中效与否的判断比较复杂,有时两相反对的论断却可以都中效,如"杀狗非杀犬"与"杀狗即杀犬"。按照传统逻辑要求,相反的两个判断不能同时为真,但《墨经》中却同时肯定"杀狗非杀犬"与"杀狗即杀犬"。梁启超也认为二者是可以同时中效的。因为"犬未成豪曰狗",所以"狗"之外尚有"犬","狗"对于"犬"是不周遍的,因而"杀狗非杀犬"中效。但"犬"之外却无"狗","犬"对于"狗"是周遍的,因而"杀狗即杀犬"也中效。

中效与否还不应该只看论断本身,同时还要考察论断之"故"是否中效。如果论断本身中效,但论断之"故"却不中效,也不符合中效的要求。如论断"牛非马"本身是正确的,但如果说"牛非马"是因为"牛有齿马有尾",则所说之"故"不中效,说"牛非马"之故是"牛有角马无角"才算中效。因为判断两个事物不是一类,要以其相异属性而不能以其共有属性为依据。

梁启超认为,《墨经》中的"侔"是用"那个判断说明这个判断"①,是一种比较方法。"侔也者,比辞而俱行也。"(《墨经·小取》)判定"侔"的中效与否,关键是看相比之两辞的性质是否完全相同。比辞有其界限所在,因而在运用"侔"的过程中,要极小心谨慎。一方面,"异类不比",即异类的辞不能比以俱行;另一方面,表面看起来是同类的事物,也要详细考察其"所以然"是否同,如果"所以然"不同,也不能比以俱行。"虽同然的事物,其所以然或不同,不同就不能互比了。"②

梁启超将墨子的"三表法"与西方逻辑中的归纳法相对应,将《墨经·小取》中所论述的或、假、效、辟、侔、援、推七种论式与七种论理法则相对应,阐述了其中的谬误思想。其实质是运用"凭借新知以商量旧学"的方法,即通过与西方谬误思想的比较,对墨家的谬误思想进行了研究。自此,梁启超在近代中国谬误思想的研究中,首开了运用西方谬误思想进行中国古代谬误思想研究的风尚。

---

① 梁启超:《饮冰室合集·饮冰室专集之三十九》,中华书局1989年版,第56页。
② 同上。

二、胡适的研究

胡适兼通"汉学"与西学,既掌握了中国古代著作的资料,又精通西方哲学史。因而他在近代中国逻辑思想史上的贡献,不仅表现为他对西方哲学和逻辑思想的介绍,更表现为他运用西方的思想方法,对中国古代思想的整理。《先秦名学史》,胡适留学美国哥伦比亚大学的博士学位论文,是"我国第一部专门研究逻辑思想发展史的学术专著,是专论先秦逻辑思想发展的第一个逻辑史体系"[①],是第一部中国逻辑史的断代专著。《中国哲学史大纲》是"中国近代以来,第一本用现代学术方法系统研究中国哲学史的书"[②]。此书是在《先秦名学史》的基础上扩充修改而成的,因而也是我们研究胡适中国逻辑史思想的重要著作之一。

(一) 胡适论先秦各家的"正名"思想

胡适认为,孔子的中心问题是社会改革。他认为孔子将当时社会的道德乖谬和政治混乱归因于思想界的混乱。胡适认为最能说明孔子思想的一句话是"名不正则言不顺,言不顺则事不成"。"名不正则言不顺",意指"言"由"名"组合而成,名字的意义若没有正当的标准,便连话都说不通了。孔子看到日常生活中的种种行为、义务、关系、习惯等很多都已与指称它们的名不相符。这些名实不符的现象使得日常谈论和判断的真伪、正误无确定性和妥当性可言。语言文字没有正确的意义,那就没有一种是非真假的标准。"言不顺则事不成",是说思想没有确定性和规律性,就不会有道德及和谐的生活。可见,道德沦丧是思想界混乱的结果,是"名不正""言不顺"的结果。孔子为了把社会从道德乖谬与政治混乱中解救出来,提出了"正名"要求。"它的目的,首先是让名代表它所应代表的,然后重建社会的和政治的关系与制度,使它们的名表示它们所应表示的东西。可见正名在于使真正的关系、义务和制

---

① 胡适:《先秦名学史》,学林出版社 1983 年版,《译者的话》第 1 页。
② 胡适:《中国哲学史大纲》,上海古籍出版社 1997 年版,《导读》第 1 页。

度尽可能符合它们的理想中的涵义。"①因而"正名"并不是文法学家或辞典编纂者的任务,而是思想重建的任务。既然社会生活各个领域中"名不正言不顺"的众多现象扰乱了是非真假的标准,那么"正名"就要重建一种理想的是非善恶的标准。根据这个标准进行思想重建,理想的社会秩序就会到来。具体来说,就是"君君臣臣父父子子",即不仅要使觚是觚,方是方,更重要的是使君真是君,臣真是臣,父真是父,子真是子,也就是要求社会中的每一个成员都忠实地履行其应尽的职责。"不君的君,不臣的臣,不子的子和不觚的觚,有角的圆是同样的错谬。"②

胡适认为,孔子为了实现这种理想的社会秩序,还专门探讨了正名的方法,"一部《春秋》便是孔子实行正名的方法"③。在胡适看来,《春秋》正名的方法,可分为三层:第一,正名字,即订正一切名字的意义。这是言语文法学的事业。第二,定名分。第三,寓褒贬,即把作者褒贬的判断寄托在记事之中。胡适认为,这是《春秋》最重要的方法。正名的方法即"要慎审地、而且严正地使用书面上的字和辞,以便寄寓伦理上的判断,像一个国家的法规应给的褒贬一样去作褒贬"④。因而孔子正名主义的关键,就是用"名"和"辞"进行社会思想重建。"语词应该表达现实的事物和制度已经可悲地背离,而它们总该力求接近'意象'或'理想'(事物理应如何)。命题要成为理应十分审慎和公正以便'鼓天下之动'和'禁民为非'的真实的'判断'。"⑤胡适认为,"孔子的正名主义,实是中国名学的始祖"⑥。自孔子提出正名问题起,以后的古代哲学家都受到了这种学说的影响。

由此胡适进一步认为,荀子的"正名"思想是为了从名实关系方面

---

① 胡适:《先秦名学史》,学林出版社1983年版,第29页。
② 胡适:《中国哲学史大纲》,上海古籍出版社1997年版,第70页。
③ 同上。
④ 胡适:《先秦名学史》,学林出版社1983年版,第46页。
⑤ 同上书,第49—50页。
⑥ 胡适:《中国哲学史大纲》,上海古籍出版社1997年版,第75页。

整顿和统一思想,从而清理各学派之间因相互竞争而引起的思想混乱。"'正名'的意义不过是维护已经规定的用法,防止因时久而讹用,防止狡猾的辩者的捏造。"①为此,荀子论述了名的用处、名的同异的起因和制名的原则,并用以检验当时思想家所提出的各种学说。荀子把这些学说划分为三种主要的谬论,胡适对此做了较具体的分析。胡适分析了三种谬论学说所属派别及出处、荀子将其作为谬论的论据以及荀子所提出的检验及消除办法。(一)"用名以乱名"。胡适指出,其中"见侮不辱"的例子是宋子的主张,"反对这一主张的主要论据是它违反了常识"②;"圣人不爱己"和"杀盗非杀人"是墨家的学说,反对的"理由是它和应用名作为别同异的手段有抵触"③。对于此种谬误,荀子认为应用"为什么要有名",即名首先用于明贵贱,其次是别同异来检验。但胡适指出,荀子并没有告诉我们如何应用此种检验方法。(二)"用实以乱名"。胡适指出,"山渊平"是惠施的主张,"情欲寡"是宋子的主张。其检验方法是"所缘有名的同异",即运用感觉器官加以检验。如果其与感官感觉到的事实不相符合,即使论证有效也无用。(三)用名以乱实。胡适指出,此种谬误所举的例子,文字出入较大,因而较难确定原来的词句,但可能是公孙龙的观点。反对此种主张的"理由是它违反社会约定所认可的东西"④,其检验方法自然就是"制名的原则"——同异的原则和根据社会约定命名的原则。荀子认为,以上三种谬论可以将世上"邪说辟言之离正道而擅作者"悉数归入其中。胡适认为,荀子"嫌恶那个时代的各种异端邪说,便树立明君作治理社会秩序的典范,明君'临之以势,道之以道,申之以命,章之以论,禁之以刑'"⑤,因而荀子重新恢复正名学说,是为了进行思想的整顿,使之最终统一于"王道"。

---

① 胡适:《先秦名学史》,学林出版社 1983 年版,第 133 页。
② 同上。
③ 同上。
④ 同上书,第 139 页。
⑤ 同上。

胡适认为,惠施、公孙龙也肯定了"正名"在思想上的重要性。有了正确的"名",便可由名知物,不需时时处处直接见物了。① 他们的正名理论是要按照事物的实际个体特性,尤其是事物之间的相似和相异性来命名。因而正名就是在熟悉事物的基础上,按照"唯乎其彼此","彼彼止于彼,此此止于此"定律对事物加以命名。

(二)胡适论墨家的谬误思想

1. 胡适论墨子的"三表法"

胡适指出,儒家的正名方法是用名以正名,即"通过重建名的原始的和理想的意义,以改正现已陈旧和退化的名"②,但这一方法并没有为我们提供检验其正确性的办法。胡适认为,正是因此墨子才反对儒家的方法,力图寻求一个借以检验信念、理论、制度和政策的真伪和对错的标准。他发现这个标准就存在于信念、理论等所要产生的实际效果之中。墨子主张,"使用一个宾词必须考虑到其所谓,使用一个判断必须考虑它的实际后果"③。为此,墨子提出了"三表法"。胡适认为,墨子的三表法可以概括为检验任何已知思想的真实性的要求:(1)跟已经确立的思想中最好的一种相一致;(2)跟众人的经验事实相一致;(3)付诸实际运用时导致良好的目的。④ 其中第三表最为重要,常常是最后的检验。胡适认为,这三表在运用的时候,要注意一些问题,不能不加批判地运用,否则就会引起谬误。如对"用"不能做过于狭隘的理解。胡适认为,墨子似乎也意识到这一点,因而要求检验应建立在对"最大多数人"有实际效用的基础上。但胡适认为这也只是量的区别,墨子还是忽视了效果间质的区别,即"直接有效的东西和不能被立刻看到的实践价值的东西之间的区别"⑤。

---

① 胡适:《中国哲学史大纲》,上海古籍出版社1997年版,第178页。
② 胡适:《先秦名学史》,学林出版社1983年版,第64页。
③ 同上。
④ 同上书,第69页。
⑤ 同上书,第70页。

2. 胡适论《墨经》中的谬误思想

胡适认为,"类"在《墨经》中具有非常重要的地位。胡适自己更是把"类"作为一切推论,无论是演绎法还是归纳法的根本。演绎法的问题,就是用"其本身性质更加清楚"的事物去说明某一事物。找寻主词所属的类,就是通过更加清楚的性质去表明主词的性质。所以,正确的演绎法必须依靠正确的分类。演绎法本身不能使我们进行正确的分类,这是归纳法的任务。因而,胡适强调在墨辩逻辑中,"逻辑推理被认为完全以类同的原理为基础",即所谓"以类取,以类予"。一切论证的错误,都只是一个"立辞而不明于其类"。

《小取》篇中,后期墨家讨论了辟、侔、援、推四种推论方法在运用中可能出现的错误情形。胡适认为这一部分是后期墨家专门讨论从个别事例推论的四种方法的谬误。这些谬误可以归结为四点:(1)可能其明显的相同是表面的或不相干的,被忽略了的不同却是更基本的或更为重要的。(2)尽管通过许多步骤可以看出侔的推演的证据,它们的类似仍然可能是巧合,而不是原因相同的证明。(3)众所周知的"多种原因"的困难,所谓"其然也同,其所以然也不必同"。热的产生可能是由于燃烧,也可能是由于摩擦,也可能是由于通电,等等。死可以是因为斫头,或溺水,或肺病,或癌症等。(4)最后,存在这样的危险,即由于一个人的偏见或偏爱,而影响他对事例的采纳和拒绝。"其取之也同,其所以取之不必同。"最普遍的结果是置相反的事例于不顾。比如拥护独身者就举牛顿、笛卡尔、斯宾诺莎、霍布斯、洛克、康德、边沁、斯宾塞等例子以证明所有大思想家都是独身的,因而就忽视了那些结了婚的哲学家。① 胡适认为,以上这四种谬误,可以运用同异交得法加以检验。

(三)胡适论先秦思想家的知识谬误

在《先秦名学史》中,胡适论述了荀子论知识谬误的原因和救正的

---

① 胡适:《先秦名学史》,学林出版社1983年版,第93页。

方法。他认为,荀子把一切谬误都归因于心不能知物。心不能知物,一方面可能是因为中心不定,不能静思,不能专一;另一方面,也可能是由于外物扰乱五官,使官能失其作用。没有五官与事物的接触,也就不可能有心的征知作用。对此,荀子在讲"为什么名会有同异"的问题时有详细的论述。胡适认为,荀子似乎把所有谬误和不正确的命名都看作主观的。人们对事物同异的认识,不仅需要感觉器官的感知作用,还需要心的"征知"作用。如果心不能被训练成始终保持"虚心、专一和静心"的状态,那么心就有可能因外界毁损而遭受蒙蔽。因而纠正谬误,需先正心。胡适认为,在荀子看来,谬误纠正的方法,即正心的方法,就在于遵照内行的意见。达到这一要求的捷径就是"法圣王"。依着好榜样去做,便可得正确的知识学问,便也可免了许多谬误。

荀子在可知论的基础上论述产生知识谬误的原因和救正的方法,庄子则直接否认可知论。胡适指出,庄子的不可知论中包含有真理与谬误的关系问题。庄子认为真理与谬误是相对的,也是相互关联的。仅仅是因为观点不同,才使得相互关联的东西显现为真理和谬误,二者的对立能够在更高的统一上协调起来。世人为了分清是非所进行的辩论,其实是"论者囿于一己之偏见而表现出来的知识不全"①。愈辩偏见愈深,愈分不清是非真伪。我们有限的知识,根本不能断定是非。如果把事理见得完全透彻了,就会发现是非本不是永远不变的,一切逻辑的区别都是不真实的和虚幻的,我们需要做的只是"和之以天倪"罢了。

三、章士钊的研究

章士钊对中西逻辑学都有深入研究,他认为"寻逻辑之名,起于欧洲,而逻辑之理,存乎天壤。其谓欧洲有逻辑,中国无逻辑者,瞽言也"②。他所讲授的逻辑将"墨辩与逻辑杂为之",是中西逻辑的结合。

---

① 胡适:《先秦名学史》,学林出版社1983年版,第122页。
② 章士钊:《章士钊全集》(第七卷),文汇出版社2000年版,第293页。

他立志于建立"以欧洲逻辑为经,本邦名理为纬,密密比排,蔚成一学"①的逻辑科学体系,《逻辑指要》一书就是这一主张的具体体现。《逻辑指要》的章节结构同于西方逻辑,论述过程却征引中国学者关于逻辑学之言论,因而"此书不仅寻常逻辑读本,而中土逻辑史料,实具于其中"②。其中"诸悖"一章专论谬误,被认为是"中西谬误论融合的典型表现"③。

(一) 章士钊论逻辑"诸悖"的范围及分类

章士钊主要以亚里士多德谬误思想的体系架构对先秦谬误思想进行了系统解说,将先秦思想中零散的谬误思想纳入一个整体的系统中。

章士钊首先限定了逻辑"诸悖"的范围。他认为,前提中本身自具之谬误,属于专门学科所当负之责;无前提之过或误而在论法乖异,如芝诺悖论,外于形式逻辑而别为其范畴;破坏三段论之规律的谬误,过于明显而不符合逻辑之悖的似是而非的特性,因而以上三者都不在逻辑"诸悖"之列。对逻辑"诸悖",章士钊进行了如下的界定:"凡三段之形具,前提无可驳斥,得断如法,而断终不免于乖谬者,斯本编之所谓悖。易言之,阴毁逻辑之通例大法,而阳若按律唯谨,则悖也。曩所谓伪而辩,非而泽,尹文子称其言谈足以饰邪荧众者也。"④

章士钊取亚里士多德谬误分类的方法,将谬误分为源于语言的"语悖"和外于语言的"质悖"。语悖包括歧词、双关语、合悖、分悖、重音、妄喻,质悖包括偶性、通局混、遁词、丐词、身悖、僵因和多问。在亚里士多德谬误分类的体系下,章士钊引用中国古代文献中的大量例子对各种谬误进行解释。这种解释过程也是对中国古代谬误思想的梳理、分析过程。

"诸悖"还简单介绍了穆勒所立的五类谬误:直观、短察、妄通、舛比、迷思。

---

① 章士钊:《章士钊全集》(第七卷),文汇出版社 2000 年版,第 293—294 页。
② 同上书,第 287 页。
③ 武宏志、马永侠:《谬误研究》,陕西人民出版社 1996 年版,第 260 页。
④ 章士钊:《章士钊全集》(第七卷),文汇出版社 2000 年版,第 540 页。

(二) 章士钊以西方逻辑架构论先秦谬误思想

在分析"偶性"谬误时,章士钊援引"杨布出门遇雨,穿缁衣而返,其犬不知,迎而吠之"对其进行说明。在这个例子中,犬犯了"识其常而不识其偶"的谬误。

通局混,即移局作通而成悖也。中国古代对于移局作通,犹有可记。《战国策》中记载一宋人有学者,将自己的母亲与尧舜天地齐观,求其所贤所大治同,而不晤己身居于其母之生养教诲,非尧舜天地所得并论,故成语悖。章士钊认为,《墨子·小取》中的"获之亲,人也;获事其亲,非事人也"是墨家在警示人们不要犯"通局混"的谬误。"尽获之亲,有其本身之通性为人,且有其对获之属性为亲。获之事之,将以其局而为亲之故乎?抑只在通而为人一谊乎?舍局存通,悖谬立至,故墨家非之。"①

遁词,是指持论于应证之点不证,而滥取他点以相劫持者。遁词包括针对人身和逸果伦楷。针对人身,即持论时,往往避去论点不讲,只说某人品性如何,行为如何,以图取得有利于己之断语。章士钊不仅认为中国古代文献中有关于针对人身谬误的典型事例,而且对该种谬误还有详细的解析,认为"原文释悖已详,无以复加"②。逸果伦楷,是与论点变更相关的谬误。章士钊认为,与逸果伦楷相近者,犹有数义:(1) 骇愚;(2) 徇众;(3) 数典;(4) 废言。骇愚,即辩者因为论敌方不能解释某论点,而认为自己的主张正确,所谓相蒙之说是也。《墨子·耕柱》篇中,子夏之徒用狗猪且有争斗来论证士人也有争斗,墨子认为此"伤矣哉。言则称于汤文,行则譬于狗豨"。章士钊认为,墨子说"伤矣哉",即伤在其出言无择,舞弄愚民也,因而指出了子夏之徒所论为骇愚之辞。

丐辞,"凡始举以待证者,终仍还而就之"③,皆丐辞之类。丐辞,英

---

① 章士钊:《章士钊全集》(第七卷),文汇出版社 2000 年版,第 549 页。
② 同上书,第 551 页。
③ 同上书,第 556 页。

文为"To beg the question",指在论记时把不该视为理所当然的命题预设为理所当然。章士钊指出,《墨经》中所分析的言尽悖及非诽二悖,即是丐辞之一。章士钊认为,《墨经》中的言尽悖和非诽,与因明的一切言皆是妄,都是自语相违。自语相违,即逻辑丐辞之悖。一切言皆不实,是全称命题,属于大前提,结论需根据此大前提而得出。但此大前提所包,是已证之理,还是犹待证者？ 如待证但论证者将其视为已证,并用其作为推理的依据,即为丐辞。自语相违即从逻辑角度指出待证之理不应被视为理所当然的推理依据。而《墨辩》对的言尽悖及非诽的分析同因明自语相违的性质是相同。

无序,所言事者,其中并无前后相次之序,而言者妄定以为有也。这是章士钊于亚里士多德十三种谬误之外多列的一种。《韩非子·外储说左》记载,晋文公出逃时,箕郑和文公走散,虽饿极,却未动食物。晋文公据此判断箕郑不会借原地叛变而提拔了他。大夫浑轩认为,晋文公以箕郑不动壶餐就信赖他不会借原地叛变,是"无术"也。章士钊认为,大夫浑轩在此所谓之"术",与逻辑上之"无序",虽不中亦不远。忍餐与守原,二事紧接,但其中并无逻辑之序。

多问,即将不相关的论点组合成为一个命题加以提问,但引诱一个单一的直接的回答。章士钊认为,墨家所论"通意后对"一条,即在论述逻辑多问之悖。《墨经》云："通意后对,说在不知其谁谓也。"章士钊分析为,此句在告诉人们,当形为一问但质涵多问时,应以何谓也先反质之,化多为单,始行作答,方能无过。否则,径应以弗知,则过。

四、郭湛波的研究

郭湛波认为,"正名"是荀子的根本方法,荀子用它来批评辩学。荀子的"三惑说"就是荀子用"正名"方法反驳辩学的体现。郭湛波认为,荀子"三惑说"的特点是用辩学来批评辩学,不像庄子、韩非等用形而上学政治来批评。荀子的"正名"也不同于孔子的"正名",孔子的"正名"是伦理的,而荀子的"正名"是论理的。这些都肯定了荀子的"三惑说"

乃至他整个"正名"理论的逻辑意义。

郭湛波认为,效为效法,法是法则,所以照着法则去做,便是"效"。与法则不相合的,就是"不中效"。《小取》篇中所论"是而不然"者便是"不中效"的例子。有反对的两个判断,可同时"中效"。还有些判断虽"中效",而所以判断之"故"不中效,还是"不中效"。郭湛波的具体分析与梁启超的分析相似。

郭湛波指出,《墨辩》认为其所论的推论论式中,侔式推论容易出错,因而需非常谨慎,"有所至而止",尤其是要遵循"异类不比"的要求。

五、其他学者的研究

(一) 虞愚的研究

1. 虞愚论荀子的谬误思想

虞愚认为,荀子面对当时学术界紊乱、名实是非颠倒不明的状况,欲破邪显正,遂立三标,揭三惑。所谓三标,即所为有名,所缘以同异,制名之枢要;三惑即用名以乱名,用实以乱名,用名以乱实。三标已立,三惑已揭,订名之主期然而生。

虞愚认为,荀子所论演绎法与归纳法都是建立在类的基础上的。由一类推至于多类,即演绎法;由多类归为一类,即归纳法。类不悖,虽久同理。故明乎类,依乎法,则进退皆得不为邪曲杂物所迷惑。但归纳与演绎易发生谬妄。"远举则病缪",即归纳推理谬妄;"近举则病佣",即演绎推理谬妄。从方法论上来讲,为了避免谬误的产生,防止入于邪曲而不自觉,应先立乎其大前提,亦即荀子所谓"隆正"。"无隆正则是非不分,而辨讼不决。"(《荀子·正论》)荀子所谓"隆正"即以后王礼义、圣人君子等作为行事、为人的前提和标准。从思考历程来讲,欲辨事物,须先有明晰概念,然后乃衡而判断之。于此,诡辩家混淆概念之惯技,亦将束手而无所审矣。

2. 虞愚论墨家的谬误思想

虞愚认为,墨子的"三表法",无一语非带归纳之意味,它同时指出了人们在归纳过程中避免谬误的方法,即三表法要求人们在推理方面,不主一私己之见以为武断也,必征各个特殊之事实以发现其间所存之普遍之真理。

虞愚在论述墨家谬误思想时,将其与西方谬误思想和印度因明进行了比较。

虞愚认为,墨子论知识之来源,共有三种:闻知、说知、亲知。虞愚借助因明的相关论述分析了此三种知识之真假情况。亲知、说知、闻知三者之间,不能偏恃。亲知有最可恃者,如"真现量",亦有最不可恃者,如"似现量"等;说知亦有最可恃者,如"真比量",亦有最不可恃者,如"似比量";闻知真似亦参半焉。闻、说、亲对获得不同类型的知识有不同的保障作用,只有三者相结合,才能提高我们所获得的知识的可靠性。"凡原物者,以闻、说、亲相参伍,参伍不失,故辩说之术奏;未相参伍,固无所用辩说,且辩说者,假以明物,诚督以律令则败。"①但即使三者相参伍,也有未能尽验其然者。如言火必热,言必有明日者,以说不比,以亲即无征;是故主期验者,越其期验。这既是《墨经》所言推类之难的原因,也是庄子持齐物观点的原因。

虞愚指出,西洋逻辑及印度因明都有关于谬误之防御的论述。所谓谬误,即思考之不正确者。逻辑上有"形式上之谬误","材料上之谬误","言语之谬误"三种。因明有宗过、因过、喻过三种。墨子在论或、假、效、辟、侔、援、推七法后,对于谬误的防御亦稍有论及。虽然其所论不能如逻辑及因明之完备,但"此言推论之际不求合乎论式,端以辟侔推援之辞为足,不陷于谬误诡辩之途,盖鲜矣"②。

(二) 陈启天的研究

1. 陈启天论荀子正名

陈启天认为,正名主义发端于孔子,但孔子的正名说相对简单。到

---

① 刘培育主编:《虞愚文集》(第一卷),甘肃人民出版社1993年版,第496页。
② 同上书,第517页。

荀子兼取墨家之说，论列较为明备。他认为，荀子见当时有惑于用名以乱实的，所以阐明所谓有名的缘故；见有惑于用实以乱名的，所以发明何缘而有异同；见有惑于用名以乱实的，所以发明制名的概要。陈启天认为，同实同名，异实异名，本是名学中的要义，可惜荀子未尝说出如何同则同之，异则异之，所以终不能在实际上去应用。所用名词，应名实相符，才易得真相，不然，就多陷于西洋逻辑所谓不尽物的谬误了。

2. 陈启天论《墨经》中的谬误思想

陈启天认为，墨家立辞明类的方法有二，"以类取"和"以类予"。"以类取"即要"以名举实，以辞抒意，以说出故"，"以类予"即"援""推"。"援"就是类推。援例相推，以彼论此，本是常法。然其结论只是或然，不是必然，所以《小取》篇接着说，"有所以然也同，其所以然也不必同"。所谓所以然也不必同，就是果同因不必同；反过来说，即因异果不必异。这是因果律中所宜知的，不然，就易陷入谬误了。"推"就是真正的归纳推理。"以其所不取之，同于其所取者，予之也"，即以少数的事理归到同类的多数事实。不过观察事实的方面不同，其结论也不易正确。因物多方、殊类、异故，不但要观察，观察的范围还不可过狭，几与西洋归纳之首重观察相同了。

第三节　对中国近代先秦谬误思想研究的评价

如前所述，近代对先秦谬误思想的研究取得了许多有意义的成果，是我国谬误思想研究的一个独特发展阶段。这一阶段对先秦谬误思想的研究，不仅有其特殊的历史基础和内在的发展规律，而且与现阶段的先秦谬误思想研究有着密切的联系并对其产生深刻的影响。为了现阶段更顺利、更深入地进行先秦谬误思想研究，需要我们对近代的先秦谬误思想研究进行全面的总结与评价。

一、中国近代对先秦谬误思想研究的成就

(一) 对先秦谬误思想进行了初步的系统整理

先秦谬误思想在我国古代谬误思想中贡献最大、成果最多,同时也最具中国古代逻辑特色。先秦时期各学术思想此起彼伏,异常活跃,"诸侯异政,百家异说"(《荀子·解蔽》)。各学派之间以如何平定天下、重新实现国家的有效治理问题为中心,互相评判,是己非异。这表明对先秦名辩的评论在当时即已初步展开。在《庄子·天下》和《荀子·正名》等篇中都有对各家谬误思想的评述。秦汉之际的思想家也有注意对先秦谬误思想的总结与评价。《吕氏春秋》、《淮南子》、王充的《论衡》等都有对先秦谬误思想整理评析的直接或间接记述。真正做到较为客观、深入、准确地对先秦名辩思想进行比较全面梳理、总结的,当推晋代鲁胜的《墨辩注序》。但此后,对先秦谬误思想的研究基本中断。至清代,学者们展开了对先秦诸子之学的考据、训诂、诠释,虽然从广义上来说,也属于中国逻辑史研究,但毕竟只是停留在说文解字的基础工作上。因而先秦谬误思想研究,只是到近代才又掀起新的高潮。

在近代特殊的社会历史背景下,学者们开创了比较逻辑研究方法,成为中国逻辑史研究也是先秦谬误思想研究的重要方法之一。运用历史分析和比较研究这两种基本方法,近代学者对先秦谬误思想的研究取得许多有意义的成果,如对先秦诸子的"正名"思想进行了详细的分析、整理和评价,对荀子的三惑说,墨子的三表法以及《墨经》中所论的辟、侔、援、推等推论方法在运用中可能出现的错误情形等也进行了具体的分析。当时,对墨家的逻辑思想与西方逻辑和印度因明的比较研究已成为时尚,因而对《墨子》一书中谬误思想的整理、挖掘和解释较为系统和全面,尤其是对《墨经》谬误思想的研究较有代表性。

近代对先秦谬误思想所进行的初步系统整理,形成了先秦谬误思想研究的基本格局,对后来的先秦谬误思想研究产生了深刻的影响。

(二) 对先秦谬误思想有了新的认识

近代中国的思想家对于西方逻辑的认识同其他西方学术思想一样,是为了改变中国现状,救亡图存。但慢慢地,中国学者开始有意识地借鉴西方逻辑知识来思考中国传统思想中有无相类似的内容,从而逐渐形成对中国古代逻辑思想的专业研究。此时对逻辑的研究已经不再止于对西方逻辑的介绍,转而以研究中国古代逻辑思想为主,并形成了一批从事中国古代逻辑思想研究的研究者。中国古代逻辑思想研究以西方逻辑的基本理论框架为主要的研究工具,对中西、中印的逻辑思想进行比较研究。与之相应,近代对中国古代谬误思想的研究也是以西方谬误思想为主导,用以参照解释名辩谬误思想和因明的过论。运用此种研究方法,近代学者对先秦谬误思想进行新的诠释,形成了新的认识。

(三) 对传播西方逻辑知识有一定的促进作用

逻辑学是西方学科之一,在西方逻辑传入之前,中国是没有逻辑这一学科的。西方逻辑的广泛传入和引进,是因为近代学者将其作为救治中国、改变中国现状的途径之一。在近代学者主动学习西学的过程中,逻辑因被看作"一切法之法,一切学之学",被看作革新中国学术和发展科学技术的关键,而倍受中国学术界和思想界的重视。但是逻辑的理性、抽象特点,与中国传统的思维习惯有着很大的不同。逻辑给当时中国所带来的这种完全不同的认识,一方面给中国前驱学者以全新的思维启迪,另一方面也带来了传播的困难。为了更好地将西方的异质文化移入中国,近代学者为其寻找到先秦名辩学这一适合其植根的土壤。"中西文化在中国近代交流会通的过程是从对抗、抵制西学,到认识、研究西学,从认可、接受西学,到学习、传播西学的过程。近代先秦名学研究可以说是这一过程的全息写照,也是中西文化交流会通的一个重要媒介。先秦名学对内承接先秦哲学与文化,进而延伸至中国传统哲学与文化;对外与西方逻辑对接,进而触及西方近代哲学与文化,成为连结中西文化的桥梁,也使西方近代文化向中国传统文化的渗透成为现实。"①近代学者对先秦谬误思想的研究,既是对先秦谬误思想的梳理和总结,也是从逻辑角度对先秦思想界流弊的揭露和批评。有破必有立,发现流弊是为了对其加以破除和解决,其途径就是学习逻辑知识,对思维进行规范。因而,近代学者在对先秦谬误思想进行研究的同时,也表明了逻辑对思维的规范性,尤其是对中国思想界的重要作用,从而鼓励人们加强逻辑学习,有利于促进西方逻辑知识的传播。

二、中国近代对先秦谬误思想研究的局限

(一) 认识的局限

中国近代对先秦谬误思想的研究将先秦时期类似谬误的思想简单对应于西方逻辑,忽视其自身的特点。和逻辑一样,谬误思想也是历史的产物,其产生和发展都是与一定社会历史、科学文化背景、民族文化传统、民族思维方式、民族语言等相联系的。不同地区、民族和不同历史发展阶段的谬误思想产生的背景和条件不同,因而其研究的出发点、角度、研究重点、构建方式等必然存在差异。先秦谬误思想是中华民族文化的一个组成部分,其产生、发展有着与西方谬误思想不同的文化背景,繁衍于中国传统文化土壤的先秦谬误思想,必然有其中国文化传统的特性。如先秦谬误思想的最初产生,是由于中国古代社会由奴隶制向封建制社会转变过程中社会政治生活各个领域中出现了大量的"名实相怨"现象,其产生和发展都是以社会政治和伦理这一价值取向为中心的。只是在后期,随着讨论的深化才出现逐渐脱离社会政治和伦理而从一般意义上讨论名辩问题的倾向。而西方谬误思想在其产生之前,就已形成了具有严格演绎性质的几何学,这为亚里士多德讨论有效推理规则并将这些规则典范化、系统化奠定了基础。因而,先秦谬误思想不可能与西方谬误思想如此吻合,如此相一致。但是由于梁启超、胡适、章士钊、章太炎等人对先秦谬误思想进行的是初期研究,其目的是

---

① 翟锦程:《先秦名学研究》,天津古籍出版社 2005 年版,第 153 页。

在中国传统思想中找到与西方谬误思想相类似、相对应的内容,因而在研究中偏重于求同研究,他们局限于借助西方传统逻辑模式建立起来的谬误思想对先秦谬误思想进行分析,泯灭了先秦谬误思想的风格,抹杀了其个性。

(二) 方法的局限

应当说,由于逻辑学是从西方传来的学科,因此,只要在研究中国古代逻辑思想,就势必要或隐或显地以比较逻辑的眼光来看待"中国的逻辑"。无论中西逻辑中有多少"可翻译"与"不可翻译"之处,有多少"可通约"与"不可通约之处",比较逻辑研究就是探讨"中国的逻辑"的宿命。① 中西逻辑史的比较研究方法的重要性是毋庸置疑的,对于中西谬误思想的研究也是如此。但是比较研究的方法也具有一定的局限性。

中国近代对先秦谬误思想的研究是用单一的西方逻辑框架分析古代各家取向不一的谬误思想。西方传统逻辑有着清晰的历史脉络和相对稳定和固定的理论体系,它是以概念论、判断论、推理论和证明论为主体的理论体系。但先秦名辩谬误思想却是开放的、多元的。先秦谬误思想有其政治伦理倾向,因而各学派不同的阶级利益和思想取向决定了各派的思想呈现不同的形态,即使是同一学派内部,在不同阶段也有不同表现。如先秦时期各家各派甚至各诸子之间的"正名"思想,包括正名的目的、原则、方法等各有不同。再如先秦有关"辩"的谬误的探讨,因"辩"的性质的多元化也呈现出多元化的特征。先秦时期的"辩",是为了是己非异,克敌制胜。因而"辩"的范围不仅涉及思维的实质性方面,而且有关"辩"的方法也往往不是某种单一的逻辑类型所能涵盖的,因而也就不可能全部局限在传统逻辑的范围。即使是《墨辩》一书中有关"辩"的谬误的探讨,也是分散的、多元的。如果用单一的西方逻

---

① 参见张晓芒:《比较研究的方法论问题——从中西逻辑的比较研究看》,《理论与现代化》2008 年第 2 期。

辑框架去分析先秦各家取向不一的谬误思想，必然会对先秦谬误思想的历史发展过程、多元化的理论形态和丰富的思想内容有所割裂。将先秦谬误思想对应于西方传统逻辑的框架之中，进行简单、生硬的比较，一方面有可能使不属于先秦谬误思想的内容掺杂进来，另一方面可能使先秦谬误思想特有的和固有的相关内容被忽略，这样研究所得的成果并非先秦谬误思想本身所蕴含的。

（三）范围的局限

中国近代对先秦谬误思想的研究无论是从其所研究的思想家或者学派，还是从其所研究的内容来说，其论述的范围都相对狭窄。

从近代学者所研究的思想家或学派来看，其研究只涉及先秦时期的个别思想家而未能扩展到更多的思想家和更丰富的其他学派。在近代的研究中，《墨辩》谬误思想的研究占据了绝对地位，是近代先秦谬误思想研究的主要内容。但是近代学者除了对墨子、荀子有一定的分析外，对先秦时期的其他思想家的论述不多。如梁启超的研究只涉及墨子和《墨辩》的谬误思想。胡适的研究有了进一步的扩展，除了墨子和《墨辩》之外，他还研究了孔子和荀子的正名思想。另外，胡适还简单论述了惠施和公孙龙的正名思想以及庄子"齐是非"的思想。其他学者，如郭湛波、虞愚、陈启天等的研究都没有超出以上的范围。只有章士钊的研究相对来说范围较广，除墨家外，还涉及韩非、《战国策》的谬误思想。至于其他思想家，如邓析、孟子、宋钘、尹文、鬼谷子等，近代学者都未涉及。

从内容上看，近代学者对先秦时期思想家的谬误思想的研究也不全面。近代对先秦谬误思想的研究，以对《墨辩》的研究占绝对地位。但即使如此，近代学者对《墨辩》谬误思想的研究也不完全。他们只是重点分析了《墨辩》中"是而不然"的"不中效"的谬误和类推的谬误，《墨辩》中的其他谬误思想则鲜有论述。至于近代学者所研究的其他思想家谬误思想更是如此，其研究都只涉及部分内容而没有形成对先秦思想家谬误思想的全面认识。

第七章
当代西方学者对先秦谬误思想的研究与评价

在国内,中国古代逻辑思想研究的热潮自近代以来至今持续不断。20世纪中叶以后,这一研究热潮逐渐扩展至国外,中国古代逻辑研究日益引起了国际逻辑学界的关注。尤其是21世纪以来,国际逻辑学界逐渐认识到中国古代逻辑研究的重要性,他们将中国古代逻辑看作世界上唯一一种非印欧语言的逻辑类型,具有独立存在的地位和价值,其研究对于全面了解世界逻辑体系具有非常重要的意义。在这一认知基础上,国际逻辑学界陆续发表和出版了大量研究中国古代逻辑思想的论文和著作。在这一过程中,国外学者对我国先秦谬误思想的研究也取得一系列成果,对我们现阶段深入进行先秦谬误思想的研究具有重要的借鉴意义。因此,有必要对当代西方学者关于先秦谬误思想的研究进行梳理和总结。

第一节　西方中国逻辑研究的兴起

一、西方中国逻辑研究的基本状况

胡适留学美国哥伦比亚大学时用英文写成的博士论文《先秦名学史》是中国学者向西方介绍中国古代逻辑思想的第一部著作。随后,虽然不断有西方学者关于中国古代思想的研究著作问世,但是他们的研究并没有真正集中于中国古代的逻辑思想。如 Henri Maspero(1928)第一次对墨经逻辑从哲学意义上进行了的详细、一致的解释;Ignace Kou Pao-Koh(1953)尝试着运用传统的哲学方法构建中国逻辑文本;Ralf Moritz(1974)特别论述了中国古代逻辑思想的社会背景,但是忽视了中国逻辑的形式方面。直到 20 世纪 60 年代,一些具有坚实逻辑背景知识的学者开始关注中国逻辑,对中国逻辑传统的解释才称得上真正运用了我们通常研究逻辑史所采用的方法。如 Janusz Chmielewski 认为,要想研究中国逻辑,首先必须掌握西方的形式逻辑,他的 Notes on Early Chinese Logic 第一到第三卷首次运用形式逻辑对中国古代文献进行分析;成中英(Chung-ying Cheng)则是从西方当代分析哲学的角度研究中国逻辑。[1]

自此之后,国际逻辑学界对中国逻辑史的研究日益密切,陆续有关于中国逻辑的研究著作出版以及大量的论文发表。其中代表成果有:安东·杜米特留(Anton Dumitriu)的《逻辑史》,其中第一卷第二章专门讨论了"中国古代的逻辑";葛瑞汉(A. C. Graham)的《后期墨家的逻辑学、伦理学和科学》(*Later Mohist Logic, Ethics and Science*)和

---

[1] Christoph Harbsmeier. *Logic and Language in Traditional China*, Cambridge University Press, 1998, pp. 21 – 22.

《论道者:中国古代哲学论辩》(Disputers of the Tao: Philosophical Argument in Ancient China);陈汉生(Hansen Chad)的博士论文《中国古代的语言和逻辑哲学》(Philosophy of Language and Logic in Ancient China),以及后来出版的著作《中国古代的语言和逻辑》(Language and Logic in Ancient China);何莫邪(Christoph Harbsmeier)的《中国传统的语言和逻辑》(Language and Logic in Traditional China);吕行(Xing Lu)的《古代中国公元前5世纪至公元前3世纪的修辞学:与古希腊修辞学的比较》(Rhetoric in Ancient China, Fifth to Third Century B.C.E.: A Comparison with Classical Greek Rhetoric)。在以上著作中,包含着对中国古代谬误思想的研究,因而也是本章讨论西方学者对中国古代谬误思想研究时所凭借的主要材料依据。

目前,逻辑学界越来越重视国内外中国逻辑史研究学者的对话、交流与互动。如 2007 年 8 月在北京举行了"第 13 届国际逻辑学、方法论与科学哲学大会",对中国逻辑的一般研究、专题研究和比较研究进行了讨论,中国逻辑研究首次得以在国际会议上如此集中地介绍,为中国逻辑研究的中外学者提供了集中对话的重要机会。[①] 2010 年 11 月在阿姆斯特丹举行了第一届中国逻辑史国际会议,来自中国(大陆及港台)、新加坡、比利时、新西兰、挪威、日本、荷兰等国家的研究人员共 130 多人对中国逻辑史研究进行了热烈讨论。2013 年 4 月,第二届中国逻辑史国际会议在天津南开大学召开,再次汇集了国内外中国逻辑史研究的著名学者,就中国逻辑思想发生、发展的过程、特点、核心概念与问题进行了讨论,并就编写《中国逻辑史手册》召开了研讨。在本次会议上,众多西方学者都提出了自己有关中国逻辑史研究的最新观点。如陈汉生在"自然伦理的隐喻"讲座中指出,中国和印欧的一般伦理思

---

① 翟锦程、邱娅:《近十年中国逻辑史研究的主要特点与趋势》,《哲学动态》2010年第 10 期。

想的一个明显的不同之处在于它们对待伦理自然主义的态度。诸多哲学观点都是通过伦理学中自然主义的意蕴来质疑功利主义的恰当性。相比之下,在中国古代,占主导地位的古典传统是自然主义者和公元前四世纪明确地以功利主义为基础的先秦规范自然主义。它们是自然主义的两种形式间的争论:人文主义(儒家的人本自然主义)和"自然"的自然主义。对于道家,这种规范性在自然世界中随处可见。他探讨了加强两种规范传统间的主导隐喻问题:西方隐喻的是统治、法律和惩处,而中国隐喻的则是"道"式的方法、路径和准则。这种自然伦理的隐喻对中国逻辑特点的形成有一定的影响。成中英在题为"中国逻辑的三个层次:变化、正名、用法"的讲座中指出,中国逻辑思想是基于真实世界而产生的。在古代中国,人们深刻认识到了世界的变化性,正是这种变化性带来的问题促进了中国逻辑思想的产生。《易经》作为中国古代为寻找一个表述现实世界动态变化过程的方式的最初尝试,应该是中国逻辑的源头,其后的先秦各派所提倡的逻辑思想,都是从不同角度对《易经》的解释和发展,如儒家的正名、道家的无名、墨家的实名、名家的指名等,乃至佛教传入中国后以超名的方式刻画也是如此。因而《易经》的逻辑思想应在中国逻辑史研究中受到更多的关注与更深入的挖掘。何莫邪指出,在中国逻辑思想的研究中要注意关注其核心概念的历史与核心问题的发展过程,要在深入系统研究和综合比较的基础上做出合理的解释。他题为"'我'概念的概念史"的讲座深入探讨了"我"的概念在中国古代文献中是如何被解释、体验和表达的,其在剖析概念过程中所使用的历史的、比较的,尤其是逻辑与训诂相结合的方法,带给我们以方法论的新启发。[1] 将中国逻辑史研究的中外学者整合起来,进行联合研究是推动和深化中国逻辑史研究的需要,也是当前国际逻辑学界研究中国逻辑史的必然趋势。

---

[1] 张美玲、崔文芊:《第二届中国逻辑史国际会议综述》,《哲学动态》2013年第9期。

二、西方中国逻辑研究主要代表人物的思想倾向

安东·杜米特留从逻辑史研究的角度,对中国古代逻辑思想进行了系统、简要的概述。他重点论述了具有中国古代逻辑特色的正名——主要是儒家的正名问题,分析了中国思维的逻辑结构。在先秦各学派中,他主要研究了后期墨家和名家的思想。他认为,中国古代哲学没有孕育出像亚里士多德那样的使古希腊哲学达到系统化巅峰的逻辑工具,但是有许多关于逻辑各方面的重要论述,证明了逻辑问题并未处于中国人的思维之外。而且他指出,有些中国学者甚至认为,中国思维的逻辑结构可被解释为一个辩证系统,类似于现代辩证法。[①] 他同时也提出了西方学者研究中国逻辑思想的主要困难之一,即他们对中国哲学理解的困难。这种困难不仅在于古汉语的艰涩难懂,而且更在于中国哲学家在旨趣、思维方式、哲学语言等方面与西方传统的截然不同。如中国学者提问题的方式、对西方人来说乃似是而非甚至自相矛盾的论述等,都使他们难以理解。在这里,安东·杜米特留提出了对中国古代文献的翻译和解释的问题,这一问题是西方学者研究中国逻辑思想中最基本,也是长期困扰西方学者的问题。对这一问题的解决有突出贡献的当属葛瑞汉。

葛瑞汉非常重视对文本的考证和研究,他曾对《公孙龙子》的文本进行过详细考察,并指出《公孙龙子》中只有两段对话是真正属于公孙龙的思想的。他的《后期墨家的逻辑学、伦理学和科学》一书,运用了类似《圣经》考证的方式,强调对文本的研究要重视整体的观点和构想,对文本的校改要针对上下文的关系和版本的演化源流,对文本内容的解释还要强调句法分析的作用,在此基础上对《墨辩》进行了建构和详细、全面的解释。[②] 逻辑反思,尤其是概念的和哲学的澄清、说明,在这一

[①] Anton Dumitriu. *History of Logic* (Volume I), Abacus Press, 1977, p.36.
[②] 王家良:《中国"类"范畴的发展与演变研究》,南开大学博士学位论文,2013年。

建构过程中起着非常重要的作用。

陈汉生和何莫邪都从语言和逻辑的关系角度出发研究中国古代逻辑思想。陈汉生对中国哲学的理解与解释有着自己独特的方式,他从中国古代相关的逻辑材料中得出一些哲学上和逻辑上重要且与众不同的结论。陈汉生以隐含在古典思想中的四个有关语言的假定为中心和标准,即语言的作用是什么,语言与现实是如何联系的,语言是怎样产生以及我们要有何种知识才能知道如何使用它们,语言与心理或抽象对象的关系是什么,对先秦各家思想进行考察。陈汉生认为,中国古代思想家对这四个假定的回答与西方思想家有着很大的不同,中国古代思想家更注重语言的规范功能而非描述功能;语言与世界的关系是一种划分或区别的模型,也就是说语言是对现实的划分与区别,这与柏拉图模式完全不同;语言经由约定产生,而且这种约定比西方所指的约定有着更强的意义,即不仅语言是约定的,而且经语言所进行的对现实的划分与区别也是约定的;只承认名和对象,而没有任何关于如真、意义、共相、观念、概念等抽象实体的理论。正是这些不同造成了中国先秦时期的语言和逻辑自身独特的特点,如中国思想家关注的是某种伦理、政治学说能否激励人们去行动,他们更多地关心语用上的可接受性而较少关注语义的真假等。先秦各家思想呈现出不同的形态、派别,也跟对以上四个假定的不同处理有关。以这四个假定为中心,陈汉生分析了中国哲学中的语义理论、逻辑观念,并详细研究了公孙龙的白马论。

吕行从修辞学角度讨论了先秦名家、儒家、墨家、道家以及法家韩非有关言、辞、谏、说、名、辩的思想。在研究过程中,吕行特别强调对先秦思想家在历史、道德、政治、认识论等方面思想的考察。他认为,只有全面了解诸子的哲学观点和原则以及其所处时代的社会和文化背景,才有可能准确理解他们的修辞思想。

第二节 西方学者对先秦谬误思想的研究

西方学者在研究中国逻辑史的过程中,也对中国古代思想家相关的谬误思想进行过一定程度的论述。其研究成果主要体现在以下几个方面。

一、西方学者论先秦各家的正名思想

(一) 西方学者论儒家的正名思想

1. 儒家正名思想所蕴含的具有一般意义的公式:一名一实

陈汉生指出,儒家的正名思想特别关注那些与包含关系相对立的相互排斥、相互区别的名称。例如,"人"一词如果用来指称一个盗或者任其嫂子淹死的人,是不恰当的;反之,如果用"盗"一词来指称某一具体个人,那么这个人就不再适用"人""君"或"君子"等指称词。陈汉生认为,儒家的这种规定,跟公孙龙思想中"一名一实"的公式在实质上是一致的。① 也就是说,正名是为了保证每一个实都有其自身唯一的、相应的名。因为如果指称和它们的功能不相对应,或者一个指称有多种功能,就会造成名在使用过程中的混乱。

2. 正名是对人们道德、政治行为的规范

西方学者认为,儒家对正名思想的重视,是因为儒家意识到语言对人们行为的规范作用,尤其是对人们在道德、政治等社会行为上的规范作用。中国古代思想家并不像早期西方哲学那样,重视名对对象的描述功能以及在描述基础上的思想或信念的传递功能,中国古代思想家更重视名对人们行为的影响。

---

① Hansen Chad. *Language and Logic in Ancient China*, University of Michigan Press, 1983, p. 76.

陈汉生认为,在中国古代哲学中,论述并不由其所反映的实来判定,而是由它会对接受该论述的人的道德行为产生什么样影响来判定。① 也就是说,中国古代哲学家不注重论述的真假,他们注重的是该论述会带来怎样的社会行为和社会效果。儒家正名思想的基本预设就是:语言的主要功能在于帮助人们进行选择并加以行动。语言应该被用来作为社会控制的工具。道德规则通过名所做出的道德辨别,影响和控制人们的行为。② 陈汉生指出,这种正名理论假定,一旦名正,即名被恰当地表示事物和事件,人们就很容易不违反规则。③

何莫邪指出,儒家的正名思想关注的更多的是名和行为之间的关系,而不是名和对象之间的关系。儒家的正名思想最感兴趣的是诸如父、子、兄、弟、君、臣、夫、妻等社会角色的概念,这些代表社会角色的名自身包含着对具有该角色之人所应履行的道德和价值的要求,如父应该具有父亲的关怀,子应该行孝,君应该能使政府有效率地运转等。这样,社会角色之名本身就成为指导人们社会行为的标准或理想。理解了这些名,人们也就理解了如何实现恰当行为的原则。④ 也就是说,由语言所创立的类——尤其是道德和政治上的类别对组织和规范公众和个人的行为有着重要的作用。儒家正名就是要利用语言的这种作用对人们的思想和行为进行引导,从而使之归向正统。⑤

吕行认为,对于孔子来说,每一个名称都具有一种观念和一种行为。如果现实中的事物没有与它们的名相对应,就会导致社会的无序。正名的目的就是通过确保每个人知道他在社会中所处的位置并据此做

---

① Hansen Chad. *Philosophy of Language and Logic in Ancient China*, University of Michigan Press, Ph. D. , 1972. Philosophy, p. 52.

② Hansen Chad. *Language and Logic in Ancient China*, University of Michigan Press, 1983, p. 77.

③ Hansen Chad. *Philosophy of Language and Logic in Ancient China*, University of Michigan Press, Ph. D. , 1972. Philosophy, p. 52.

④ Christoph Harbsmeier. *Logic and Language in Traditional China*, Cambridge University Press, 1998, p. 53.

⑤ ibid. , p. 52.

出行为来规范公众秩序。可见，孔子充分意识到了名，或者说语言，对人们的观念和行为的影响。① 他指出，对孔子来说，名不仅仅是词或者观念，同时也是具有持久伦理道德价值的一种文化上的规范和标准。因而，正名正的是信念和行为，即通过名所提供的一套规则和标准，对社会上不恰当的信念和行为加以纠正。②

在名对人们行为的规范过程中，儒家主要关注的是对人们道德、政治方面的规范作用。陈汉生指出，儒家正名中涉及的词项和名称，多是在传统礼教中起作用的那些：人、君、兄、弟、父、子等。它们多是以具有互补性的成对的词的形式出现的，表达一种互相间的职责关系。儒家在为事物授予一个名字的同时，也宣告了该事物的一种价值——指定了一个等级。事或人就根据它们的等级或价值来进行区分，不同等级的事物适用不同的名。③ 正名的目的，就是要为道德上的辨别、评价和行为提供一种理想的语言。④

吕行认为，孔子正名的观念集中于政治、社会和道德意义上的交流。这是因为孔子想要修正文化规范和价值，最终实现重新指导人们对道德和精神的追求的目的。为此，孔子定义和发展了一些道德词项，如仁、忠、恕、信、义等。⑤ 他认为，缺少道德内容的空言、巧言都会扰乱社会秩序，造成人们的混乱，应该加以消除。⑥

3. 正名是对伦理道德规则冲突的消除

以上西方学者对儒家正名思想的论述，乃是当前国内外中国逻辑

---

① Xing Lu. *Rhetoric in Ancient China*, *Fifth to Third Century B.C.E.*: *A Comparison with Classical Greek Rhetoric*, University of South Carolina Press, 1997, pp. 160 – 161.

② ibid., pp. 161 – 162.

③ Hansen Chad. *Language and Logic in Ancient China*, University of Michigan Press, 1983, p. 78.

④ ibid., p. 77.

⑤ Xing Lu. *Rhetoric in Ancient China*, *Fifth to Third Century B.C.E.*: *A Comparison with Classical Greek Rhetoric*, University of South Carolina Press, 1997, pp. 161 – 162.

⑥ ibid., p. 164.

史研究者较为普遍一致的观点。除此之外,陈汉生还提出了一种有关儒家正名思想的独特观点:正名是对伦理道德规则冲突的消除。

陈汉生认为,儒家非常强调服从传统礼教,他将此全部规则合称为礼。但是,在这些礼的具体规则之间存在着矛盾,或者说存在着礼的规则的例外。这一问题经常困扰孔子和孟子。如孔子被忠与孝之间的矛盾所困扰:一个人应该告发他父亲偷羊的行为吗?再如孟子所面对的规则的例外情况:一个人应该在男女授受不亲的传统禁令下,伸手援救将要淹死的嫂子吗?陈汉生指出,面对上述问题,儒家并没有发展出一种更基本的道德规范机制,也没有发展出一类用以解决特殊规则或例外的谅解条件,而是求助于正名的解决。儒家通过正名以解决礼的具体规则之间的冲突和例外的途径是,每当一些名称被用于有潜在冲突的规则时,反对对一事物同时引用这些名称。这相当于对所有的词项予以分层次的运用,并把礼教的道德判断组合到它的名称中去。正名过程显然就在于,通过语言的修正用法所引起的态度将产生完全正确的行为,在这种方式下来处理人和事的肯定评价和否定评价之间的分界线(语言学上的区别)。儒家对道德实体的信念驱使它主张语言从概念上重新组织,使得语言的规范功能能精确地反映(并激起)道德区别。由于一种理性语言在描述中不应当允许有冲突和含混,正名就必须消除规则冲突。①

4. 对荀子"三惑"的评析

安东·杜米特留认为,荀子超越了孔子和孟子的社会伦理思想,从"正名"中发展出了一种逻辑理论。他认为,名虽可以随意设定,但一旦被社会应用,就应被遵守,以避免混乱。名家或墨家的荒谬诡辩,皆可归因于名的混淆,荀子将它们分为三类,即荀子的"三惑"。杜米特留同意冯友兰的观点,认为荀子正名的旨趣仍没有离开政治,正名是他建立

---

① [美]陈汉生:《中国古代的语言和逻辑》,周云之等译,社会科学文献出版社1998年版,第92—94页。

社会秩序的手段。①

何莫邪指出,荀子的"三惑"是他对谬误的简要概述,它们分别对应于荀子在之前所提出的有关名的要求的三个主要方面,即"所为有名""何缘以同异"和"制名之殊要"。荀子希望通过这"三惑"来对谬误做出他认为在某种程度上是详尽的论述。何莫邪对三惑进行了具体的论述,并指出第三惑特别难理解。他认为,荀子的第三惑其实是在讲事实谬误(factual mistake),荀子对此提出的解决办法是运用约定论对名进行管理。例如,如果你是 Bill,但是你将你介绍成别人,如 John,那么根据约定论,Bill 和 John 之名的应用就是相互抵触的。这是一种事实谬误。你是 Bill,不是 John。你所说的在事实上是不正确的。②

葛瑞汉也指出,荀子的"三惑"是在"所为有名""何缘以同异"和"制名之殊要"之下所划分的对操作名实的不同方法所致的三种谬误。葛瑞汉将"三惑"与后期墨家进行了比较。他认为,荀子对以上三个方面的讨论和关注名实的后期墨家知识的三个分支相对应,而且,它们被以同于《墨辩》的次序进行处理。与"所为有名"对应的谬误是"由混淆名的操作所致的乱名",这是在揭示同异,尤其是贵贱等级方面时存在着的名不一致的谬误,其对应的墨家原则是"知道怎样合名实";与"所缘以同异"对应的谬误是"由混淆实的操作所致的乱名",这是无视感官的证明而造成的事实谬误,对应的墨家原则是"知道实";与"制名之殊要"对应的谬误是"由混淆名的操作所致的乱实",这是属于逻辑推论范围的谬误,会遭到逻辑驳斥,对应的墨家原则是"知道名"。③

吕行指出,荀子将俗儒和小儒所提议的语言和教义都看作类似于奸言、恶言和流言的东西。因而荀子认为,为了能使它们真正代表事

---

① Anton Dumitriu. *History of Logic* (Volume Ⅰ), Abacus Press, 1977, p. 30.
② Christoph Harbsmeier. *Logic and Language in Traditional China*, Cambridge University Press, 1998, p. 325.
③ [英]葛瑞汉:《论道者:中国古代哲学论辩》,张海晏译,中国社会科学出版社 2003 年版,第 302—307 页。

实,正名就非常必要。① 吕行认为,荀子主张某些言说者会在论证过程中故意违反名的一致性要求从而混淆人们,因而他将其归纳为三种情形,即"三惑"。吕行认为,荀子的第一惑指的是,看起来具有相似意义的名,其指称却不同。如"杀盗非杀人"中,虽然"杀"这个词在两个句子中具有相同的语义,但是"杀盗"和"杀人"可能因语用上的不同意义而指称不同的事实。第二惑指的是,用仅仅表示部分的名去表示整体。第三惑是由于名的乱用,如公孙龙的"白马非马",这一论述通过歪曲名的用法而歪曲事实,因为,事实上,白马就是马的一种。对于以上名实混乱情形的解决方法,吕行并没有从我们通常所认为的从荀子的"所为有名""何缘以同异"和"制名之殊要"三个方面出发来论述。他总结了荀子对以上情形的五种解决办法。首先,人们应注意实质不同却具有相同的名称,从而使其看起来相同的情形,以及尽管因名称不同而使其表面上看起来不同,其实质却相同的情形。第二,检验论述是否可应用、是否和实际相符合,需要我们对有问题的情形进行观察和研究。第三,对违反名实一致原则的论述进行检验,也就是要注重对特定词和概念的意义这一一致性基础进行检验。第四,区分名的正确和不正确用法,然后用制度标准去正不正之名。最后,通过说服和辩论巧妙地反驳那些由对手所提出的论述。吕行指出,除了最后一个方法,其他都是对统治者的具体建议,以帮助统治者维持一个稳定的政府。最后一个方法则是反对由名的误用而造成的谬误的推理方法。吕行认为,荀子对三惑的批判以及所提出的解决办法将推进语义和语用层面上的有效交流,保证统治者的政策和谕旨能够毫无阻碍地被理解和执行。②

---

① Xing Lu. *Rhetoric in Ancient China, Fifth to Third Century B.C.E.: A Comparison with Classical Greek Rhetoric*, University of South Carolina Press, 1997, p. 187.

② ibid., pp. 189–190.

(二) 西方学者论后期墨家的正名思想

1. 命名之依据——"法"和"因"

葛瑞汉认为,后期墨家的命名学说,是把一个实体称为"马"并把这个名称扩展到相像的同"类"。① 因而,名的适合与否跟人们对以同异关系为基础的类的认识密切相关。在以类为基础的命名过程中,重要的是要掌握"法"与"因"。葛瑞汉指出,为了断定某"名"是否适合,需要以相似者为"法",而相似也只是部分相似,为此,我们必须寻找到其中的"因"。比如,我们称有瞎眼的人为盲人是恰当的,但称一个黑眼睛白皮肤的人为黑人就不恰当。人们必须决定身体的哪部分或人类的哪类成员作为"因"。② 可见,"因"是决定事物的类别以及名的恰当与否的关键。例如,如果我们把麋鹿描述为四只眼睛和四条腿,那么,四条腿是动物与非动物的区别之"因",它将麋鹿归入动物之类;而四只眼睛是麋鹿与其他动物的区别之"因",二者共同作用使麋鹿之为麋鹿。葛瑞汉认为,后期墨家指出,在言说中,选择"实"之"名"或"因"或"止之"的"类"。当其精确吻合时,不会引起混乱。如其不精确,用"因"以别道,必须固定"类";在有疑问的类中选定特别的"实"为"是"。然后,便能循道而行,由此及往。③

2. 对儒家"一名一实"之正名思想的拒斥

西方学者普遍认为,后期墨家重视语言的语用性。如吕行认为,后期墨家注意到了名的意义对于使用者来说是相对的。尽管名应该有其指定的指称基点,但是指称基点可能会依据不同人使用名的不同观点而相互变化。如后期墨家认为,南北位置之名依据人所站立的位置的不同而有变化。吕行还指出,后期墨家同时意识到,考虑到使用者和语境,名的意义也可能是辩证的,一个词甚至能被用来指称它的相反面。

---

① [英]葛瑞汉:《论道者:中国古代哲学论辩》,张海晏译,中国社会科学出版社2003年版,第175页。
② 同上书,第176页。
③ 同上书,第176—177页。

如儒、墨对利的不同理解：儒家将利理解为卑劣的、自私的，而墨子将其理解为平等互利的。根据言说者的基本思想以及与词项相联系的主观意义，相同的词完全意味着不同的事物。名也会根据时间的变化而具有不同的意义。如后期墨家指出，义在尧的时期指正确性，而在他们所处的时期则指利。①

陈汉生认为，正是后期墨家对语用的明确认识，使得他们全然没有名与实应完全一一对应的思想。前面我们已经说过，陈汉生认为，儒家正名思想坚持严格的一名一实，他们希望语言成为完善和不变的指导评价性判断。但是后期墨家并不同意将名看作严格指称稳固不变的绝对实体，在他们看来，语言只是对人们的活动有帮助却易使人犯错误的工具。后期墨家认为，严格的一名一实既不可能也不必要。语言中一名一实的例外情况，如二名一实或二实一名的情况，是语言本性的体现。对此，我们无须修正或排除，只要把它们牢记在心并加以留意，在完全根据名来判断和行动时就不至于得出无根据的结论。② 后期墨家对二名一实的重同及因对其不留意而造成的谬误有具体的论述，如"狗"和"犬"的重同，对此，葛瑞汉和何莫邪都做过详细分析。

葛瑞汉认为，后期墨家对"狗"和"犬"的分析，表明事物本没有固定的名称，而且同一物体的不同名称不必然为同义词。葛瑞汉对"狗"和"犬"各自的具体意义和所指进行了非常严谨的文献考察后得出，从时间上讲，后期墨家所说的"犬"，是一个更为久远的名称，而"狗"是后来才出现的；从适用范围上讲，"犬"指猎犬，而且更具有一般意义，"狗"指的是看家和用以食用的狗，其适用范围比"犬"更狭窄。葛瑞汉认为，后期墨家在使用二者的过程中，有两点需要注意：一是当两个名称不被用

---

① Xing Lu. *Rhetoric in Ancient China, Fifth to Third Century B.C.E.: A Comparison with Classical Greek Rhetoric*, University of South Carolina Press, 1997, pp. 213–214.

② ［美］陈汉生：《中国古代的语言和逻辑》，周云之等译，社会科学文献出版社1998年版，第131—134页。

来对比使用时,总是使用"狗",这说明并不是每个人都知道"犬"(狩猎为贵族行为,"犬"之称谓并不都为一般大众所知);二是后期墨家认为"狗可以为犬",但反过来说却不成立,这表明同义词并不同时适用于所有情形。葛瑞汉认为,后期墨家不是贵族,因而他们所说的狗主要指家狗,因而称为"狗"。"犬"虽然更具一般意义,但是对于未接受教育的下层民众来说,却没有知道的必要。① 当二者单独出现的时候,无须区分。但是二者在对照使用时,必须对它们各自的意义和指称有明确的认识。如果人们只知道狗这个事物,对狗的名称"狗"和"犬"却没有清晰的认知,就会造成谬误。②

何莫邪则认为后期墨家对"犬"和"狗"的讨论,其实质是在讨论表达式的语义内容(意义)和该表达式在现实世界中所指的对象(所指)之间的区别的问题。"犬"和"狗"的例子,跟弗雷格"晨星"和"昏星"的例子所表达的思想是一致的。二者都是有着相同的所指却具有不同意义或内涵的标准例子。这种情况很容易造成悖论。在这里,葛瑞汉借用了一个为人们更为熟悉的例子:如果你认识罗纳德·里根,但是你自己却说不认识第一个由演员变成美国总统的人,就是一种事实谬误。葛瑞汉同时指出,为了避免犯这种事实谬误,后期墨家主张人们必须确保他们能够理解所涉及的词项的所指。③

吕行也认为,后期墨家并不简单主张名和实必须完全对应。他指出,后期墨家注意到,有时名并没有完全或准确地表示客体。后期墨家允许这样的名的存在,因为对后期墨家来说,名不仅具有唯名功能,更重要的是要通过名来帮助实现对事物的详细分类。因而后期墨家所讨论的名包括一般的名和特定的名。如"大石头"就是一个特定的名,在

---

① A. C. Graham. *Later Mohist Logic, Ethics and Science*, The Chinese University Press, 1978, pp. 218–219.

② ibid., p. 409.

③ Christoph Harbsmeier. *Logic and Language in Traditional China*, Cambridge University Press, 1998, p. 333.

严格意义上它只能用来指大的石头。而一般的名的指称范围要更广，属于相同种类的不同事物能够用一个一般的名来指称。吕行认为，后期墨家对"犬"和"狗"的讨论，其实质就是对一般的名和特定的名的区分。他认为，"犬"是一个特定的名，而"狗"是一个一般的名，但是二者都属于同一个类。看起来是不同的实体却拥有同一个名称，表面上是谬误，实质上却是可以接受的。因为在本质上可以归为一类的不同的实体可以用同一个一般的名去指称，即它们可以归入同一类名之下，因而后期墨家主张"白马是马"。①

二、西方学者论中国古代有关"悖"的思想

（一）悖："不相容"（反对）的观念与"矛盾"的观念

何莫邪指出，有些西方学者认为中国人一点也不为矛盾所困扰。何莫邪认为，在讨论这个问题之前，我们应先进行一些重要的概念上的区分。首先是对事实上的不相容和逻辑上的不相容的区分。事实上不相容的两个论述，其所陈述的内容在事实上永远不可能同时为真；逻辑上的不相容指的是，相互矛盾的事物、因素在任何可能的情况下都不可能同时为真。其次是对不相容的陈述与矛盾的陈述之间的区分。不相容指的是不能同时为真，而矛盾指的是不能同时为真，但是其中之一必然为真。如说某物是水牛和说某物是马就是不相容的。"这是马"和"这是水牛"是不相容判断，却不是矛盾判断，因为它们可能同时为假。矛盾的陈述应该是诸如"这是马"和"这不是马"的陈述。与不相容的论述相比，中国古代思想家对于不能同时适用于同一对象的矛盾的陈述，没有太多的兴趣。②

---

① Xing Lu. *Rhetoric in Ancient China, Fifth to Third Century B. C. E.：A Comparison with Classical Greek Rhetoric*, University of South Carolina Press, 1997, pp. 212 – 213.

② Christoph Harbsmeier. *Logic and Language in Traditional China*, Cambridge University Press, 1998, p. 213.

何莫邪认为,中国古代思想家事实上非常强调要避免行为、意向或陈述间的不一致,这是无可否认的。但问题是,对于不同于"反对"的"矛盾"观念,中国古代思想家是否给予了特殊的理论关注?对此,何莫邪给予了肯定的回答。何莫邪认为,在后期墨家的逻辑中,是发展了有关"矛盾"的观念的。这首先表现在后期墨家对辩的定义中,"辩,争彼也","辩,或谓之牛,或谓之非牛,是争彼也。是不俱当"。再如,在后期墨家对道家"非诽"论中的前后矛盾的揭示,表明后期墨家对矛盾有着敏锐的意识。如果某人持有某个观点,那么他因此也就承诺了他对该观点的否定持反对态度。因此,道家的"非诽",即反对一切批评,自身蕴含矛盾。其具体的分析过程为:如果有人主张"应该反对一切批评",那么,如果他说的是真的,"不应该反对一切批评"的观点就应该被否认。但是如果他承认该观点应该被否认,那么他就并不是真正主张"应该反对一切批评"。至少在一种情况下,即在反对"不应该反对一切批评"的情况下,此人未能"反对一切批评"。因此,这个人的命题是前后矛盾的。① 何莫邪认为,不仅后期墨家,即使是在"反智力"的儒家思想中,也表现了对逻辑的矛盾观念的应用。何莫邪指出,《韩非子》中有记载,孔子曾被指控他对良好的政府管理的说明有前后矛盾之处,对此,孔子进行了辩护,他指出这些不同的说明是针对不同的政治情形而做出的。何莫邪认为,孔子的辩护说明:(1) 前后矛盾的指控被得以严肃地对待;(2) 孔子的(有时表面上前后矛盾的)论述可能不应该被解释成理论上的抽象说明或定义,而只是一种对历史情形的具体反应。②

(二) 悖的各种具体表现

何莫邪对中国古代思想家有关"悖"的论述进行了详细的分类说

---

① Christoph Harbsmeier. *Logic and Language in Traditional China*, Cambridge University Press, 1998, pp. 216 - 217.

② ibid., pp. 217 - 218.

明①,具体表现为:

1. 行为间的矛盾

何莫邪认为,古代中国对行为间的不一致的揭露是非常普遍的。如在《孟子·公孙丑下》中,陈臻质疑孟子在"于齐,王馈兼金一百而不受"和"于宋,馈七十镒而受""于薛,馈五十镒而受"中"不受"与"受"之行为的矛盾,认为"前日之不受是,则今日之受非也;今日之受是,则前日之不受非也。夫子必居一于此矣"。何莫邪指出,在陈臻对孟子的质疑中所隐含的思想是一个具有道义感的人应该对相似的情形做出相似的反应。如果他对于同一类情形做出不同的反应,那么就造成矛盾。何莫邪认为,孟子承认陈臻的质疑是一个有效的反驳,但是他指出"受"与"不受"的前后两种情形事实上在相关方面并不相似,据此孟子为自己进行了辩护。

2. 言行间的不一致

如在《墨子·兼爱下》中,墨子指出了人们"言而非兼,择即取兼"的言行不一致。何莫邪认为,对言行间不一致的避免是古代中国非常流行,甚至也可能是最具影响力的观念。

3. 心理态度间的不一致

在《论语·颜渊》中,子张问孔子如何"辨惑",孔子指出"爱之欲其生,恶之欲其死。既欲其生,又欲其死,是惑也"。何莫邪认为,孔子所讲的"惑"的观念,就与不一致的欲望密切相关。

4. 欲望与行为间的不一致

在《韩非·五蠹》中,韩非指出"斩敌者受赏,而高慈惠之行;拔城者受爵禄,而信廉爱之说",此皆"不相容之事,不两立也"。何莫邪认为,韩非在这里指出了人们行为与其态度之间的不一致。而且,从某种不精确的意义上来看,韩非的揭示已经触及了真正的矛盾。这再次表明

---

① 以下参见 Christoph Harbsmeier. *Logic and Language in Traditional China*, Cambridge University Press, 1998, pp. 213–216。

矛盾的观念在中国古代就已产生，并不是在学于马克思之后才形成的。

5. 陈述间的不一致

何莫邪认为，韩非不仅对行为和态度上的矛盾感兴趣，而且他对陈述间的矛盾的抽象概念也很感兴趣。这主要表现在他所构造的"矛盾之说"中。楚人一方面说"吾盾之坚，莫能陷也"，另一方面又说"吾矛之利，于物无不陷也"，他因为同时肯定了两个不一致的论述而陷入了矛盾之中。因而当被问及"以子之矛陷子之盾何如"时，楚人"弗能应"。何莫邪认为，韩非指出了楚人陈述的"不可同世而立"性，这表明韩非近乎指出其所批评的论述的问题正是在于其不一致性。

另外，孔子、邓析等也对此进行过论述。如在《论语》中，经常有对于孔子的不一致的评论的质疑。邓析在《邓析子·无厚》篇中也要求"谈者，别殊类，使不相害；序异端，使不相乱。谕志通意，非务相乖也"。何莫邪认为，邓析所说的"不相害""非务相乖"都是在要求人们注意避免陈述间的矛盾。

6. 词项间的不一致

在《论语·公冶长》中，有人认为申枨可以称为"刚"，但是孔子则反驳道："枨也欲，焉得刚。"何莫邪指出，在此，孔子明确地将"刚"和"欲"看作是逻辑上不相容的。另外，在《荀子·不苟》中，荀子指出"君子，小人之反也"，其中"君子"与"小人"就是具有不相容关系的两个名词词项。而且何莫邪还指出，"反"这一词项所表示的通常为"反对"而非"矛盾"关系。

(三) 西方学者论后期墨家有关悖论的思想

葛瑞汉认为，虽然《墨辩》说"以悖，不可也"，但是这并不意味着"悖"和"不可"同义，因为"不可"和逻辑上混乱或自相矛盾的推论不同。他将后期墨家的"悖"解释为"自我伪造的(self-falsifying)，不合逻辑的(illogical)"，指的是那些因自身包含着矛盾而成为不合逻辑的行为或言说。葛瑞汉指出，在《墨辩》中，"悖"字有好几处是表示自我矛盾的悖论之意的，它们分别是"以言为尽悖，悖"(B71)，"以学为无益也教，悖"

(B77),"非诽者谆(悖)"(B79)。①

葛瑞汉认为,B71和B79是对"所有命题都是错的"和"所有命题都是对的"这两个命题的重要反驳,与亚里士多德《形而上学》的1063b/30-35相似。但是后期墨家并没有将两者相对称而提出,因为它们被用来解决庄子在"齐物论"中提出的反理性哲学的观点。后期墨家对此提出了明确的反对理由:庄子并不否认一切言都是不受认可的,但是这句话本身同时也确实意味着与其自身相反的意义,因而是自相矛盾的。② 对B77中的自相矛盾的分析跟对以上两者的分析相同。③

何莫邪重点分析了后期墨家提出的"以学为无益也教,悖"。何莫邪指出,道家主张"学之无益",后期墨家认为此主张是不一致的、自相矛盾的陈述。按照逻辑的观点,如果认为学习无益,那么它跟努力教人们认识"学习无益"这句话本身就是不一致的。因为,如果"学之无益"这句话为真,那么学习者就不能增加他的知识范围,而如果学习者能增加知识范围,那么这句话就不是真的。何莫邪认为,这一悖论的构造跟罗素的理发师悖论非常相似。罗素的悖论为"该村的理发师只为该村所有不能为自己理发的人理发"。这里,我们再次陷入自相矛盾的情形。理发师,如果他为自己理发,那么根据刚才所主张的观点,就得出他不能为自己理发的结论。但是如果他不为自己理发,那么同样根据刚才的观点,就得出他要为自己理发的结论。④

此外,西方学者还注意到,后期墨家还论述了有关同义词在使用过程中可能产生的悖论的思想。杜米特留认为,后期墨家中有一些定义采用的是同义词定义。但是后期墨家同时也注意到,同义词并不是永远可以互换的,如前面我们所讨论的"犬"和"狗"的问题。如果我们对

---

① A. C. Graham. *Later Mohist Logic, Ethics and Science*, The Chinese University Press, 1978, pp. 199–200.

② ibid., p. 446.

③ ibid., p. 452.

④ Christoph Harbsmeier. *Logic and Language in Traditional China*, Cambridge University Press, 1998, p. 338.

二者的区别未加留意而总是在同义的意义上使用，就会产生悖论。①何莫邪也认为，后期墨家通过"犬"和"狗"的例子，讨论了人们因没注意表达式的语义内容和所指之间的区别而引起的悖论。关于这点，我们在上一节已经有所分析，在此不再赘述。

三、西方学者论后期墨家有关推理谬误的思想

（一）对推理形式或程序的普遍有效性的否认

后期墨家认为，惑、假、辟、侔、援、推的论辩方式会提高论证的说服力，但是这些方法同时也具有导致错误论证的危险。因而陈汉生指出，将这些论辩方式看作演绎形式是不能令人信服的，因为墨家特意指出它们可能"出毛病"。对于这些论辩方式，墨家分析的要点并不是证明这些技巧和推理形式是正确的，而是表明它们的局限——否定它们的普遍有效性。②在所有论辩方式中，"侔"是最接近形式逻辑的一种，也是墨家讨论得最为详细的一种。但是墨家对这一最具形式的技巧——短语或句子的讨论，仍然主要集中于其适用性的有限。他们列举了众多侔式推论中不符合形式技巧的例子，关键就是要表明墨家对论证形式的普遍有效性的否认。③

葛瑞汉也指出，无论言说艺术还是辩论艺术，墨家的兴趣都不在于建立逻辑形式。它设置并列句式，不是尝试着探究三段论，而是表明推论有时可能会出现失效的情况。葛瑞汉认为，这一点使墨家的思想具有了维特根斯坦的表征。他指出，古代中国与西方思想在逻辑方面经历了相反方向的运动。不同于墨家对推论形式的普遍有效性的否认，西方则注重用逻辑方法探求必然真理。但是，现在西方也逐渐意识到

---

① Anton Dumitriu. *History of Logic* (Volume Ⅰ), Abacus Press, 1977, p. 21.
② ［美］陈汉生:《中国古代的语言和逻辑》，周云之等译，社会科学文献出版社1998年版，第151—152页。
③ Hansen Chad. *Language and Logic in Ancient China*, University of Michigan Press, 1983, p. 129.

论题的公式化表述背后的相同与区别是有疑问的,因而西方现在正摆脱逻辑而进入未宣传有逻辑必然性的墨家的言说艺术。①

后期墨家将推理形式普遍有效性受限的原因归结为语言。陈汉生指出,墨家认识到证明技巧的适用性有限的原因是这些技巧的运用依赖于变动无常的语言功能。②葛瑞汉也指出,在中国古代的语言中并没有一种能够唤起人们对句子结构中逻辑关系注意的词法形态的区别。因而中国哲学意识到言说是一种似与非的模式,其中对思想构成最明显威胁的便是虚假的并列。因此,墨家发明了一套考察描述的程序,但当其进入具有逻辑必然性的辩论方面时他发现,作为十分分散的原则,其中每步的明晰性与必然性使之不必然去规定程序。③吕行则认为,后期墨家将推论谬误的产生归因于语言的语用性。他指出,后期墨家认为,语言的意义对每一个个体来说,以及对每一种特定的情形来说,都是不同的。在某些情况对某些人来说是真的,可能在另一些情况下对另一些人来说就不是真的。因此,当在论证中应用这些方法的时候,人们必须灵活且适度,否则就会导致偏见、错误结论或者虚假概括。④

(二) 对各种推理谬误情形的详细解释

陈汉生认为,墨家否认推理形式普遍有效性的论据,主要在于他对侔式推论的分析。⑤后期墨家举例分析了侔式推论谬误的各种情形,

---

① [英]葛瑞汉:《论道者:中国古代哲学论辩》,张海晏译,中国社会科学出版社2003年版,第182—183页。

② [美]陈汉生:《中国古代的语言和逻辑》,周云之等译,社会科学文献出版社1998年版,第152页。

③ [英]葛瑞汉:《论道者:中国古代哲学论辩》,张海晏译,中国社会科学出版社2003年版,第183页。

④ Xing Lu. *Rhetoric in Ancient China*, *Fifth to Third Century B.C.E.*: *A Comparison with Classical Greek Rhetoric*, University of South Carolina Press, 1997, p. 221.

⑤ Hansen Chad. *Philosophy of Language and Logic in Ancient China*, University of Michigan, Ph. D., 1972, Philosophy, p. 115.

并将其分为四组:是而不然、不是而然、一周而一不周、一是而一非。这四组谬误情形的存在,是对论证形式普遍有效性的重要反驳。墨家对这些谬误进行了详细的例证分析,对此,西方学者,尤其是陈汉生和葛瑞汉,进行了具体的分析与解释。

1. 陈汉生对推理谬误的各种情形的详细解释

陈汉生指出,侔式推论是从一个基本语句(最典型的是等式"X 是 Y",在汉语中表示为"XY 也")出发,然后,像在代数中一样,把相同的元素加到等式两边从而形成的一种形式的一步推理。陈汉生将包含"非"这一句法否定元素的否定语句称为"标注的",反之,就是"未标注的"。称推论前的原始等式语句为"基础"句子,称运用代数技巧产生语句为"结果"句子。这样,陈汉生就对《小取》中的分析进行了如下的描述:墨家称一个"未标注"的基础语句为"是"语句,而称一个"标注"的基础语句为"非"语句。一个"未标注"的结果语句叫作"然"语句,"标注"的结果语句叫作"不然"语句。从中我们所要检验的推理规则是:代数技巧总能从"是"语句得出"然"语句,从"非"语句得出"不然"语句吗?[1] 按照形式分析,如果基础语句是肯定的,那么结果语句也应该是肯定的;如果基础语句是否定的,那么结果语句也应该是否定的。但是墨家自身并不同意这一逻辑推理规则,因为存在着一系列匹配出问题的例子,[2] 即侔式推论谬误的四种情形。可见,这一推理有时有效,有时无效。而陈汉生认为,墨家对造成这一有效与无效的不一致性的原因的解释,依赖于词项表达式的语义学。[3] 具体包括:

---

[1] [美]陈汉生:《中国古代的语言和逻辑》,周云之等译,社会科学文献出版社 1998 年版,第 152—153 页。

[2] Hansen Chad. *Philosophy of Language and Logic in Ancient China*, University of Michigan, Ph. D., 1972, Philosophy, p. 116.

[3] [美]陈汉生:《中国古代的语言和逻辑》,周云之等译,社会科学文献出版社 1998 年版,第 153 页。

短语中词项的形式指称的同一并不能使短语串所表达的意图同一。① 如说"其弟,美人也。爱弟,非爱美人也",是因为美人与弟在纯形式的层次上可能指称相同的实,但是短语"爱美人"和"爱弟"所传达的意义却是不同的。"爱美人"和"爱弟"是两种不同的关于爱的行为。"爱美人"是一种浪漫之爱(因为他漂亮),而"爱弟"是一种兄弟之爱。按照中国的道德观点,爱美人和爱兄弟必须被理解为具有不同意图的两种行为。② 在中国的道德观念中,爱美人被看作放肆的、不被同意的,而爱弟却是一种义务。③ 因而,当从在纯形式层次上指称实的名转至表示行为的动宾表达式时,我们必须考虑该行为的意图,考虑与该行为一致或不一致的特定规则,才能真正理解该动宾表达式的意义。在"获之亲,人也。获事其亲,非事人也"中,"事亲"和"事人"的规则不同,二者是不同类型的义务和不同的行为方式。符合"事亲"的规则不满足"事人"的规则。④ "事亲"是子女和父母的恰当关系,而"事人"是主人和仆人或丈夫与妻子之间的恰当关系。因此,侍奉父母只是履行了一种义务,却没有履行侍奉丈夫或主人的义务。⑤

物质质料语义学中固有的部分-整体歧义。⑥ 从基础语句出发,如果增加的是需要部分-整体或同一性关系的字符,如"乘"或"人",就会

---

① [美]陈汉生:《中国古代的语言和逻辑》,周云之等译,社会科学文献出版社 1998 年版,第 156 页。

② Hansen Chad. *Language and Logic in Ancient China*, University of Michigan Press, 1983, p. 131.

③ Hansen Chad. *Philosophy of Language and Logic in Ancient China*, University of Michigan, Ph. D., 1972, Philosophy, p. 116.

④ Hansen Chad. *Language and Logic in Ancient China*, University of Michigan Press, 1983, p. 131.

⑤ Hansen Chad. *Philosophy of Language and Logic in Ancient China*, University of Michigan, Ph. D., 1972, Philosophy, p. 116.

⑥ [美]陈汉生:《中国古代的语言和逻辑》,周云之等译,社会科学文献出版社 1998 年版,第 159 页。

造成句子的不匹配。① 陈汉生认为,汉语名词的语法与英语中"物质名词"的语法惊人地相似。物质名词,是像水、米、纸、家具、草等一类的词。它们与可数名词相对,没有复数形式,前面不能直接加数词或不定冠词。但是它们可以与我们称之为数量词或种类词的表达式连用,这些表达式使人们能够把实体分割成可数的单位,如一杯水、一棵草、三件家具。名词本身就是完整的词项表达式。② 中国古代并没有关于本质、观念或属性的观念,因而中国古代并不关注众多"例子"或"元素"所共有的那个"一",他们更关注的是如何确定词项的指称范围。处于词项地位的"马",根据语境的不同可能指称整个部分整体学的对象——具体的种,或指称某个部分、特定的马群、马队或单个的马。汉语语义学的中心问题围绕着部分-整体的指称歧义旋转。③ 如词项"木"有时指物质词项"木"(wood)(没有固定的标准单位),有时也指有标准单位的"树木"(tree)。在"车,木也。入车,非乘木也。船,木也。入船,非入木也"中,"木"是在物质名词的意义上使用的。④ 要想避免谬误,我们应弄清什么时候一个短语被解释为适用于由它所包含的词项之一所指称的所有质料或只一部分⑤。陈汉生认为,墨家对"一周一不周"的分析,主要就是讨论此问题的。如"爱人"中的"人"接近集合物质名词"人类"而非可数名词"人"。后期墨家指出,在从肯定到否定语句的转变中,"人"这一词项也从一个表示全体的概念变为表示局部的概念。一个人只有爱人的全体才能被称为是"爱人",但是要不爱人只需不爱人中的任何一部分——因此"爱人"中的人是周,而"不爱人"中的人是

---

① Hansen Chad. *Philosophy of Language and Logic in Ancient China*, University of Michigan, Ph. D., 1972, Philosophy, p. 116.
② [美]陈汉生:《中国古代的语言和逻辑》,周云之等译,社会科学文献出版社 1998 年版,第 39 页。
③ 同上书,第 43—44 页。
④ Hansen Chad. *Philosophy of Language and Logic in Ancient China*, University of Michigan, Ph. D., 1972, Philosophy, p. 117.
⑤ [美]陈汉生:《中国古代的语言和逻辑》,周云之等译,社会科学文献出版社 1998 年版,第 159 页。

不周。而"乘"的情况正好相反,乘马,不需乘所有的马,只需乘其中的任一部分即可。不乘马,却必须不乘所有的马。① 陈汉生指出,后期墨家对"人""马"的周与不周的分析,表明他们对以下问题的困惑,即为什么一个词项只指称实的一部分而另一个却则指称实的全部,为什么否定一个语句就颠倒了其指称的普遍性——使得对一个实的全部指称成为部分指称,反之亦然。陈汉生同时指出,墨家只是提出了这一困惑,却没有给出解决办法。陈汉生认为,要想解决这一困惑,我们应知道如何对物质名词进行量化处理。某些处在宾语位置上的物质名词,可以通过某些动词的某些用法来判定其量词。如"他讨厌水"中的"水"被隐含地全称量化了——它指称所有的水,即水这一物质自身。而在"他喝水"中,"水"这一词项隐含地表达了存在量词——它指称某些水,即水这一物质的限量部分。如果我们知道如何对物质词项进行量化处理,因否定句颠倒量化所造成的问题、谬误就容易解决得多。②

陈汉生将以上两种看作造成侔式推论谬误的最主要原因,它们几乎可以用来解释墨家所讨论的四组谬误的全部情形。除此之外,陈汉生认为,墨家还提出了一些针对个别谬误情况的解释:

一是有关"止且"的情况。陈汉生认为,墨家对"且入井,非入井也。止且入井,止入井也。且出门,非出门也。止且出门,止出门也"的解释求助于因果事实。前一个因果阶段不同于后一个,但制止前一个因果阶段就是制止后一个。③

二是有关语词"非"的歧义问题。陈汉生认为,语词"非"既可指不及物动词"不是",也可指及物动词"否定"。在论证中,模糊词"非"经常从不及物动词"不是"向及物动词"否定"转变。在"有命,非命也;非执

---

① Hansen Chad. *Philosophy of Language and Logic in Ancient China*, University of Michigan, Ph. D., 1972, Philosophy, pp. 121-122.

② Hansen Chad. *Language and Logic in Ancient China*, University of Michigan Press, 1983, p. 136.

③ [美]陈汉生:《中国古代的语言和逻辑》,周云之等译,社会科学文献出版社1998年版,第158页。

有命,非命也"中,基础语句中的非命意味着"不是命运",而结果语句中的非命意味着"否定命运"。① 人们将结果语句中的非命读作"不是命运",因而造成了谬误。墨家反对宿命论,而"不是而然"的例子就是为其反对宿命论的观点所进行的辩护。

以上的分析对形式技巧失效的原因进行了详细的解释,但是这些解释本身并不是墨家提出来的,而是陈汉生基于墨家所提出的例子而构想出来的。陈汉生指出,墨家并没有对以上四组谬误进行剖析,没有为它们提供一个理论基础,以解释毛病出在哪,因而相关的论述并没有说明问题的实质。他们只是以导言的形式提出泛泛的指责,并给出反例加以支持,从而告诫人们形式技巧不能在所有的场合得以运用。而墨家对这一问题所给出的唯一答案是语言的不稳定性——多方、殊类、异故。② 而且,陈汉生还指出,墨家提出这些反例的最终目的并不是否认推理形式的普遍有效性,而是在否认推理形式可靠性的基础上,瓦解对墨家"杀盗非杀人"观点的攻击。因而,其最终目的是要捍卫墨家的道德理论。③ 陈汉生详细分析了墨家辩护"杀盗非杀人"这一观点的具体过程:

论敌对墨家的攻击主要在于,墨家在承认"盗人也"的同时又肯定"杀盗非杀人"。陈汉生认为,对墨家这一主张的攻击既可能是来自坚持一名一实的儒家及形式辩证同盟(如公孙龙),也可能来自那些真正反对杀盗的道家及其辩证论同盟(如惠施)。陈汉生更倾向于认为攻击是来自儒家的。对于儒家来说,他们是同意"杀盗非杀人"这一结论的。为了避免矛盾,儒家坚持的是"一名一实"的语言理想原则,如孟子认为杀周王不是弑君,而是杀一个普通人。按照这一原则,孟子前后一贯地

---

① Hansen Chad. *Philosophy of Language and Logic in Ancient China*, University of Michigan, Ph. D., 1972, Philosophy, p. 121.
② [美]陈汉生:《中国古代的语言和逻辑》,周云之等译,社会科学文献出版社 1998 年版,第 154 页。
③ Hansen Chad. *Language and Logic in Ancient China*, University of Michigan Press, 1983, p. 132.

认为杀桀不是杀人,而是杀盗。可见,儒家使用正名去使"杀盗非杀人"与推理原则一致,从而得出结论:盗不是人。而对于墨家来说,他们避免矛盾的方法,并不是像正名者那样否认"盗是人",他们否认的是推理规则,即否认从基础语句到结果语句的逻辑过程。墨家倡导兼爱,却把盗排除在外;在肯定盗是人的同时,认为杀盗可以,但杀人不行。这种表面上的不一致,在墨家看来并不矛盾。① 它之所以受到攻击是因为人们对推理形式有着太大的信心,但实际上推理形式并不是完全可靠的。② 这样,墨家就将人们对"杀盗非杀人"的攻击转移到对推理形式的攻击上,从而使"杀盗非杀人"的观点得到了辩护。

2. 葛瑞汉对推理谬误的各种情形的详细解释

葛瑞汉重点分析了墨家"是而不然"和"不是而然"的谬误情形,并将谬误的产生归因于习语和逻辑的区别③。

葛瑞汉认为,后期墨家详论了在名的联合中习语的不同④。他们认为,在名的结合的每一种情形中,都假定了一种惯用的意义。如墨家说"杀狗非杀犬"就意在表明"杀狗"和"杀犬"所表示的惯用意义有所不同。"杀狗"惯指杀家狗,而"杀犬"惯指杀猎狗,尽管这一区别已经被人们所遗忘。⑤ 为了更好地阐明这一观点,葛瑞汉举了英语中一个更为明晰的例子:我们可以说"shank"是"leg",但不能据此认为"pulling someone's shank"是"pulling his leg",因为"leg"和"pull"结合后,意义已经发生变化,"pulling someone's leg"是取笑某人的意思。⑥

---

① Hansen Chad. *Language and Logic in Ancient China*, University of Michigan Press, 1983, pp. 156 – 157.
② Hansen Chad. *Philosophy of Language and Logic in Ancient China*, University of Michigan, Ph. D., 1972, Philosophy, p. 118.
③ [英]葛瑞汉:《论道者:中国古代哲学论辩》,张海晏译,中国社会科学出版社2003年版,第180页。
④ 同上书,第179页。
⑤ A. C. Graham. *Later Mohist Logic, Ethics and Science*, Chinese University Press, 1978, p. 424.
⑥ ibid., p. 424.

在推理过程中,习语的变化有时不会影响结论的有效性,如墨家所讨论的"是而然"的情形;但有时它也会影响结论的有效性,如墨家所讨论的"是而不然"和"不是而然"的情形。在"是而不然"和"不是而然"的情形中,习语意义的变化,使得结构相像的辞具有不同的逻辑蕴涵。如,如果我们承认"白马马也,乘白马乘马也",那么据此我们似乎很容易得出,我们也应承认"盗人人也,杀盗人杀人也"。但是葛瑞汉认为,墨家所说的"杀盗"乃处死盗贼的日常用语,而"杀人"有谋杀或屠杀的贬义。① 可见,上述前后两辞具有不同的逻辑蕴涵,因而不能从前者的有效性推出后者的有效性。葛瑞汉认为,这里墨家似乎意识到辞与一组名的区别,即辞所传达的知识不同于仅由名唤起的观念或意象,辞比一组名有着更多的意涵。②

四、西方学者论道家有关谬误的相对性的思想

吕行认为,对庄子来说,我们有关世界的知识是主观的、不确定的、相对的。因而世界上本来就没有最终的真、假之分,对和错的区别只能导致单方面的观点,意在赢和输的争论都是无效且荒谬的。③ 陈汉生也指出,庄子认为争论原则上都是不可解决的,因而都是无意义的。④

陈汉生认为,在庄子看来,语言的区分功能和约定性造成了真假的相对性和争论的无意义性。陈汉生认为,相对于西方的名的指称作用,中国古代的名仅仅是进行区分的工具。人或事件根据它们的等级或价值进行区分,不同等级的事物适用不同的名。它预设,一旦事物被划分

---

① [英]葛瑞汉:《论道者:中国古代哲学论辩》,张海晏译,中国社会科学出版社2003年版,第179页。
② 同上书,第182页。
③ Xing Lu. *Rhetoric in Ancient China, Fifth to Third Century B.C.E. : A Comparison with Classical Greek Rhetoric*, University of South Carolina Press, 1997, pp. 248 - 249.
④ [美]陈汉生:《中国古代的语言和逻辑》,周云之等译,社会科学文献出版社1998年版,第107—108页。

等级,那么偏好和选择就会固定,事物就会遵循它本应的等级。语言和语言的区分仅仅是指引人们具有特定的态度或做出特定的选择。① 陈汉生认为,在庄子看来,争论的形成正是基于语言的这种区分作用。他指出,庄子认为,对立的辨识来自命名系统,这种命名系统导致对是和非做出不同判断;冲突被解释为对言辞指派是非时的初始差异,这些初始差异导致争论者们的不同立场。② 吕行也指出,庄子认为当语言发挥其二分功能的时候,对现实的不同而坚定的观点造成了诸如在社会和个人层面的战争和个人攻击等矛盾和斗争。另一方面,庄子又主张语言中的区别没有形而上学的基础,而且作为约定来说,它们也不具有对于世界稳定的约定关系。因而在语言的区分基础上所形成的对立、争论都是相对的、任意的。那些在社会和政治政策方面蕴含着的对立偏好和选择之间的区别,都是随意做出的。因此,所有的名、言说以及对立、争论、偏好、选择都是没有任何意义的。吕行也指出,有倾向的和由语言的界限所限制的行为只能被看作小知,它是对实现真和认识的阻碍。③

吕行认为,对庄子来说,语言的局限性不仅表现在其二分功能方面,还在于其表达思想的不准确性方面。在这一方面,按照庄子的观点,语言不再是表达思想的工具,思想最终并不能通过语言得以全面表达。因此,用语言表达的意义一旦被采用,就会有危险。更重要的是,语言,尤其是小言,即意在通过修饰获胜的言说,会造成错觉和不可避免的偏见,歪曲本来的意义,扭曲现实。因此意义和思想只能被直接从心到心进行传递。事实上,在中国的文化中,离开词而了解另一个人的

---

① Hansen Chad. *Philosophy of Language and Logic in Ancient China*, University of Michigan, Ph. D., 1972, Philosophy, pp. 53 - 54.
② [美]陈汉生:《中国古代的语言和逻辑》,周云之等译,社会科学文献出版社1998年版,第109页。
③ Xing Lu. *Rhetoric in Ancient China, Fifth to Third Century B.C.E.: A Comparison with Classical Greek Rhetoric*, University of South Carolina Press, 1997, p. 244.

心思的能力被认为是真正具有艺术性的交流。因为一旦事物进入语言中,它们的丰富的、微妙的、深刻的意义就会消失。因而庄子主张无言、忘言。① 只有这样,才能消除二元对立,实现观点间的真正和谐,最终达到"道"的永恒均衡。

第三节 对西方先秦谬误思想研究的评价

如前所述,西方的中国谬误思想研究取得了许多有意义的研究成果,全面总结与评价它们,对我们研究先秦谬误思想具有重要的启示意义。

一、西方学者对先秦谬误思想研究的特点和成就

首先,当代西方学者重视对文本的考证,主张在更接近于文本原意的基础上对先秦谬误思想进行分析与解释。尤其是与中国近代学者的研究相比,西方学者更注重对文本原意的考察。中国近代对先秦谬误思想的研究是在近代学者译介西方逻辑的过程中展开的。中国近代学者在译介西方谬误思想时,一方面出于民族自尊心的需要,另一方面也为了在中国传统思想中寻找一片适合西方谬误思想依托的土壤,自然会去考察中国古代著作中有无相当于西方谬误思想的东西。因而中国近代的研究,不可避免地将先秦谬误思想与西方谬误思想进行简单、生硬的比较,容易造成对先秦著作原意的曲解。当代的研究与近代相比,则更注重立足文本考证与解释,揭示先秦谬误思想的自身特点。当代西方学者非常重视他们在翻译和解释先秦文献过程中的困难。葛瑞汉对这一问题的解决具有突出的贡献。他曾对《公孙龙子》的文本进行过详细的考察;他的《后期墨家的逻辑学、伦理学和科学》则运用类似《圣

---

① Xing Lu. *Rhetoric in Ancient China*, *Fifth to Third Century B.C.E.*: *A Comparison with Classical Greek Rhetoric*, University of South Carolina Press, 1997, pp. 244 - 245.

经》考证的方式,对《墨辩》进行了建构和详细解释,在分析后期墨家的谬误思想时,强调了句法分析、上下文关系、文本的整体观点以及版本的演化源流在文本考证和解释中的重要作用;他的《论道者:中国古代哲学论辩》更注重结合文本产生的时代及社会文化背景研究其中的谬误思想。其他学者,如陈汉生、何莫邪等,也都非常注重运用文本考证和解释的方法去分析先秦谬误思想。

其次,当代西方学者从西方文化视角挖掘先秦谬误思想,形成对先秦谬误思想的新解释和新认识。在西方历史上,语言分析在谬误研究的过程中一直占有重要的地位。亚里士多德的谬误思想就是以语言为标准,将谬误分为依赖语言的和不依赖语言的。中世纪的谬误研究也集中于语言谬误,并尤其侧重于语法、修辞方面的分析。近代的哲学家将对语言的批判看作反经院哲学的武器,形成一种语言-哲学的谬误论。[1] 随着现代哲学的语言转向,语言学、符号学等新兴学科的产生和发展,语言谬误的研究更是达到了新的高潮。受此影响,当代西方学者对先秦谬误思想的分析主要是从语言方面,尤其是从语义学和语用学角度进行的。这些新的谬误分析工具,开创了先秦谬误思想研究的新视角,有利于推进先秦谬误思想的创造性诠释,凸显先秦谬误思想的现代价值和影响。

再次,当代西方学者对先秦谬误思想的研究有利于扩大中国逻辑在国际逻辑学界的影响。国内中国逻辑史研究的热潮自近代以来至今持续不断,但中国逻辑学者的研究成果没有很好地走向世界,严重影响了国际逻辑学界对中国逻辑史的研究。国外有影响的逻辑史著作,一般都没有专章讨论中国的逻辑思想。罗伯特·阿当姆森(Robert Adamson)的《逻辑简史》(A Short History of Logic, 1911)就根本不提中国逻辑史。涅尔夫妇(Willian and Martha Kneale)的《逻辑学的发展》(The Development of Logic, 1962)也没有关于中国与印度逻辑思

---

[1] 武宏志、马永侠:《谬误研究》,陕西人民出版社1996年版,第179页。

想的记述。波亨斯基(Bochenski)的《形式逻辑史》(*A History of Formal Logic*,1961)最后有一章专门论述了"印度的另类逻辑",却不谈中国逻辑思想。但是中国逻辑作为世界上唯一一种非印欧语言的逻辑类型,具有独立存在的价值,其研究对于全面了解世界逻辑体系具有非常重要的意义。随着西方学者对中国逻辑的初步认同,中国逻辑史研究必然受到国际逻辑学界的日益重视与关注。先秦谬误思想的挖掘对推进中国古代逻辑研究的深化有积极作用,而西方学者的研究有利于促进国际逻辑学界对中国古代谬误思想和逻辑思想的了解,扩大中国逻辑的影响。

二、西方学者对先秦谬误思想研究的局限

首先,在文本理解方面。虽然西方学者非常重视文本原意,但是由于中西文化的差异,中西思想家在思维方式、语言表达、哲学特点等方面所存在的差异性,再加上古汉语的艰涩难懂,西方学者在先秦著作的翻译、理解和解释上有许多困难。安东·杜米特留就曾指出,对中国哲学理解的困难是西方学者研究中国逻辑思想的主要困难之一。这种困难不仅在于古汉语的艰涩难懂,更在于中国哲学家在旨趣、思维方式、哲学语言等方面与西方传统的差异性。如中国学者提问题的方式、对西方人来说乃似是而非甚至自相矛盾的论述等,都使他们难以理解。[①]如果不能准确把握先秦时期著作的原意,就容易造成对其谬误思想的分析与研究上的偏差和误解。

其次,在研究方法方面。受自身的文化素养和学术背景知识等的影响,当代西方学者主要依据西方文化思想中有关哲学、逻辑和谬误的观念对先秦谬误思想进行研究。虽然当代西方学者重视在文本考证基础上的分析与解释,但正如上文所说,他们对先秦时期的思想家们的思

---

① Anton Dumitriu. *History of Logic* (Volume I), Abacus Press, 1977, pp. 12 - 13.

维方式、哲学特点、语言表达等的理解有一定困难,对此时期谬误思想产生的时代和文化背景知识缺乏十分充足的了解。因而他们对先秦谬误思想的研究更多的是运用比较分析的方法,没有对先秦时期时代和文化背景分析的足够重视。这种重比较而轻历史文化分析的方法,容易使先秦谬误思想成为西方谬误思想的影子,造成对先秦谬误思想的误解,不利于全面、准确地揭示先秦谬误思想的内涵和特性,因而也不可能揭示出先秦谬误思想独立存在的价值。

再次,在研究的深度和广度方面。当代西方学者对先秦谬误思想的研究缺乏独立性、全面性和系统性。跟中国近代的研究一样,西方学者并没有对先秦谬误思想的独立和系统分析,他们对先秦谬误思想的研究只是作为中国古代逻辑,甚至是中国古代哲学的一部分而有所涉及。从广度上看,其研究范围也相对狭窄。在内容方面,当代西方学者的研究主要集中在正名思想、有关"悖"的思想、推理谬误的思想以及谬误的相对性思想这几个方面;在研究所涉及学派方面,当代西方学者只是重点分析了儒家、后期墨家和道家的部分谬误思想。只有何莫邪在分析先秦时期有关"悖"的思想的时候,对其他思想家,如邓析、韩非所论之"悖"有一定的分析。可见,当代西方学者的谬误分析只包含了先秦时期部分学派的部分思想家的部分谬误思想,并没有形成对先秦谬误思想的全面研究。

第八章
先秦谬误思想的重新分类与现代分析

先秦时期作为我国谬误思想的初创时期,谬误分析与研究相对浅显、零散,没有形成系统的论述,因而存在着一定的欠缺。近代对先秦谬误思想的研究,也因缺乏全面且有效的分析工具而显得晦涩、单一,并且缺乏系统性。为了使先秦谬误思想更为系统,同时也使我们更加深入了解其特征,我们在本章中运用西方谬误理论,尤其是当代谬误理论的最新成果,对先秦谬误思想进行重新分类与现代分析,希望实现对先秦谬误思想的透彻理解和深入反思。

第一节 先秦谬误思想的重新分类

谬误分类对于谬误研究非常重要。明确、清晰的分类既有利于人们对谬误思想的系统把握,也能帮助人们更为深入地了解单个谬误类型及其特征。但是,由于谬误的多特征性以及解释的多种可能性等因素,谬误的分类问题一直是谬误理论中的重要难题之一。很多学者,如德·摩根、约瑟夫、柯恩等都主张谬误不能进行分类;还有学者,如穆勒,虽然对谬误进行了分类,但同时也否认了这种分类的严格性。① 至今为止,也确实未形成一个没有遇到任何困难的谬误分类。为了使我们对先秦谬误思想的重新分类相对合理,我们首先对西方和印度历史上不同学者的不同分类系统进行简单的梳理和总结,以供借鉴。

一、西方历史上对谬误的分类

在西方谬误史上,不同学者按照不同的标准,对谬误进行了不同的分类。②

(一) 以语言为分类标准

亚里士多德在《辩谬篇》中,以是否与语言相关为标准,将13种违反反驳要求的谬误分为依赖语言的谬误和不依赖语言的谬误两种类型,具体可见图8.1。

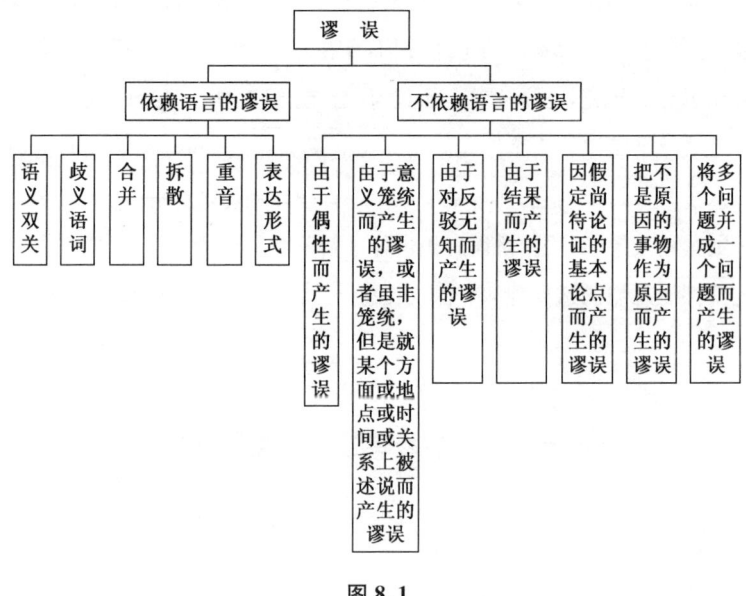

图 8.1

---

① 参见武宏志、马永侠:《谬误研究》,陕西人民出版社1996年版,第80—81页。
② 以下(一)至(四)部分内容参见武宏志、马永侠:《谬误研究》,陕西人民出版社1996年版,第71—77页。

亚里士多德以语言作为谬误分类的标准与当时他重视对晚期智者学派诡辩的反驳密切相关。晚期智者学派诡辩的特征就是为了争辩而争辩，从而玩弄语言魔术，使"坏的事情表现有好的理由"。因而亚里士多德非常重视论辩过程中语言的歧义与误用，形成与语言有关和无关的谬误分类。这也同样使得亚里士多德所分析的谬误只涉及日常论辩中容易发生的谬误的一部分，而且有些谬误也并不常见。

（二）以逻辑为分类标准

怀特莱以逻辑为标准，对谬误进行了逻辑的和非逻辑的二分。逻辑谬误指的是论证中的结论不能从前提得出，即在推理过程中因违反推理规则而造成的谬误。它又分为纯逻辑谬误和半逻辑谬误。纯逻辑谬误是仅通过推理形式就能表明的谬误。而半逻辑谬误则涉及词项的意义，是中词歧义的论证。非逻辑谬误也称为实质谬误，包括前提被不当假定和前提与结论不相干两类，具体可见图 8.2。

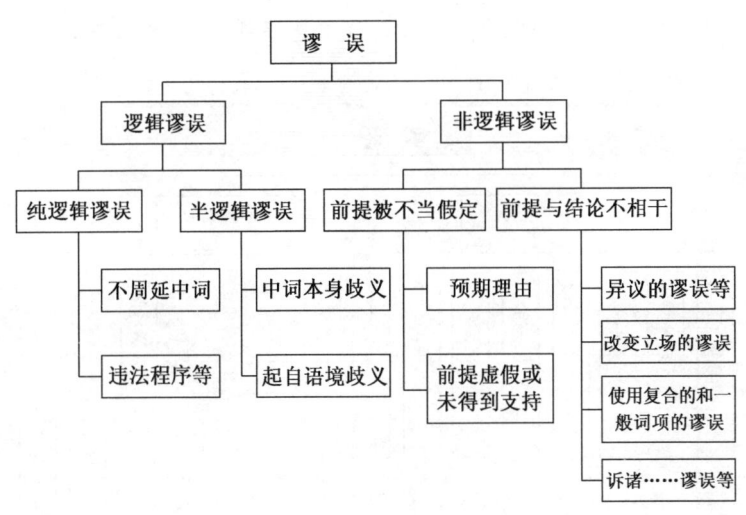

图 8.2

怀特莱以逻辑作为谬误分类的标准，主张人们不应离开逻辑而漫无方向地研究谬误，使谬误分类发生了根本转向。怀特莱的谬误分类抓住了谬误研究中的核心问题，排除了语法、修辞、哲学等方面的内容，将谬误研究限定在推理、论证的过程中,纯净了谬误分类系统。从而形成了一个以逻辑为本质,内容较为细致、丰富的相对完备而清晰的分类系统。他对非逻辑谬误的分类表明了谬误研究的综合性和非形式性。不过这一分类的标准,缩小了谬误研究的视野,不能作为一般谬误学的分类标准。而且他对非逻辑谬误的分析是在把归纳推理改造成演绎推理形式的基础上而得出的,并且以三段论作为唯一的分析工具。这样,所有的归纳谬误就都被不恰当地归入了"前提不当假定"之中,错误不可避免。

怀特莱曾指出,逻辑的也就是形式的。与怀特莱的逻辑与非逻辑谬误的分类思想相近,柯比将谬误分为形式谬误和非形式谬误。形式谬误指的是错误在于推理形式的谬误。非形式谬误则是与推理的实质、内容相关的,是由于未留意所讨论的问题,或者由某种误导而陷入的谬误。非形式谬误包括歧义谬误和关联谬误两种。歧义谬误是语言使用中的含混不清而造成的,具体分为五种。关联谬误是前提与结论逻辑不相干,却能产生一定的说服效果,具体分为十三种,具体可见图8.3。

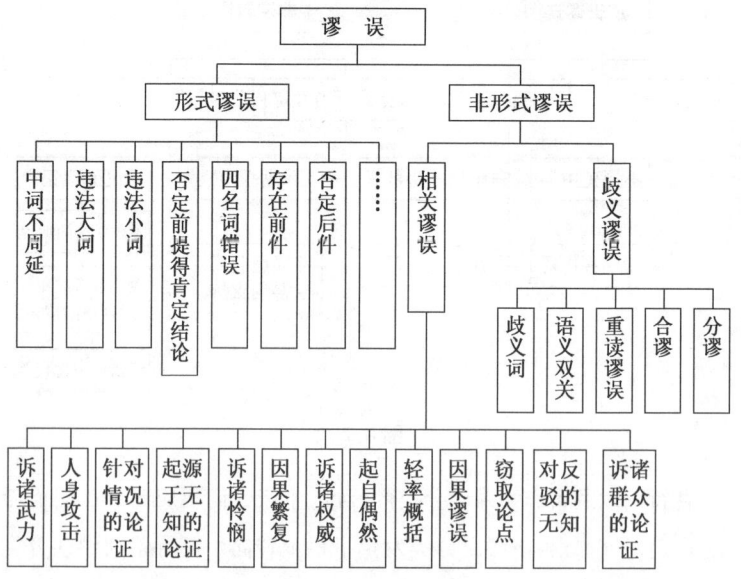

图 8.3

（三）以提供证据的方式为分类标准

穆勒认为，为一个命题的可接受性提供证据的方式无非有两种：一种是该命题为"不证自明"的公理性命题；一种是经由其他命题的推论。以这两种方式为标准，其对应的谬误是起自简单考察的谬误和推论谬误。在推论谬误中，由于前提错误，或者由前提推出了这些前提不能支持的东西，就是"以明显的构想的证据为根据的谬误"；我们收集证据时形成了有关这些证据的思想，但在运用这些证据时，却转变成另一种有关这些证据的思想，就是以"不明显的构想的证据为根据的谬误"。"以明显的构想的证据为根据的谬误"依据证据是特殊的证据还是预先的概括又分为"归纳谬误"和"演绎谬误"。"归纳谬误"包括因归纳据以进行的证据的错误而造成的"观察谬误"和虽然证据正确，但从前提到结论没有高度盖然性的"概括谬误"。"演绎谬误"也与此类似，分为根据错误前提的推理和前提正确但不必然支持结论的推理，具体可见图 8.4。

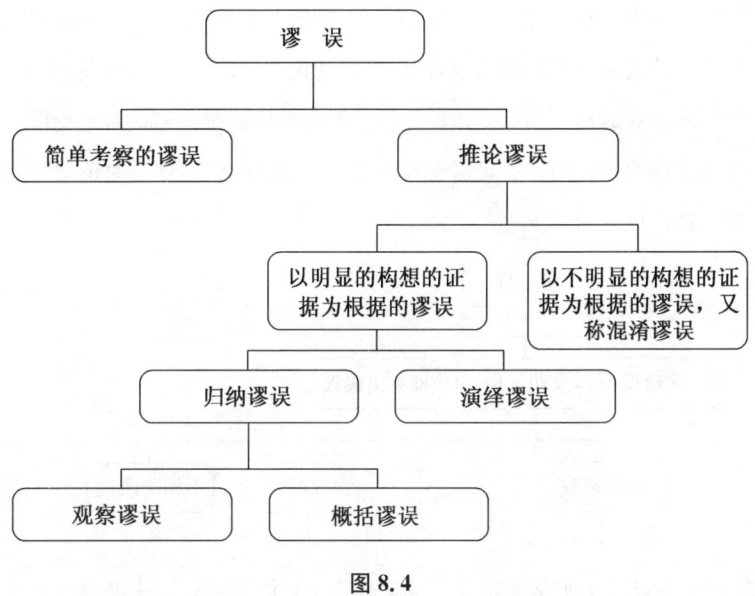

图 8.4

跟怀特莱的演绎主义倾向不同，穆勒的分类是以归纳为基本线索的。他不仅重视证据对结论的支持度，也重视证据本身的真实性和来源的可靠性。因而穆勒的谬误研究就是关于评估证据的问题。在穆勒看来,只要是证据,不管是它与结论的联系方式,还是它自身内容方面的问题,都属于逻辑的范围。将归纳谬误归入谬误的分类系统中,使人类理性中的一个重要部分成为谬误研究的一部分,是穆勒谬误分类体系的重要贡献。此后的研究谬误的学者极少有不讨论归纳谬误的。只不过,穆勒对归纳推理的理解有其局限性所在,因而他的归纳谬误的内容也相对偏狭、不完全。

(四)以健全论证需满足的条件为分类标准

巴克尔认为,健全论证需要满足三个条件:前提能够逻辑地全真;对前提的怀疑比对结论的怀疑小;前提支持结论。这三个条件既是判定谬误与否的标准,同时也是谬误分类的标准。与这三个条件相对应的三类谬误分别是不一致谬误、预期理由和推不出谬误。其中,推不出谬误又分为纯粹谬误、含混谬误和不相干谬误。纯粹谬误根源于特殊的逻辑规则本身(如演绎推理规则、归纳推理规则)的误解。含混谬误是语言的歧义与暧昧的谬误,即因为表达论证的语言的误导,我们把一个形式无效的论证当成有效的论证。不相干谬误是将前提对结论没有什么支持的论证当作有足够支持的论证,它们各自又有更为精细的划分。具体可见图 8.5。

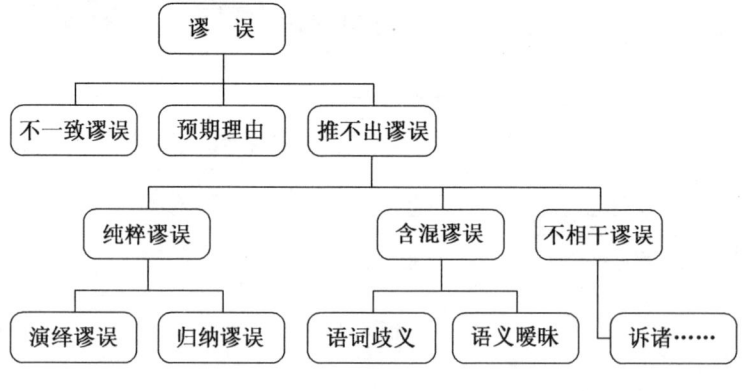

图 8.5

巴克尔对谬误的研究注意到了演绎有效对论证评估的不充分性，因而在他的谬误分类中引入了归纳评估的标准，突破了传统谬误分类的局限。他将多数谬误归入"推不出"之列，突出了谬误论证在"推"方面的错误，使谬误从内容方面解脱出来，更具有逻辑意味。而且巴克尔还分析了不相干谬误的条件性，即这类谬误在有些条件下很可能是一个好的论证。

巴克尔的分类突破了传统分类的框架，把推理错误的论证和推理有效的论证首先区分开来。在"纯粹谬误"中包括了"演绎中的形式谬误"和"纯粹归纳谬误"，完全不同于传统分类把归纳谬误归于所谓"实质谬误"。但是巴克尔对归纳推理的理解同穆勒一样，妨碍了他从现代归纳观点来考虑"不相干谬误"的性质。

五、以与论辩阶段相对应的规则系统为分类标准

论辩的语用辩证理论主张谬误发生在一般言语交际的过程中，因而非常重视对话在谬误研究中的重要意义。它以与批判性讨论的四个阶段相结合的批判性讨论的十条规则（自由规则、举证规则、立场规则、相干规则、未表达前提规则、出发点规则、论辩型式规则、有效性规则、结束规则、用法规则）为标准，将谬误分为十种类型，具体可见图8.6。

论辩的语用辩证法的谬误理论将所有谬误都归入批判性讨论的规则系统之内，这一方面使不同谬误类型之间彼此相关，从而使得其谬误分类比传统谬误分类更为系统；另一方面使谬误分析不仅局限在逻辑的范围内，从而使得谬误研究的内容更为广泛，谬误的分类体系更为全面；再者在分类的同时也揭示了产生谬误的原因，使各种谬误类型的归同或归异清楚、明了，在一定程度上解决了谬误的多特征性和谬误产生的多原因性而造成分析困难的问题。

此外，我国的逻辑学者也提出了一些谬误分类的新观点。李先焜

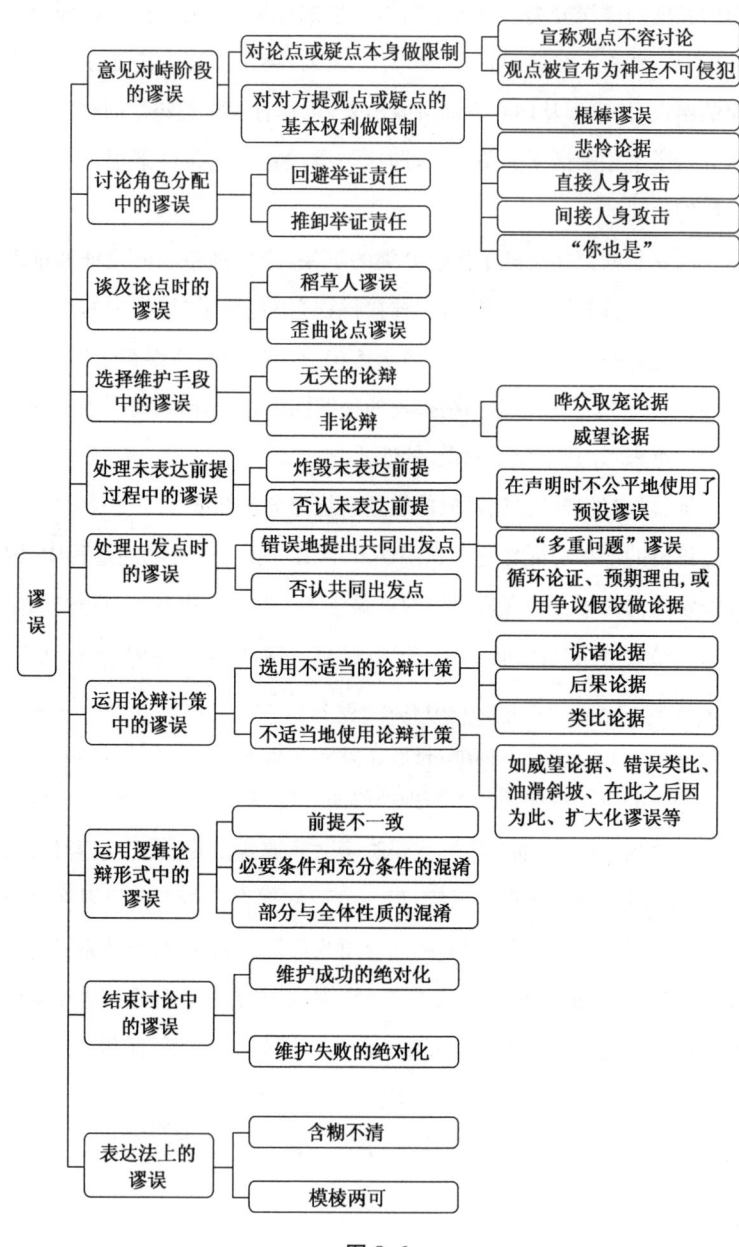

图 8.6

的谬误分类依据符号性的分类标准,分为语形谬误、语义谬误和语用谬误。① 语形谬误是违反推理规则的纯形式的谬误;语义谬误是语词和语句因意义上的歧义、混淆以及论证时的谬误;语用谬误则是涉及语言使用者和环境等方面的谬误。这一分类强调了谬误的语用特征,能够帮助人们认清谬误的多特征性。不过该分类没有做进一步划分,并不是一个完整的分类系统。

刘春杰和武宏志在考察了各种谬误分类思想的基础上,也提出了谬误分类的一个设想。② 他们以论证评估的三个层次或三个步骤为标准,将谬误分为两大类、三小类。论证评估分为前后相继的三个步骤:第一步,看论证是否符合预设,即论证是否为结论提供了支持;第二步,对符合预设的论证进行是否符合演绎有效标准的检验;第三步,对不符合演绎有效标准的论证进行归纳评估,看论据是否给结论以较强的支持。与第一步相对应的是"无进展"谬误,即没有为结论提供任何支持的谬误。与第二、三步相对应的是演绎(包括归纳)谬误,刘春杰和武宏志将论证的参与者作为谬误分析的重要考虑因素,将此种谬误解释为:未为结论提供完全充分支持,但我们完全充分地加以置信的论证。这种谬误又分为两种:前提对结论只有较大支持,但我们完全充分置信;前提对结论及其对立命题的支持度难以确定,或前提对结论无较大支持,此时我们无论是完全充分置信还是较为置信,均为谬误,具体可见图 8.7。

---

① 此种分类最先见于李先焜:《关于逻辑学概念部分改革刍议》,《湖北大学学报(哲学社会科学版)》1985 年第 2 期;后在叶苍岑主编、李先焜编著:《逻辑基本知识》,北京教育出版社 1987 年版中进行了较为详细阐述。

② 以下参见刘春杰、武宏志:《论谬误分类》,《铁道师院学报》1996 年第 6 期。

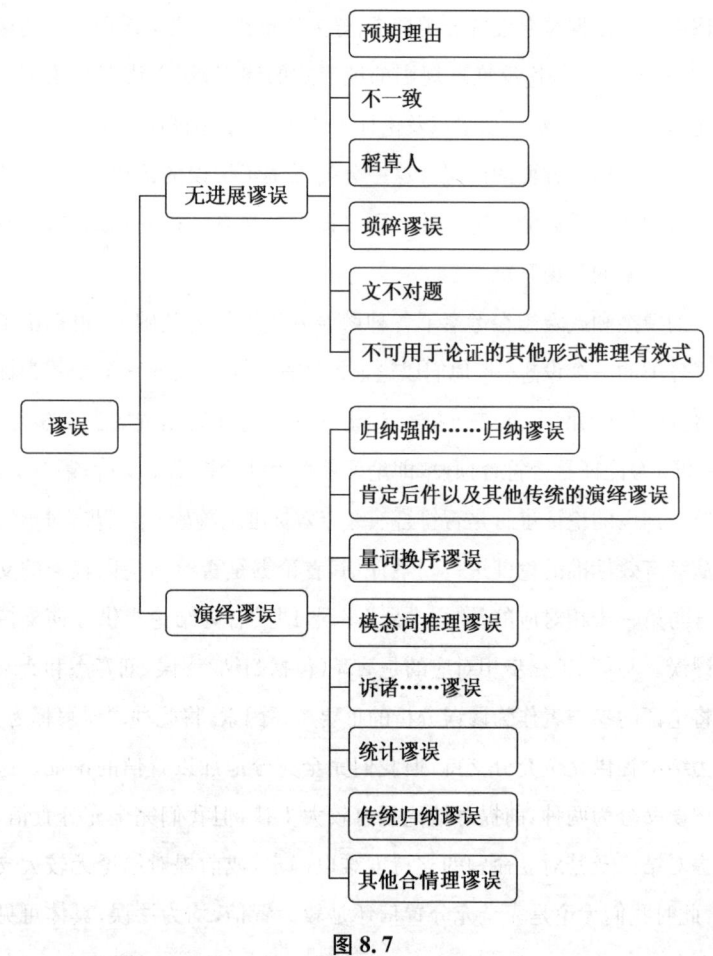

图 8.7

二、因明对谬误的分类

在印度,因明对谬误的分类标准则一直相对稳定。古因明时期对谬误的分类是以证明和反驳为标准进行的。但是从一般意义上讲,反驳也可看作证明的一种,因而按这一标准所做的谬误分类存在很多的重叠。自陈那开始,因明过论就以三支论式宗、因、喻为标准,将违反宗、因、喻规则之过分为似宗、似因、似喻三大类。导论中曾对似宗、似因、似喻有过论述,在此不加赘述。这三大类,又可分为三十三种小类,具体可见图 8.8。

第八章 先秦谬误思想的重新分类与现代分析

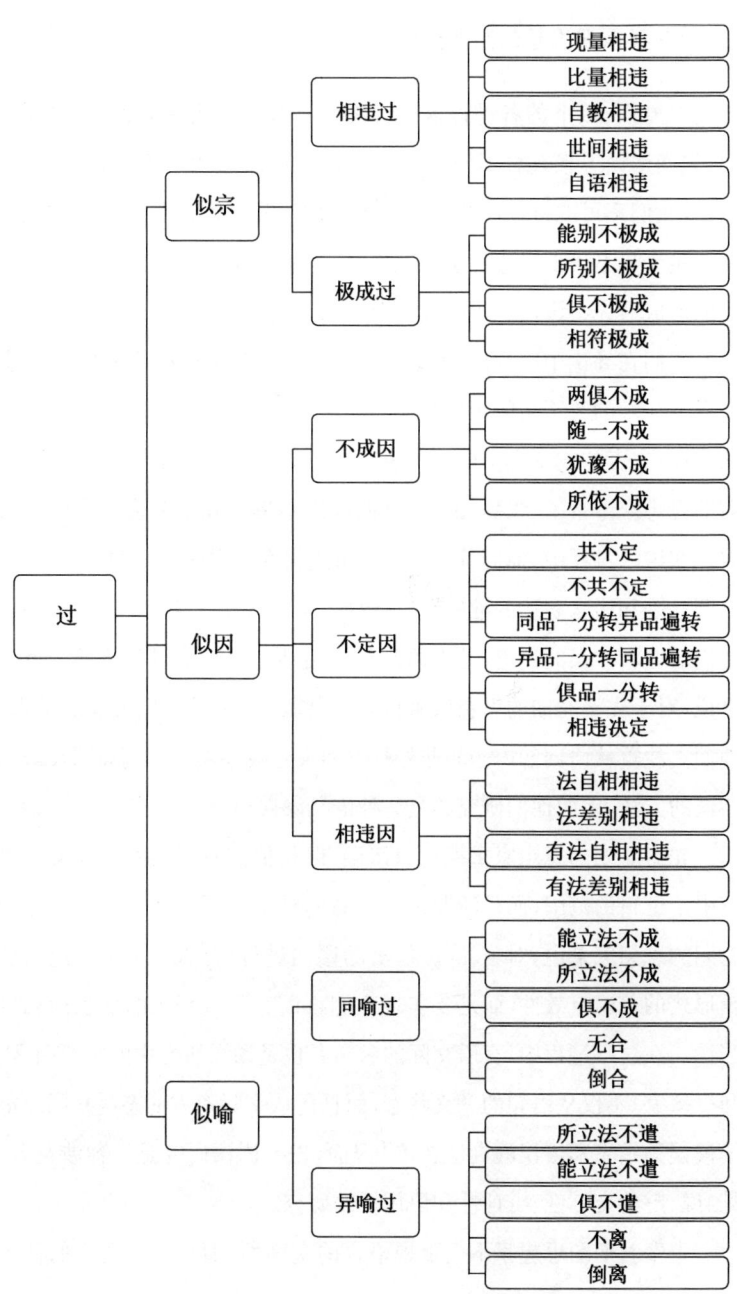

图 8.8

三、对先秦谬误思想的重新分类

一方面,以上的各种谬误分类都没有被公认为是完善的;另一方面,先秦谬误思想有着不同于西方谬误思想和因明过论的自身特性。因而,我们不可能将上述的任一分类套用于先秦谬误思想。我们只能在立足于先秦谬误思想特点的基础上,对上述分类思想加以借鉴,才有可能形成对先秦谬误思想的较为合理的分类。

我们在导论中曾指出,先秦谬误思想主要有两条基本线索:以名实关系为线索的关于名的谬误和在古代论辩中各派互訾而出现的关于辩的谬误,二者构成了先秦谬误思想发展的核心。围绕着名和辩,先秦时期的思想家考察了名、辞、说、辩这四种思维形式及语言表达方面的谬误。在这一过程中,他们首先非常注重逻辑在谬误讨论中的重要作用,强调思维和语言表达的准确性、一致性、无矛盾性以及论证性等。而且他们对逻辑谬误的讨论,是将语义与语用结合起来加以分析的。也就是说,对于先秦时期的思想家来说,语形谬误并不是他们关注的重点,他们更注重从语词的内涵而非外延方面去寻找谬误产生的原因及避免谬误的方法,因而他们研究的是一种语义谬误。

先秦时期的思想家重视逻辑谬误,但是他们对谬误的研究又不仅仅限于逻辑的范围,而是涉及传知达意的整个言语交际过程。对先秦时期的思想家来说,对名、辞、说、辩的谬误进行讨论,并不是要追求逻辑形式的普遍有效性,而是要实现人们言语交际过程中的恰当性和妥当性。在这一过程中,言语交际的参与者也是谬误研究中的重要因素。"它(墨家)不仅从语句的意义状态,而且还从交际双方的态度共同决定了谬误的结果和谬误的责任者。"[①]因而,先秦谬误研究是一种涉及名、辞、说、辩的交际性、辩证性和语用性的研究。

先秦时期的思想家不仅重视语言的交际性,而且注重语言的社会

---

① 张斌峰:《略论墨家关于"立辞"的谬误》,《中州学刊》2000 年第 6 期。

性。对他们来说,言语交际本质上是一种规范人们政治、道德等社会行为,进而实现其社会政治理想的活动。因而,先秦谬误思想还涉及语言在社会生活领域中的运用问题。也就是说,社会实践和社会活动领域中有关行动的谬误在先秦谬误思想中也有所研究。

虽然先秦谬误思想研究范围广泛,但其对各种谬误的讨论,都是围绕着名、辞、说、辩的思维形式而展开的,因而本书以名、辞、说、辩这四种思维形式为线索或标准,将先秦谬误思想分为名的谬误、辞的谬误、说的谬误和辩的谬误来加以梳理。

(一)名的谬误

名的谬误主要是指违反名的确定性要求而造成的谬误。具体来说,包括名实不符、语义含混和语词歧义的谬误。

名实关系中的名实不符是先秦谬误思想家最普遍关注的问题,也是构成他们对名的谬误研究的直接原因。先秦时期所讨论的名实不符的类型主要包括:(1)有名无实,如韩非认为春秋时期的周天子,就是"有主名而无实"(《韩非子·备内》)。(2)不当名,即名未能准确反映实,分为言过其实和实延其名,如"言大而功小"和"言小而功大"(《韩非子·二柄》)。(3)过名,即用未变之名指称已经发生变化之实。《墨辩》中称为"过名",《淮南子》将其称为不"合于时"(《淮南子·齐俗训》)之名。(4)"非名"(《墨辩·经说下》),即违背约定俗成要求的名。如《尹文子·大道下》指出,将人取名为"盗""殴""善搏",给狗取名"善噬",违背了名的约定俗成要求,因而造成了人们的误会。

语义含混谬误指的是因语词意义的模糊不清而造成的谬误。先秦时期的思想家强调名的意义的确定性,尤其是在相似的名之间,如果不注意区分各自的准确意义,就会造成谬误。如孔子分析了冉子对"政"和"事"的意义的混淆;孟子指出了齐宣王对"不能"与"不为"、"弑"与"诛"的意义的混淆;墨子也指出了"好攻伐之君"混淆了"攻"与"诛"的意义、程子混淆了"毁"与"告闻"的意义等。

语词的歧义谬误指的是在语言使用过程中,因语词的多义而造成的对具体语境下语词意义的错误理解。对于此种谬误,尹文、韩非、后期墨家等都有所论述。本书将在下一节中做详细论述。

(二) 辞的谬误

辞的谬误主要包括不信之辞、不当之悖辞和自相矛盾之悖辞。

不信之辞指的是未能准确表达思想的言辞。《墨辩·经上》将"言合于意"称为"信",因而我们将与思想内容不一致的言辞称为不信之辞。

不当之悖辞指的是与客观实际不相符合的言辞。《墨辩》认为,只有言合于意,而意合于实,才可谓"当",否则"假必悖"(《墨辩·经下》)。

自相矛盾之悖辞指的是因言辞自身蕴含着不可解的矛盾而造成的谬误。墨子曾分析了"教人学而执有命""执无鬼而学祭礼"(《墨子·公孟》)的自相矛盾;后期墨家也通过分析指出,"言尽悖""学之无益"和"非诽"论皆为自相矛盾之悖辞。

此外,先秦时期的思想家重视语言对人们行为的指导作用,因而他们也分析了言行相悖的谬误。墨子指出,"言义而弗行"(《墨子·鲁问》),即为言行矛盾。

(三) 说的谬误

说的谬误指的是有关推理的谬误。类推是先秦时期的主导推理类型,因而说的谬误主要指的是类推过程中因未弄清事物之间的类同、类异关系而进行的"强推"谬误。具体来说,主要分为误认同类为异类和误认异类为同类。

关于误认同类为异类。如孟子指出,人们将本是同类的"指不若人"与"心不若人"(《孟子·告子上》)看作异类,而推出恶与不恶的相反态度,即为误认同类为异类。

关于误认异类为同类,即"机械类比"。如孟子指出,齐宣王将实行王道(不为)和"挟太山以超北海"(不能)的不同类误认为同类,因而得出"不王"(《孟子·梁惠王上》)的结论,即为机械类比。

此外,后期墨家还分析了辟、援、推、侔这四种推理形式的谬误。辟式推论的谬误为"行而异",即依据事物之间表面上的某些相似之处,甚至是用毫不相干的事物设喻而造成的谬误。援式推论的谬误为"远而失",即没有仔细分析考察论辩双方论点各自成立的依据而造成的谬误。推式推论的谬误为"流而离本",即没有考察赞同或不赞同某一观点的根据而造成的谬误。侔式推论的谬误为"转而危",即在推论过程中没有加以一定的限制而造成的谬误。

(四) 辩的谬误

先秦时期有关辩的谬误的研究,涉及论辩过程中有关推理规则、论述内容、论辩对象以及语言表达、道德等多方面的要求。具体分为:

关于应对不省。后期墨家认为,论辩双方要想实现有效交流,应做到"通意后对"(《墨辩·经下》),即先弄清楚对方语义之后再做应答。

关于论证无据。荀子提出,任何论点的提出,都要有赖以成立的依据,即"持之有故"(《荀子·非十二子》),并且论据还要充分、全面,即"辩则尽故"。韩非则将此种谬误称为"刿而不辩"(《韩非子·难言》)。

关于论据虚妄失实与论据自相矛盾。此二者是由上述不当之辞和自相矛盾之悖辞作为论据而造成的谬误。

关于推不出,即将与论题没有必然联系的命题作为论据而造成的谬误。孟子论述了类似"非因为因""以多因为一因"的推不出谬误。孟子指出,有人将禹把天下"不传于贤而传于子"作为"至于禹而德衰"(《孟子·万章上》)的论据,是不成立的,即以非因为因。因为"启贤",禹把天下传给儿子,亦是传给贤者。孟子还指出,告子用"以追蠡"作为"禹之声尚文王之声"(《孟子·尽心下》)的论据,实不足证,因为使用得多只是造成钟钮断的多种可能原因之一。

关于论辩中的语言谬误。论证中的语言首要的是要能够正确指称对象、表达思想。对于这两点,我们在名和辞的谬误中都有所讨论,因而它们也都可以归入此类谬误之中。而语言的另一方面要求,就是朴实,即"言辩而不辞"(《荀子·不苟》)。荀子将耍弄名、辞的过多的辞藻称为"奸"言(《荀子·正名》)。对于论辩中的语言谬误,孟子和鬼谷子有较为详细的分类论述。孟子将不正之言分为诐辞,即一偏之辞;淫辞,即夸大之辞;邪辞,即不合正道的言论;遁辞,即因理穷而躲躲闪闪的言论。鬼谷子则根据人的情绪将干扰人的理智作用的语言分为病言,即气息衰弱而没有精神的语言;怨言,即太过伤心而无所适从的语言;忧言,即忧心郁结而不顺畅的语言;怒言,即胡乱发泄而没有条理的妄言;喜言,即心情激动而跳跃、散漫、没有要点的语言。对先秦时期的思想家来说,在论辩中,犯语言谬误最为严重的,当属名家。在他们看来,名家的论辩仅仅是通过"诱其名,眩其辞"(《荀子·正名》)以期实现"胜人之口"(《庄子·天下》),因而都是奸言、邪说。

论辩中有关论辩内容的谬误。先秦时期思想家的论辩皆是为各自的政治伦理学说服务的。因而论辩的内容必须合于自己学派的思想导向,他们将与自己学派的思想主张相对的论辩内容皆视为谬误。

论辩中违反道德要求的谬误。荀子认为,"言必当理"(《荀子·儒效》),即必须符合礼义的要求,具体要求如谦让、庄重、正直、温和、真诚等。韩非将此种谬误称为"潜而不让",即言语无所顾忌,触及他人隐情,并且对别人的人身加以中伤。

此外,鬼谷子还分析了没有深入了解言辩对象的"不得其情"(《鬼谷子·内揵》)谬误和没有全面掌握言辩所涉及的所有外部情境的"量权不审"(《鬼谷子·揣》)谬误。

第二节 先秦谬误思想的非形式逻辑思考

在不同的发展阶段,人们分析谬误的方法、工具不尽相同,但总是在不断改进的过程中。随着人们对谬误研究的深入,人们越来越发现谬误分析涉及很多方面的问题,包括推理过程、语言使用、说服效果等各个方面。对此,某一种专门的理论不可能完全解决。因而当代的谬误理论将逻辑、论辩、修辞和语言等各种理论成果加以综合,只有这样,才有可能满足对不同谬误进行较为准确分析与评价的需求。在此,我们运用当代谬误理论的最新成果,对先秦谬误思想进行现代分析,挖掘先秦谬误思想的现代价值。

在对先秦谬误思想进行现代分析之前,我们先对当代谬误理论的最新发展做一概述。

一、非形式逻辑视角下的谬误理论

谬误研究离不开论证,论证的一般理论是谬误理论的前提。逻辑自亚里士多德创始以来,便是关于推理和论证的。但是,伴随着现代形式逻辑的大势兴起,论证理论研究在很长一段时间内有些萧条,这也直接影响了谬误研究的发展。直到二十世纪六七十年代,美国政治民主运动日益高涨,引发了大学逻辑课程改革,催生了一种"新逻辑",即非形式逻辑。非形式逻辑不仅把论证重新纳入逻辑体系,而且突出了论证的实践性,即把日常生活世界的实际论证而非逻辑教科书中人为编造的论证作为自己的研究对象。非形式逻辑的这种实践转向,带来了论证理论的新发展,同时也开辟了谬误研究的新方向。

(一)论证概念的辩证特征与语用特征

论证的最终目的是要实现理性说服。说服预设不同立场,说服听众接受某个主张,意味着听众对该主张具有一定程度的怀疑,因而论证就是要消除怀疑,实现听众对该主张的信服。"理性"地说服意味着听众对该主张的信服必须是有一定的理由或证据所支持的。任何主张的成立都必然有一定的理由。"对于任何一个肯定的真理来说,都是有某种充足理由的。也就是说,都有使它成为真理的某种根据。简言之,关于一切事物的存在,都有某种为人所知或不为人所知的解释。"[1]因而论证的过程就是论证者为消除对某一主张的怀疑而为其寻找必然存在的"解释"。这样论证就被理解为,为使他人接受某一主张而援引理由

---

[1] [美]理查德·泰勒:《形而上学》,晓杉译,上海译文出版社1984年版,第141页。

或证据加以支持的过程。虽然论证过程跟推理过程相反,但其内在仍然是前提——结论结构,即作为理由或证据的前提集被用来支持作为结论的给定命题。这是传统论证概念已经意识到的方面,即"推理核"。

但是,当把论证置于广阔的论辩语境中,我们会发现论证的更多内涵,即论证的辩证方面。论证概念的辩证化,最初由爱默伦和荷罗顿道斯特提出,他们提出了论证概念的四个特性,即论证的外在化、功能化、社会化和辩证化。大多数非形式逻辑学家都受到这一论证概念的影响。约翰逊受其影响,提出了论证的"辩证层"。"辩证层"的析出,仍然是从论证的理性说服目的出发的。说服预设争议,预设不同主体的不同立场。理性要求论证者为主张提供理由或证据从而赢得听众的认同。但同样是理性主体的听众不会也不应被轻易地赢得。听众可能对论证者的论证提出反对,论证者在论证过程中,应能预见并处理这种反对。如果论证者对这种反对不闻不问,甚至进行压制,就与理性的精神相悖。论证者不仅有义务慎重地对待听众的反馈,甚至应该希冀这种反馈的出现。因为听众的反馈会提高论证者论证的品质,使它得以改善,从而使主张更具合理性。这一方面是传统论证概念所没有涉及的。

因而,论证应该是"推理核"与"辩证层"两方面的结合。"一个论证是一个语篇或文本形式——论辩实践的精华——其中论证者通过产生支持它的理由以说服他人一个论点是真的。除了这个推理核,论证还有一个论证者在其中履行他的辩证义务的辩证层。"[1]这样,论证又突出了其语用特性。它要求我们不仅应关注理由及其与主张之间的关系,还应关注论证对象即听众这一因素。听众的知识水平,在一定程度上决定着论证者的论证策略和论证的深浅程度。如果听众的反对不是以论证者所预见的形式出现,而是直接出现在论证的对答过程中,形成与论证者在语言、思想方面的双向交流,直到没有任何疑问而达成共

---

[1] 转引自武宏志、周建武、唐坚:《非形式逻辑导论》(上),人民出版社 2009 年版,第 315 页。

识，就形成了我们通常意义上所说的"论辩"。因而，增加了辩证内涵的论证概念与论辩只是表现形式有所不同，二者在本质上是相同的。

（二）论证评估标准的新诠释

与论证相关的一个重要逻辑问题就是有效性标准。演绎有效的标准并不能满足对日常论证的评价需求。首先，日常生活中的具体论证在很多情形下不像科学那样能够完全精确地加以形式化，各种具体的论证之间的形式程度存在差异。其次，对于日常论证，有效性标准太过严格。日常生活中的论证在不同的语境中，对逻辑力量的需要是有不同等级的。日常论证中持不同立场的两方在很多时候并不是非对即错的。被接受的一方并不是绝对的"对"，不被接受的一方也不是绝对的"错"。如果按照有效性"非全则无"的标准，可能双方都是"错"，那么有效性标准就无法对二者做出衡量。再次，有效性标准与日常论证规范之间存在冲突。按照有效性的标准，日常生活中很多大量使用的合理性论证都会被排除在外，如归纳论证；而有些符合有效性标准的论证却是谬误，如"乞题"、循环论证等。可见有效性标准既不是好论证的充分条件，也不是它的必要条件。"菲欧切阿罗指出，在对一切类型的推理感兴趣的逻辑学家看来，当一种常见类型论证是演绎地无效时，他就应当建立或应用另外的、不怎么严格的、较为现实的评价原则。"[①]非形式逻辑的一个重要特点就是它拒斥把有效性看成好论证的唯一标准，而是力图把这种理性化的标准转为考虑语境的、现实的日常标准。

传统上所列的论证规范基本沿袭亚里士多德《论题篇》和《辩谬篇》提出的论证规范。亚里士多德以后，这些规范虽然有所修改、增加，但都没有新的突破。直到非形式逻辑兴起，对论证的一般规范的讨论才有了新的进展。汉布林从三个视角提出了论证评估的标准。他首先讨论了论证的真值标准，但经分析，他认为"一方面真值标准不充分，另一

---

① 武宏志、刘春杰：《论证研究的复兴》，《延安大学学报（社会科学版）》1998年第1期。

方面真值标准又不必要"①,因而论证评估的标准过渡到了认知标准。但认知标准对日常论证实践来说也太强了,汉布林进而提出了论证评估的论辩标准。论辩标准以"接受"而非"真"和"知道为真"为核心,更利于人们对具体论证实践进行建构和评估。爱默伦和荷罗顿道斯特的语用-辩证理论和沃尔顿的新辩证法理论都沿袭这一方向,在论辩领域内提出了一系列讨论规则,谬误就是对这些规则的违反或者是对话类型的误用。论辩标准在论证评估研究中占据重要地位,也是目前最活跃的研究方向。

由约翰逊和布莱尔提出的RSA标准,即相干性、充分性、可接受性标准,也是非形式逻辑学家普遍接受的一种评价标准。有学者在此三种标准的基础上,加了一条"不知道存在相反结论的更好理由"②。这是论证概念的辩证特性在评估标准中的体现。论证的辩证性质要求论证者重视听众对论证提出的反对或批判,并能对这种反对或批判做出回应。好论证就应该有能够预见并回答甚至反驳这些批判的能力。当然,这一标准本质上仍然是要求论证者所准备的论证资源具有充分性,因而它也可以归入充分性标准,从而丰富、完善充分性标准的内涵。

非形式逻辑的论证理论突出论证的辩证和语用特性。考虑到语用学和修辞学问题,论证规范中还应该包括有关听众和语言的要求。我国学者武宏志综合考虑论证中的逻辑要求和对话、修辞要求,提出了论证规范的新诠释:③

(1)论证的目标应该明确。既然论证的目的是说服听众接受主张,那么无论是论者还是听众都应该对所论主张有非常清晰明确的认识。任何理解的偏差,如主张是描述性还是规范性,具有哪种模态形式,有无约束条件等,都会造成对论证等级的不同认识,造成主观置信度与实际支持度的背离。同时,对主张清晰明确地认知有利于防止论

---

① C. L. Hamblin. *Fallacies*, Methuen & Co. Ltd, 1970, p. 236.
② 武宏志、周建武、唐坚:《非形式逻辑导论》(下),人民出版社2009年版,第468页。
③ 武宏志:《论证规范的新诠释》,《哲学研究》2003年增刊。

证过程中论证目标的游离。

(2)主张者履行举证责任。这是谬误的语用-辩证理论和谬误的新辩证法理论中重要的论辩规则。"提出论点的人,一旦别人要求证明,有责任接受要求,对自己的观点进行维护。"① 只有在对话式论证即论辩中,才涉及一个论辩过程中举证责任的转移。论辩的首倡者当然负有全局的举证责任,但在具体论辩中,应答者也会提出相反主张,此时,应答者就负有对这一相反主张的举证责任。

(3)明确听众的类型。聚焦听众,以听众为核心是修辞学最基本的特点。论证不仅关心理由对主张的支持效力,更关心这种支持效力是否影响并进而劝服了听众。因而论证必须对听众有所准备。具有不同背景知识的不同类型的听众,决定了作为论证基本起点的共识何时达成,也决定了论证的终点即论证所要达到的强度等级。

(4)理由具有可接受性。从论证预设的角度看,人们规定了理由的一些特征,即理由律、相异律、可能律和质疑律,以保证"理由"确为理由。理由律要求对于任何一个主张,无论是赞成还是反对,都需要理由。相异律要求理由与其所论证的主张应不同,否认观点的"自证性"。可能律要求理由至少是可能的,如果理由的可能性为零,那么它不能为其主张提供任何程度的支持。质疑律要求理由的可疑性应小于主张的可疑性,否则理由不可能帮助人们消除对主张的怀疑。在日常论证中,存在违反以上预设的谬误。上述预设只是帮助我们识别是否确实给出了一个论证,而没有帮助我们识别一个论证否好论证。好论证的理由在满足以上要求的基础上还应该具有可接受性。日常论证实践中,可接受性并不要求理由必真,只要是基于共识或是有好理由的理由就是可接受的。

(5)理由具有充分性。武宏志把充分性理解为三个方面:"理由的

---

① [荷]弗朗斯·凡·爱默伦、[荷]罗布·荷罗顿道斯特:《论辩·交际·谬误》,施旭译,北京大学出版社1991年版,第127页。

相干性;论证所用推理形式的支持力(即推理形式本身的似真性);主体对结论的置信度。"①相干性确保理由的可接受性对主张的可接受性提供一定程度的支持。如果这种理由对主张的接受没有任何支持关系,那么就犯了不相干谬误。主张的接受不仅需要有理由的支持,而且要求理由要够充分。理由怎样才能"够"充分没有一个统一的标准,因为在不同的语境中,充分性标准要求不同。在评估论证时,我们不仅要弄清楚理由对主张的实际支持力,还要看主体对置信主张的支持力的要求有多大。只有理由对主张的实际支持力达到了这种要求,才能满足充分性的标准。对主张的置信程度,决定着理由对主张的支持强度的要求,进而决定着论证理由的充分度要求。当二者一致或实际支持度大于主观置信度时,我们的理由就是充分的;反之,就造成了谬误。

(6) 论证的语言符合要求。自然语言相较于形式语言的一个突出缺点就是有含混性和歧义性。为了消除自然语言这一缺点对论证造成的消极影响,必须对自然语言的使用提出要求,确保语言的清晰性和精确性。

(三) 论证的"型式-批判性问题"分析方法②

上述论证的评估标准只是衡量论证的一般规范,它没有提供具体的分析方法和评估工具。论证的评估的重点是理由对主张的支持度的评估,这需要一种具体的评估手段——论证的"型式-批判性问题"分析方法。

论证型式具有规范性的约束力。因为这种规范性的约束,已被接受的前提以恰当的论证型式组织起来后所得到结论不应被拒绝。如形式逻辑的论证形式的规范力来自演绎有效性。一个论证是演绎有效的,则且仅当前提为真时,结论不可能为假。它保证了前提的真实性向结论的真实性的传递。而非形式逻辑中,论证产生的说服力源于论证

---

① 武宏志:《论证规范的新诠释》,《哲学研究》2003年增刊。
② 马永侠:《分析与评价谬误的新方法——以沃尔顿对"针对人身"论证的研究为范例》,《延安大学学报(社会科学版)》2009年第1期。

型式这样的规范力:"使用那个型式,接受前提,承认推论的合理性,却否认结论的似真性,这在没有指出任何反驳存在的情形下是语用不一致的。"① 非形式逻辑在理解论证型式时,不仅仅关注论证的纯逻辑形式,还关注论证型式的批判性问题。对于日常生活中特殊情形下的特定论证,仅仅依靠纯逻辑形式的分析方法是行不通的,因为特殊情形下的具体论证的论证型式是不能被完全形式化的,而其中对那些不能被形式化的因素的分析影响甚至决定着对整个论证型式的评估。一个合情理的论证型式,可能因为某个具体情境的变化而成为谬误。也就是说,论证型式的评价取决于它们是否满足特定的条件。在某一条件下,某一论证型式是合情理的;而在另一条件下,该论证型式则是谬误。而批判性问题方法正是要解决如何辨识论证型式的"特定条件"的问题的。我们称这种把论证型式与批判性问题相结合的方法为"型式-批判性问题"方法。这一方法已成为论证评估以及谬误评估的重要方法。我们所说的非形式谬误指的就是未满足论证型式的"特定条件",也就是不满足论证型式的一个或多个批判性问题而产生的。

日常生活中的具体论证千变万化,而每一种论证型式都要求有它自己的批判性问题集。这造成了不同逻辑学家对论证型式及批判性问题的讨论各不相同。虽然千变万化且不断出新的论证型式使逻辑学家很难实现论证型式的完全性,但我们可以概括出一些频繁使用的论证型式。这些论证型式包括:实效论证型式(实践推理、后果、诉求恐怖和威胁);因果论证型式(从因到果、相关-因果、回溯、征兆、滑坡论证);根据信息源的论证型式(根据知情地位的论证、证人证言、专家意见、流行意见、无知、承诺、不一致承诺、直接的针对人身、环境的针对人身);依据比较的论证型式(类比、先例、例外、语词归类、现象)。② 运用"型式-批判性问题"方法对论证及谬误进行分析与评估,既能帮助参与者提出

---

① 武宏志、周建武、唐坚:《非形式逻辑导论》(下),人民出版社 2009 年版,第 444 页。
② 同上书,第 539—562 页。

合理怀疑,又能帮助论证者预见并排除合理怀疑,还能帮助人们找出谬误产生的原因,从而减少谬误出现的几率,提高论证的质量。

(四) 谬误理论的最新发展

1. 谬误的概念

现代谬误理论的研究应该说开端于1970年汉布林发表的《谬误》一书。该书对标准谬误论的批判,结合当时人们对形式化逻辑的批评,开辟了谬误研究的新方向。学者们无论是在对标准谬误论的批评中,还是在对形式化逻辑的批评中,对有效性标准的批评都最为严厉。多数学者认为演绎有效的标准并不能满足对日常论证的评价需求。论证中理由与主张之间不应该是演绎有效的"蕴涵"关系,而应该是一种"支持"关系。非形式逻辑学家奥尔特通过归纳评估方法的引入,"将传统定义强调的演绎有效和演绎无效的区别,改变为合理论证(演绎有效的和归纳地强的)和谬误的区别"①,将谬误描述为:"在谬误论证中,即使前提为真,根据这些前提,结论为真的可能性仍不大于50%。"②我国学者武宏志、马永侠在此谬误定义的基础上,附加考虑了谬误的语用学问题,形成了谬误的新定义:"置信者的主观置信度与论证的前提对结论支持度的背离,特别是基于特定前提,相信了一个(与其对立命题相比)为真的可能性并不大于50%的结论。"③这样就把论证者和听众都纳入评估论证合理与否的因素之中。谬误总是相对于人的,是人犯的谬误。单独论证本身并不构成谬误,因而"谬误本质上是一个关系范畴"④。是人对论证的主张的置信度与理由对主张支持度的不一致关系,造成了谬误。论证者和听众对某一论证并不总是持相同的置信度,因而谬误分为论证者的谬误和听众的谬误。对同一论证,可能只是论证者犯

---

① 丁煌、武宏志:《谬误研究史论》,《湖北师范学院学报(哲学社会科学版)》1995年第5期。
② 同上。
③ 武宏志、马永侠:《谬误研究》,陕西人民出版社1996年版,第70页。
④ 同上书,第66页。

了谬误,可能只是听众犯了谬误,也可能是二者同时犯了谬误。这打破了人们只局限于把谬误看作论证者的谬误的观念,有利于人们找到真正的谬误根源,顺利破除谬误。

2. 谬误模式

在上述谬误关系中,对论证者和听众的主观置信度的辨别相对容易。因而在谬误的分析中,重点仍然是如何辨别理由对主张有无提供支持,提供了多大程度的支持,为此我们需要解析谬误的结构。谬误学家们通过分析谬误结构,已总结出上百种有专名的谬误模式。即使这样,谬误模式仍然没有被穷尽,总是有新的谬误模式被发现。对谬误模式分析得较深入的当属加拿大学者沃尔顿。"仅1992年以来出版了谬误模式分析的8本专著,研究了'油滑斜坡'论证、人身攻击、诉诸权威、根据无知的论证、诉诸怜悯、诉诸公众意见、片面论证、乞题等典型而著名的谬误模式。"[1]我国学者武宏志、刘春杰,第一次把自亚里士多德以来研究的上百种谬误模式依据其来源和被讨论的频率进行分类,并给出了拉丁语、英语和汉语的名称及简短定义,为谬误模式研究的深化奠定了基础。[2]

在谬误模式中,有些模式总是谬误的,但有些却是由合情理的论证型式因某个特定条件的变化而形成的。谬误研究的重点就是辨识"特定条件",揭示一个合情理的论证如何在一个渐变过程中成为谬误。与论证型式相应的批判性问题是合情论证不发展为谬误的约束条件。在约束条件之内,"诉诸权威""人身攻击"等不是谬误。如沃尔顿分析了"人身攻击"的六个批判性问题[3],以区分"人身攻击"及其"谬误"。我

---

[1] 武宏志、马永侠:《论谬误模式》,《江汉论坛》2001年第8期。
[2] 武宏志、刘春杰:《谬误模式分类与界定》,《苏州铁道师范学院学报(社会科学版)》2001年第9期。
[3] Douglas Walton. *Ad Hominem Arguments*, University of Alabama Press, 1998, pp. 224-225.

国学者黄展骥也区别了"人身攻击"及其"谬误"①、"诉诸权威"及其"谬误"②、"歧义"及其"谬误"③。谬误区分的重点在于模式中变量的具体情况。当代谬误研究运用多元化的谬误分析方法,使得谬误模式的研究大大拓展。这将促使人们发现更多的谬误模式,同时对谬误模式的分析更加深入、细致。

当代谬误研究中既有对单个谬误模式的深入分析,又有针对谬误理论本身的系统化理论探索,其主要代表有:(1)谬误的语用-辩证理论,认为谬误与论辩相联系,是对批评性讨论规则的违反。(2)谬误的新辩证法理论,是语用-辩证理论基础上的一种更广泛的新辩证法,认为谬误理论是基于论辩模式的,谬误是一个对话类型向另一个对话类型的不合法转移。(3)谬误的批评理论,认为谬误是对好论证所必须满足的标准的违反。符合好论证的标准是相干性、充分性和可接受性标准,与之相对应的三种基本谬误就是不相干理由、仓促结论和成问题的前提。(4)谬误的修辞学理论,认为谬误之为谬误,是因为它没有说服普遍听众。(5)谬误普遍表现为三种方式:论辩的框架可能不适合;一个论证的出发点可能未达成;论辩的特殊技术可能不是有效力的。④虽然这些理论在研究过程中侧重点各有不同,但都内含着非形式逻辑的精神,与非形式逻辑相互渗透。

二、对先秦谬误思想的非形式逻辑分析

非形式逻辑突出论证的实践转向,强调论证的辩证性、语用性和社会性。因而它反对把演绎有效性作为判定谬误的唯一标准,而是力图

---

① 黄展骥:《"人身攻击"及其"谬误"辨析——略论"不相干"谬误》,《人文杂志》2000年第1期。
② 黄展骥:《"诉诸权威"及其"谬误"辨析》,《信阳师范学院学报(哲学社会科学版)》2001年第1期。
③ 黄展骥:《"歧义"与"歧义谬误"趣谈》,《思维与智慧》1995年第5期。
④ Christopher W. Tindale. *Act of Arguing: A Rhetorical Model of Argument*, State University of New York Press,1999,pp. 145 - 147.

寻求一种考虑语境的、现实的日常标准。在这一标准中，对谬误的分析仅仅依靠纯逻辑形式的分析方法是行不通的，它更多的是依赖语义和语用角度的分析。与之相应，先秦时期思想家对谬误的分析和研究，主要的也并不在于形式方面。我们在上一章中就曾指出，陈汉生和葛瑞汉都认为，在先秦时期谬误思想的杰出代表《墨辩》中，后期墨家甚至否定了推理形式的普遍有效性。先秦时期的谬误思想更注重从语词的内涵方面分析名、辞、说、辩，而且诸子的名、辞、说、辩及其谬误的思想主要是一个关于语言在社会生活领域中的运用问题，涉及语言的交际性、辩证性和语用性等特征。因此，先秦谬误思想主要也不是关于语形的谬误，它们更多的是关于语义和语用的谬误。可见，先秦谬误思想和非形式逻辑视角下的谬误理论在许多特征上有契合之处。因而，我们运用非形式逻辑视角下的谬误理论对先秦谬误思想进行现代分析，更有可能形成对先秦谬误思想的深入、透彻理解。

(一) 对先秦时期语义含混谬误的分析

先秦时期的思想家重视名的确定性要求，他们不仅揭露了违反名实一致原则的乱名，同时也分析了因概念内涵的不确定、杂乱不清而造成的语义含混的谬误以及因语词多义而造成的歧义谬误。

语义含混谬误指的是因语词意义的模糊不清而造成的谬误。先秦时期的思想家尤其重视因语义的含糊不清而造成的相似之名的混淆。例如，孟子认为，齐宣王将周武王攻打商纣王说成是臣子"弑君"的不义行为，是因为齐宣王混淆了"弑"与"诛"的词义。"弑"与"诛"都有"杀"之意，因而容易造成二者的混淆。但孟子认为，二者的词义还是有着根本区别的，对此，孟子做出了明确界定："贼仁者谓之贼，贼义者谓之残。残贼之人，谓之一夫。闻诛一夫纣矣，未闻弑君也。"（《孟子·梁惠王下》）"弑"指的是以下犯上，杀无罪之君，而"诛"指的是杀害、讨伐有罪之人，二者所适用的对象并不同。商纣王损害仁义，只能称为"一夫"，而不能算作"君"。因而周武王的讨伐是"诛一夫"而非"弑君"。齐宣王犯了词义混淆的谬误。

再如，墨子认为，那些以"禹征有苗，汤伐桀，武王伐纣，此皆立为圣王"（《墨子·非攻下》）来反诘"非攻"主张的人，是混淆了"攻"与"诛"的词义，犯了词义混淆的谬误。"攻"与"诛"同有出兵征讨之意，因而容易造成二者的混淆。但墨子认为，二者征讨对象不同，因而其根本性质也有所不同。"诛"指的是征讨有罪之国君，是顺应天命的行为；而"攻"指的是征讨无罪之国君，是悖逆天命的行为。墨子对"诛"和"攻"的区别，明确了二者的内涵。

（二）对先秦时期歧义谬误的分析

1. 语词的多义性

语词的多义性是在人类语言发展过程中所形成的日常语言的天然特点，是任何语言中都必然存在的一种客观现象。先秦时期的思想家重视语词的内涵研究，对语词的多义性特点自然有所研究。后期墨家指出，"物尽同名，二与斗，爱，食与招，白与视，丽与暴，夫与履"（《墨辩·经下》）。在后期墨家看来，同一语词指称不同之实的情况经常出现，就像"斗"，相斗者至少应有两者。这种关于"一名二实"甚至"一名多实"的讨论，包含着关于多义词的思想。

产生多义词的原因有几个方面，其中最主要的就在于由于同一个语词表达不同的概念而造成的多义。在人类语言发展史上，概念与语词之间严格的一一对应是不可能也不必要的。同一个语词表达两个或两个以上的概念是非常普遍的现象。后期墨家将这一现象称为"重同"，"二名一实，重同也"（《墨辩·经说上》）。后期墨家还以"且"为例，进行过具体的分析。"且，自前曰且，自后曰已，方然亦且"（《墨辩·经说上》），也就是说，"且"既可指事情发生之前的情形，即"将要"之意；也可指与事情发生的同时的情形，如"且歌且舞"；还可指事情发生之后的情形，如"病且不起"。再如"周人怀璞"中，"璞"既可指未经加工的玉石，也可指未经风干腊制的老鼠肉。"夔一足"中，"足"既可指腿，亦可指足够。

此外，由于词语的重新组合或被置于不同的语境，也会造成语词意义的变化。后期墨家指出,"车,木也;乘车,非乘木也"(《墨辩·小取》)。张斌峰认为,这是后期墨家所进行的语义关系推理。他指出,后期墨家将"车,木也"视为正确判断,而将"乘车,乘木也"视为错误判断,意在表明"由于词语的重新组合,新构成的词语有其新的含义。如果仍用原来意义上的词语来进行推理,就必然会出现'立辞'的谬误"①。一个语词在不同的语境中被赋予与语境相关的新的含义,是一种普遍现象。如在汉语中,很多语词都有其比喻义,这种比喻义使得语词在不同的语境中呈现出不同的具体含义。如《我的伯父鲁迅先生》中有这样一段话:

"爸爸的鼻子又高又直,你的呢,又扁又平。"我望了他们半天才说。

"你不知道,"伯伯摸了摸鼻子,笑着说,"小的时候,鼻子跟你爸爸的一样,也是又高又直的。"

"那怎么……"

"可是到了后来,碰了几次壁,把鼻子碰扁了。"

"碰壁?"我说,"你怎么会碰壁呢,是不是走路不小心?"

"你想,四周黑洞洞的,还不容易碰壁么?"

"哦!"我恍然大悟,"墙壁当然比鼻子硬得多,怪不得你把鼻子碰扁了。"在座的人都哈哈大笑起来。

"碰壁"除了字面意思外,还有其比喻义,即"比喻遇到严重阻碍或受到拒绝,事情行不通"。因而在这段文字中,有的"碰壁"指字面意义"碰到墙壁",有的指"受到黑暗统治下的反动政府的迫害"。

语词的多义还可能源于概念自身,即由于概念内涵的丰富性、多样性而造成的语词多义。只不过先秦时期的思想家对此并未涉及。汉语是一种通过形象的符号标记所指称的对象,进而传知达意的语言。"民

---

① 张斌峰:《略论墨家关于"立辞"的谬误》,《中州学刊》2000年第6期。

(名)若画虎"(《墨辩·经说上》),语言对事物的指称,就是根据事物的性质、特征,对事物加以模拟,就像画虎来表示虎一样。因而"形象语言要掌握发展变化着的客观世界,其意义必然随现象的变化而不断积聚、改变。这种动态关系就会造成意义的多样性、多层次性"①。语词是对概念的表达,概念内涵的丰富性、多样性决定了表达这一概念的语词在本质意义上的多义性。一个概念可以有多种涵义,我们可以把它们归为一个涵义集。涵义集会随着人们认识的不断发展、不断深化而不断扩展。而内涵是从这一涵义集中产生的,因而,内涵也就可能随着涵义集的不断扩展而不断丰富或者发生变化。例如,等边三角形是指三条边相等的三角形。"三条边相等的三角形"是"等边三角形"的最初、最基本、最简单的内涵。如果进一步学习,我们会发现等边三角形的更丰富的内涵,如等边三角形的内角都相等,且均为 60°;等边三角形每条边上的中线、高线和所对角的平分线互相重合(三线合一);等边三角形是轴对称图形,它有三条对称轴,对称轴是每条边上的中线、高线或对角的平分线所在的直线;等边三角形重心、内心、外心、垂心重合于一点,称为等边三角形的中心(四心合一);等边三角形内任意一点到三边的距离之和为定值(等于其高);等等。再如,水对于日常生活中的普通人来说,指的是"包括人类在内所有生命生存的重要资源,也是生物体最重要的组成部分"。但水同时也有"由氢、氧两种元素组成的无机物"的化学内涵和"在常温常压下为无色无味的透明液体"的物理内涵,这三者都可以看作"水"的内涵。

2. 语词的多义与歧义

多义和歧义不同。多义是语言中存在的客观现象,而歧义则跟语词的使用有关,是在语词的使用过程中产生的。多义只是歧义产生的基础,离开具体语境的单独的一个多义词并不能称为歧义。只有在语词的使用中,在具体的言语交际的环境下,仍然具有多义的语词才能称

---

① 关兴丽:《墨家对语用谬误的研究》,《人文杂志》2001 年第 1 期。

为歧义语词。在语言的具体使用过程中，任何语词的使用都受到上下文语境、情境语境，甚至整个文化传统语境的制约，这样就有可能使得一些原本多义的语词转化为单义的话语，自然不会产生歧义。如在前例中，"碰壁"一词虽具有多义，但结合当时的社会状况，鲁迅对"碰壁"的使用并没有歧义。因而，通过考察语词使用过程中的具体语境，就有可能对语词的多种意义加以筛选，从而避免歧义的产生。对于此点，韩非也有所论述。

韩非分析了几种歧义现象，如一宋人将自己束起来，众人觉得奇怪，问其原因，他回答说是因为按照书中"绅之束之"的要求而做的。"绅之束之"确实有"约束自己"和"把自己束起来"两种语义，但韩非认为，我们在理解某一语词或语句的时候，应将其还原到原书的具体语境中，"既雕既琢，还归其朴"（《韩非子·外储说左上》）。否则，断章取义，会造成对书意的曲解。这里，韩非已经表达了具体语境对语词的多义性具有筛选作用的思想。

当然，并不是所有的多义语词都能凭借语境得以转化，从而消除话语中的多义性，这样的情形就很有可能使人们对同一语词产生不同的理解，引发歧义。如"周人怀璞"中，周人与郑人各自不了解对方有关"璞"义的理解，而当时的交际环境也缺乏对语义加以筛选的因素，因而造成"璞"的歧义，妨碍了两人的正常交流。

3. 歧义与歧义谬误

歧义和歧义谬误也不同。歧义是歧义谬误的基础，有歧义谬误的地方必然有歧义的存在，但有歧义的地方不一定有歧义谬误。歧义谬误的产生跟语言的使用者直接相关，它既可能是语言的表达者所犯的谬误，也可能是听者所犯的谬误，还可能是表达者和听者都会犯的谬误。如果表达者对具体语境下仍有歧义的语词或语句未加以取舍，那他就犯了歧义谬误；如果表达者已有所取舍，但听者却认为仍有歧义，则听者犯了歧义谬误；如果表达者对具体语境下仍有歧义的语词或语句未加以取舍，而听者却加以置信，则表达者和听者都犯了歧义谬误。

如在"周人怀璞"中,虽然"璞"有歧义,但周人和郑人都未犯歧义谬误。因为"璞"的歧义并不是周人和郑人造成的,而是因为名在社会中的使用还未完成其约定俗成的统一过程。在上述韩非"绅之束之"的事例中,"绅之束之"在其具体的语境中,是没有歧义的。但是,宋人却断章取义,曲解了该词的原意,因而犯了歧义谬误。在《吕氏春秋》"夔一足"的事例中,《吕氏春秋》认为,根据具体的语境和事之常理,"夔一足"是没有歧义的。但是,鲁哀公没有对语境和事理进行深入的考察,将"夔一足"理解为"夔只有一只脚",犯了歧义谬误。同样的道理,王充认为,传书将"齐桓公负妇人而朝诸侯"理解为齐桓公背着妇人上朝,是传书对"负"的误解,犯了歧义谬误。在"碰壁"的事例中,鲁迅的表述没有歧义,因而没有犯歧义谬误。但是"我",即作者周晔却将"碰壁"的比喻义理解为字面义。因为作为小孩,在她的认知中,"碰壁"这一语词的含义是没有其比喻义的,所以她没有理解鲁迅先生的"借义双关",也就没有体会到鲁迅先生所说的"碰壁"的真意,犯了歧义谬误。

先秦时期的思想家并没有对歧义与歧义谬误加以区分,事实上,很多当代学者也没有对二者的区分加以重视,以至于对歧义谬误的分析不够深入、透彻。黄展骥以"标准语义"为核心,提出一种新的分析歧义谬误的模式与方法。运用这种方法,我们不仅能明了歧义和歧义谬误的区别,辨明犯此谬误的责任者,而且还能对相似的谬误进行辨析。马永侠、武宏志将此模式归结如下:[①]

(1)若一个语句 p 没有双方认叮的语义或标准语义,则 p 可以为"含混"或"笼统",但双方都不可能犯歧义谬误。

(2)若 p 只有一个标准语义 A,当任一交际个体 b 将它理解为语义 B 时,b 就犯了"曲解语义"的谬误。

(3)若 p 有两个(或以上)标准语义 A 和 B,说者 a 未加取舍,则 a

[①] 马永侠、武宏志:《论"歧义谬误"——兼评黄展骥教授的"歧义谬误"的观点》,《安徽大学学报(哲学社会科学版)》1998年第6期。

犯歧义谬误。

(4) 若 p 有两个(或以上)标准语义 A 和 B,说者 a 未加取舍,听者 b 加以置信,则 a、b 均犯歧义谬误。

(5) 若 p 有一个标准语义"A 或 B",而说者 a 已选定 A,但加以隐瞒仍以 p 表达,则 a 犯"避重就轻"或"片面真理"的谬误。

(6) 若 p 有两个(或以上)标准语义 A 和 B,而具体语境可排除其一,若说者 a 或听者 b 仍然相信 A 和 B,则 a 或 b 犯"概念混淆"或"错用语词"的谬误。

(7) 若 p 因句法结构而具有两个竞争性语义 A 和 B,则说者 a 便犯了歧义谬误。

(三) 从以情害意谬误看中国古代对名的价值取向的重视

语言具有多种意义。利奇曾将其总结为 7 种类型,即关于逻辑、认知或外延的理性意义;通过语言所指事物来传递的内涵意义;关于意义运用的社会环境的社会意义;关于讲话者、作文者的感情和态度的情感意义;通过与同一个语词的另一个意义的联想来传递的反映意义;通过经常与另一个语词同时出现的联想来传递的搭配意义;组织信息的方式(语序、强调手段)所传递的主题意义。① 按照这一理论,中国古代社会的思想家们更重视语言的内涵意义、社会意义和情感意义。可是在论证中,我们所竭力追求的是语言的理性意义。因为论证的目的是要实现理性说服,而其他的意义,尤其是社会意义和情感意义,可能会对我们的理性思考造成干扰,因为它们是针对人事的、非客观的。对多数人来说,都会被带有社会追求、价值观念、利害选择、好恶情绪等倾向的语言所干扰,从而无法做出冷静的判断和保持求真的精神。如具有情感意义的语言具有对某种感情姿态的强烈暗示,如果在论证中使用,不仅容易造成信息的扭曲,更会对听者进行感情诱导。而凡是意图通过

---

① 转引自刘春杰:《论证的语言》,《青海师范大学学报(社会科学版)》1998 年第 3 期。

情感语言说服听者的论证,实际上都是在论证之前即已做出了结论。这些都违背了论证以理服人的宗旨,从而造成谬误。这种谬误在歧义谬误中也有所体现,黄展骥将其称为"以情害意的谬误"①。

在黄展骥有关歧义谬误的分析中,最关键的是对"标准语义"的理解,"它类似于一种'词典意义','权威解释'或'约定俗成'"②。重要的是,黄展骥认为它是一种理性意义,不应该受到观念、价值、情绪、成见等感情因素的影响,否则,就会造成语义谬误,即以情害意的谬误。黄展骥指出,"X是个有情绪色彩的(或着了色的)词。现在X之中忽然出了个特异例子某甲,使我们产生异于惯常的反应,并且与我们惯常的反应相抵触。如果我们因此(甚或竟以此为理由)而认为某甲并非一个X,这就是以情害意的谬误"③。武宏志将此界说重新表述为"论者以某个事物 X_1 不具有语词X的联想A(或伴随性质B),或情绪色彩(着色)C,便认定 X_1 不是X(不属于X的外延)。由于这里的联想A在很多情况下表现为情绪色彩C,因此叫'以情害意'"④。如将不耕田的牛称为"非牛",不看门的狗、不捕鼠的猫称为"非狗""非猫",不孝顺父母的儿子不是儿子,没有医德的医生不是医生,等等。按照这一分析,黄展骥将中国古代很多具有政治伦理倾向的论述归入此类谬误,如孔子的"士而怀居,不足以为士矣"(《论语·宪问》),孟子的"贼仁者谓之贼,贼义者谓之残。残贼之人,谓之一夫。闻诛一夫纣矣,未闻弑君也"(《孟子·梁惠王下》),以及墨家的"杀盗人,非杀人也"(《墨辩·小取》),等等。这些论述都包含了对"士""君""人"的道德要求,但是按照理性的

---

① 罗业宏、黄展骥:《以情害意的谬误——兼论窜改词义》,《社会科学辑刊》1997年第2期。
② 马永侠、武宏志:《论"歧义谬误"——兼评黄展骥教授的"歧义谬误"的观点》,《安徽大学学报(哲学社会科学版)》1998年第6期。
③ 罗业宏、黄展骥:《以情害意的谬误——兼论窜改词义》,《社会科学辑刊》1997年第2期。
④ 武宏志:《三个新的语言谬误模式——黄展骥对语言谬误模式分析的贡献》,《中州学刊》2000年第6期。

观点，这些道德要求都不应该在以上语词的标准语义之中。因而怀居之士、残贼之君、没有仁心之盗顶多被称为不合格之士、不仁之君、坏人，但不能否认他们是士、君、人的事实。

的确，先秦时期的思想家对名的讨论，并不是要去反映其所指称之实的本质属性，探求事物发展的内在规律，他们注重的是名自身所体现的价值取向。名对于他们来说，是自家学说的代表，体现了自家学派的名实观以及价值观。这种对名的探讨跟我们对具有理性意义的名的追求的思路是相反的。不同学派有其所代表阶级的不同利益需求，有其不同的价值追求，因而体现各学派价值取向的名就不可能约定俗成，从而具有统一的意义。这样在此基础上所形成的有关名的谬误的思想不仅不具有真正的逻辑学意义，而且这些思想自身很可能就是谬误。正如黄展骥所说，"爱憎是人之常情，但一不小心就会导致谬误"①。因而，从现代观点看，先秦时期重视言说的价值取向，并希望以此来维护社会秩序的求真甚于求治的精神，不利于对谬误的分析以及谬误理论的发展。"当亚里士多德孜孜以求建立一个求真的思维工具系统时，先秦诸子都在求真的标识下，大多在'各是其是'、'各非其非'，'是其所是'、'非其所非'，彼此都带有了独断论的味道。而这恰恰成为先秦辩学及其谬误理论进一步发展的绊脚石。"②

（四）从谬误的语用性分析"杀盗非杀人"

从现代价值观和论证理性的角度出发，"怀居之士非士""残贼之君非君""杀盗非杀人"确实为谬误，但是谬误的语用性要求我们要结合具体语境进行谬误分析。因为一个合情理的论证，可能因为某个具体情境的变化而成为谬误，而谬误也可能因为某个具体情境的变化而成为合情理的。语境包括三方面内容：上下文语境、情境语境和民族文化传

---

① 罗业宏、黄展骥：《以情害意的谬误——兼论窜改词义》，《社会科学辑刊》1997年第2期。
② 张晓芒：《先秦诸子的谬误观及其时代精神》，《中州学刊》2000年第6期。

统语境。① 以上,我们将"怀居之士非士""残贼之君非君""杀盗非杀人"判定为谬误,是因为我们是将其置于现代的社会文化观念之中加以分析的。如果我们将其还原到提出之时的具体情境之中,它们还是否为谬误呢？下面我们就以至今仍有争议的"杀盗非杀人"为代表加以具体分析。

前面我们已经指出,一方面,"杀盗非杀人"是后期墨家用来佐证侔式推论"是而不然"的情况时的一个例证,但另一方面,它也有着更深层的用意,即为了论证墨家基本的政治主张"兼爱"。与儒家的"爱有差等"相对立,墨家提出"兼以易别"(《墨子·兼爱下》),即爱不应该有等级、亲疏、厚薄的差别,而应该普遍地爱所有人。"兼爱"具有合理和进步的历史内容,但在阶级社会里,要求不分等级、亲疏、厚薄地"兼爱",必然陷入泛爱的空谈,而与现实的政治主张相矛盾。这其中就包括墨家自己提出的现实主张"杀盗"。稍微有点逻辑常识的人,都能进行如下的逻辑分析:"杀盗"即"杀有的人","杀有的人"即"不爱有的人","不爱有的人"与"普遍地爱所有人"相矛盾。而其他学派正是抓住这一矛盾来攻击墨家的"兼爱"主张。而为了维护其主张,墨家提出了"杀盗非杀人"。

"盗人人也",是一个事实命题,从人的自然属性来讲,盗当然是人。而"杀盗人,非杀人也"表面也是一个事实命题,但其实这一命题已内在地包含了作者的价值取向和价值评价,即"杀盗不应该为杀人"。在中国的义化传统中,人之所以区别于动物的本质属性在于人有仁义道德。"尊德性"是全部认识活动或思维活动的根本目标。我国历代哲人所关心的主要问题之一就是个人的身心修养。在我国能被称为"圣贤"的人,除了要有渊博的学识之外,另一个非常重要的标准就是一定要有完美的人格,高尚的情感。因而中国古代社会对个人功成名就模式的界定:第一是立德,其次是立功,再次是立言。"人之所以为人的本质在于

---

① 索振羽:《语用学教程》,北京大学出版社2000年版,第23页。

人具有德性"的文化传统蕴含着如下价值命题。

(1) 所有的人都应该是有德性的。

而"盗"自身具有负面价值,内含着否定性评价。按照中国传统"象思维"的特点,"盗"在甲骨文中为( ),《说文解字》中的篆体字为" ","私利物也,从㳄,㳄欲皿者"(《说文解字·㳄部》)。又按"㳄","慕欲口液也。从欠,从水"(《说文解字·㳄部》)。按林义光《文源》:"欠像人张口形。从人,口出水。"①"盗"的本义就是对别人的器皿(之物)羡慕得流口水,想要偷窃为己有。又因"民有耻心,则何盗之为"(《列子·说符》),"盗"也就是指丧失了羞耻之心,丢弃了人伦道德。所以"水名盗泉,尼父不漱"(《刘子·鄙名》),"曾子立廉,不饮盗泉"(《淮南子·说山训》)。因而我们可以得出:

(2) 所有的盗都不是有德性的。

这样,由(1)(2)得出:

(3) 所有的盗都不应该是人。

可见,后期墨家认为,从自然属性上讲,盗是人;但从道义上讲,盗不应该是人。这样,从道义上讲,得出"杀盗不应该为杀人"的结论就顺理成章了。

所以,只要分析出"所有的人都应该是有德性的"这一前提,"杀盗非杀人"这一命题是有其合法性的。正是在这一合法性的基础上,"杀盗非杀人"对"兼爱"的论证,也可以被看作可接受的。但是"杀盗非杀人"命题的合法性,是建立在对中国传统文化,尤其是对中国传统价值观的分析、理解、认同的基础上的。这也能够解释为什么看似不合逻辑的命题竟引众多学者为其辩护,甚至连中国文化界的头面人物,尤其是连在近代西方逻辑输入方面有着不可磨灭的历史功勋者,如梁启超、胡

---

① 汤可敬:《说文解字今释》,岳麓书社 2001 年版,第 1196 页。

适、沈有鼎等都极力伸张此命题的合法性①。反之,如果没有对中国文化传统中"尊德性"的价值观的深入理解和认同,也就不会理解"杀盗非杀人"的合法性。这也能够解释为什么这一命题同时也遭到许多学者的非难。程仲棠在《从"杀盗非杀人"看逻辑与价值的混淆》一文中,就对"杀盗非杀人"的价值合法性提出了质疑。文中指出:"价值观是与时俱进的,我们应该引入现代的价值观念,特别是人权观念,作为评论'杀盗非杀人'的价值理据。人权是每一个人凭其为人就应该享有的权利。盗应该依法惩办,但也有人权——此二者并行不悖"②,"从人权的观点看,'杀盗非杀人'没有价值的合法性,其价值要害在于否认'盗'具有'人'的身份,从而剥夺盗凭其为人就应该享有的权利"③。毋庸置疑,以现代的价值观来看,"杀盗非杀人"确实没有价值合法性。但问题是,我们以与时俱进的、现代的价值观来否认战国时期的墨子命题的合法性,是否过于苛责?"每个原理都有其实现的世纪"④,而每个人也都是生活在具体历史时期、受客观历史条件制约的。因而,从中国传统文化,尤其是中国传统价值观的角度看,"杀盗非杀人"是有其合理性的。

在先秦时期的思想家用"名"的过程中,存在一个如何定名、解名,以体现人伦性的问题。《尹文子·大道上》中的乡村老人给大儿子起名叫"盗",就使这个名字丧失了人伦的确定性,违反了历史的集体思考、归纳下的社会心理,与大众的知识经验模式相悖,自然会因为人伦理解的歧义在信息传播的过程中闹出乱子来。而在"杀盗非杀人"的判断中,墨家也是舍弃了人的生理学意义上的标准,只从伦理角度上把"人"区分为一般的人和非伦理的"盗人",它们之间的关系是以"异"为基础的,因此"杀盗非杀人",显示了墨家论辩的历史真实性和生动性。而荀

---

① 程仲棠:《"中国古代逻辑学"解构》,中国社会科学出版社2009年版,第81—84页。
② 同上书,第88页。
③ 同上。
④ 《马克思恩格斯选集》(第1卷),人民出版社1995年版,第146页。

子则从名的一般词语角度认为"盗"与"人"之间只是共名"人"与别名"盗"的关系,它们之间是以"同"为基础的。即使"民有耻心,何盗之为","盗"仍然"是人"。因此认为墨家是把"名"的"同"混淆为"异"。但荀子在此却又是只抓住人的生理意义上的标准,舍弃了墨家以道义上的标准来作为划分根据,并没有反映出墨家认识的全貌,如图 8.9 所示:

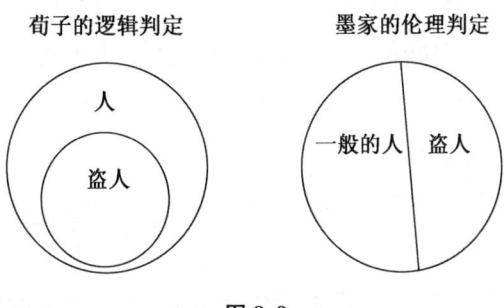

图 8.9

正是由于先秦谬误研究中有其政治伦理倾向,"象思维"思考的一定会是两种事物之间本质规定性或伦理规定性(内涵)的对比联想。而按现代指号学创始人之一的美国哲学家莫里斯(Charles William Morris,1901—1979)的指号学理论,讨论语言记号与它们之间所谈论对象之间关系的是语义学,讨论语言记号与适用它们的方式之间关系的是语用学,虽然"意向和概念的功能有很大的不同,概念之'所指'十分清晰和确定,而意向之'所指'则相当模糊和不确定"①,但意向的"'所指'又不能不相对地具有某种程度的明晰性和确定性。……意向是反映客观世界的,不能不受客观对象的制约,不能不同对象具有某种一致性;意向是在实践中形成的,不能不受到实践的制约,不能不受到

---

① 刘文英:《漫长的历史源头——原始思维与原始文化新探》,中国社会科学出版社 1996 年版,第 268 页。

生活经验不同程度的修正"①。因此,无论是《尹文子·大道上》中的乡村老人给大儿子起名叫"盗",还是墨家的"杀盗非杀人",都历史地应和着现代瑞士语言学家索绪尔所指出的:"能指对它所表示的观念来说,看来是自由选择的,相反,对使用它的语言社会来说,却不是自由的,而是强制的。语言并不同社会大众商量,它所选择的能指不能用另一个来代替。这一事实,似乎包含着一种矛盾,我们可以通俗地叫作'强制的牌'。人们对语言说:'你选择罢!'但是随即加上一句:'你必须选择这个符号,不能选择别的'。已经选定的东西,不但个人即使想改变也不能丝毫有所改变,就是大众也不能对任何一个词行使它的主权;不管语言是什么样子,大众都得同它捆绑在一起。"②

第三节 正名问题中谬误思想的社会文化性思考

谬误的语用性强调谬误判定与分析的语境依赖性,这要求我们在注重说理的同时,也不能忽视说理的社会文化性。关于说理的社会文化性问题,鞠实儿曾在他的广义论证概念中有所论述。"所谓广义论证是指:在给定的文化中,主体依据语境采用规则进行的语言博弈,旨在从前提出发促使参与主体拒绝或接受某个结论。"③该定义的最大特点在于"强调论证主体的文化隶属关系和论证的语境依赖性,表达了说理的社会文化性"④。根据此观点,主体的文化隶属关系在谬误评价中占有重要地位。此观点同先秦谬误思想有相似之处。先秦谬误思想中既

---

① 刘文英:《漫长的历史源头——原始思维与原始文化新探》,中国社会科学出版社 1996 年版,第 274 页。
② [瑞]索绪尔:《普通语言学教程》,张绍杰等译,外语教学与研究出版社 2011 年版,第 107 页。
③ 鞠实儿:《论逻辑的文化相对性——从民族志和历史学的观点看》,《中国社会科学》2010 年第 1 期。
④ 同上。

含有丰富的逻辑内涵,同时更有在其逻辑内涵上所倾注的强烈的人文关怀。尤其是先秦时期的正名思想,其对名的讨论,存在一个如何定名、解名,以体现人性论的问题。这凸显了先秦谬误思想浓郁的时代精神,展现了以实践逻辑为特点的先秦谬误思想的社会文化性。而在先秦时期的正名思想中,尤以荀子的正名思想最为集中、系统。他对正名的讨论已经形成了相对完整的体系,在先秦的逻辑发展中占有重要地位,具有重要的理论意义。而且荀子的"三惑说"是先秦时期第一次从理论上对各种名的谬误进行总结和揭示的尝试,是对先秦时期所热烈讨论的名实相乱的谬误进行的较为全面、系统的概括。因此本书在此以荀子的正名思想为代表,从荀子正名理论的文化诠释揭示先秦谬误思想的社会文化性。

一、制名原则中逻辑性与社会文化性的统一

荀子认为,客观事物是名的基础,而名是对客观事物的反映,名的同异应根据客观事物的同异关系来确定。因而他以"所缘以同异"(《荀子·正名》)作为制名的客观基础,强调借助"心"的"征知"作用正确认识事物的同异,然后根据"同则同之,异则异之"的制名原则给事物命名,保证了名指谓对象的确定性。

在荀子的制名原则中,还有一个重要的"约定俗成"原则。荀子认为,对于已有的确定之名,只需继续沿用,"刑名从商,爵名从周,文名从礼"(《荀子·正名》);对于与事物之间对应关系不确定从而妨碍正常交流沟通的散名,则需要按"约定俗成"的原则加以"制名"或"正名"。"散名之加于万物者,则从诸夏之成俗曲期,远方异俗之乡,则因之而为通"(《荀子·正名》)。故而"名无固宜,约之以命。约定俗成谓之宜,异于约则谓之不宜。名无固实,约之以命实,约定俗成,谓之实名"(《荀子·正名》)。应该说,在"散名"形成之初,的确会因认识主体的不同,使社会中存在一定的"名无固宜""名无固实"的随意性,但正名的问题又显然需要以名的确定性来巩固认识的结果,"约定俗成"原则恰能以"集体思考"的公众认识做到这一点,从而保证沟通的正常进行。其所体现的正是在传播过程中正名问题的社会性。

应该说,先秦之名,有许多是礼仪、制度、伦理之名,因此才有了"唯器与名,不可以假人,君之所司也。……若以假人,与人政也。政亡,则国家从之,弗止也已"(《左传·成公二年》)。对于符合"礼"的"名","人主不可以不审名分也,不审名分,是恶壅而愈塞也"(《吕氏春秋·审分》),因此,荀子虽然要求王者才享有制名权,但在其制名的时候,也必须考虑制名的原则、方法,尤其是"约定俗成"的标准。这个标准就是"善":"名有固善,径易而不拂,谓之善名。"(《荀子·正名》)即简单而通俗易懂并且不引起矛盾的就是"善名"。应该说,"善名"的要求更多地蕴含正名过程中的社会文化因素。因为从正名的目的上看,这实在是因为"王者之制名,名定而实辨,道行而志通,则慎率民而一焉。故析辞擅作名以乱正名,使民疑惑,人多辨讼,则谓之大奸;其罪犹为符节度量之罪也。故其民莫敢托为奇辞以乱正名,故其民悫,悫则易使,易使则公。其民莫敢托为奇辞以乱正名,故一于道法而谨于循令矣。如是则其迹长矣。迹长功成,治之极也,是谨于守名约之功也"(《荀子·正名》)。为了消除"今圣王没,名守慢,奇辞起,名实乱,是非之形不明,则虽守法之吏,诵数之儒,亦皆乱也"(《荀子·正名》)的现象,也必定要"若有王者起,必将有循于旧名,有作于新名。然则所为有名,与所缘以同异,与制名之枢要,不可不察也"(《荀子·正名》)。亦即,"只有当一个名称以被社会认为合理的方式指称对象时,该名称才会被社会所接受,并成为整个社会的习惯和传统"[①]。因此,荀子制名的原则,不仅在认识论方面考虑到了名对事物本质属性的反映(概念的内涵),更注重了名的社会文化内涵。这跟孔子在提出正名问题时突出政治伦理问题的特点是一脉相承的。正是在这个意义框架下,先秦名辩思想在其发展过程中,从其逻辑起点的"正名"开始就有了伦理化倾向,且一直延续

[①] 陈波:《荀子的名称理论:诠释与比较》,《社会科学战线》2008年第2期。

到先秦"推类法式"的形成过程中,"其伦理标准所决定的求善精神的要求,不是人类思维工具系统自然演进的结果,而是人类伦理道德对逻辑法则的修正。因为,从思维工具系统内部无法找到预设前提下为何能由此达彼的合法性证明。它的合法性只能从人类的道德理想领域寻找。体现在先秦推类思想必然受时代背景的限制问题上,道德共识就赋予了推类方法的求善的合理性"①,而"伦理精神的同一性与普遍性所赋予的公共理性,则在保证一个社会族群中的个体与总体间的同一与平衡过程中,赋予了推类方法的求真的合法则性。这就使得,'类'法式的伦理标准和逻辑标准并非截然对立或并行不悖,它们作为中国古代推类方法的两种'精气'是交融在一起的。伦理的标准所体现的是中国古代推类方法的求善、求治的时代精神,逻辑的标准所体现的是中国古代推类方法的求真的时代精神"。故而当我们看到"水名盗泉,尼父不漱"(《刘子·鄙名》),"曾子立廉,不饮盗泉"(《淮南子·说山训》)时,就有了一个深刻体会,作为一种表意文字,自孔子要求"正名"过程中要"无所苟而已"(《论语·子路》)以来,至荀子的如何定名、解名、用名,是如何体现社会人伦性问题的了。

二、"三惑"说中逻辑批判与政治批判的统一

荀子对"三惑"的批判,揭露了混淆名实关系的各种诡辩,从逻辑上要求人们在思维过程中保持名的确定性。同时,荀子批判"三惑"也有其政治伦理目的。"三惑"批判的对象有宋钘、墨家、惠施。惠施为名家,荀子认为名家"不法先王,不事礼义,而好治怪说,玩琦辞,甚察而不惠,辩而无用,多事而寡功,不可以为治纲纪;然而其持之有故,其言之成理,足以欺惑愚众,是惠施邓析也"(《荀子·非十二子》)。至于宋钘,荀子在《非十二子》中是把宋钘和墨子放在一起加以批判的:"不知一天

---

① 张晓芒:《中国古代从"类"范畴到"类"法式的发展演进过程》,《逻辑学研究》2010年第1期。

下建国家之权称,上功用,大俭约,而僈差等,曾不足以容辨异、县君臣;然而其持之有故,其言之成理,足以欺惑愚众,是墨翟宋钘也。"这样,荀子对"三惑"的批判就是在先秦持续不断的名辩思潮中,为了"以正道而辨奸,犹引绳以持曲直;是故邪说不能乱,百家无所窜"(《荀子·正名》),在剽剥异端邪说的同时,通过明晓"凡邪说僻言之离正道而擅作者,无不类于三惑者矣"(《荀子·正名》)而"以辩止辩"。故而荀子要求:"君子必辩。凡人莫不好言其所善,而君子为甚焉。是以小人辩言险;而君子辩言仁也。言而非仁之中也,则其言不若其默也,其辩不若其呐也;言而仁之中也,则好言者上矣,不好言者下也……故君子之行仁也无厌,志好之,行安之,乐言之。故君子必辩。"(《荀子·非相》)如是,荀子以"上以明贵贱,下以辨同异"(《荀子·正名》),使他的"正名"思想既保有了先秦名辩思想的求真态度与精神,又保有了先秦名辩思潮的求善的振世情怀。

三、正名思想中求真和求善功能的统一

荀子整个正名思想的出发点和最终目的都是从逻辑的事实判断出发为其政治伦理的价值判断服务的。战国时期,诸子百家各持己见,是己异非,威胁到儒家学说的地位。而名实相悖的社会现状也影响了整个社会的稳定:"今圣王没,名守慢,奇辞起,名实乱,是非之形不明,则虽守法之吏,诵数之儒,亦皆乱也。"(《荀子·正名》)为此,必须"正名"。否则名实关系混淆不清,既可因"同异不别"使人们思想之间无法进行正常的沟通交流,"志必有不喻之患"(《荀子·正名》);又可因"贵贱不明""事必有困废之祸"(《荀子·正名》),带来社会混乱。"故知者为之分别制名以指实,上以明贵贱,下以辨同异。"(《荀子·正名》)仅此一句,就完整地体现了荀子的正名思想是逻辑求真功能和求善功能[①]的结合。

---

① 张晓芒:《逻辑的求善功能》,《南开学报(哲学社会科学版)》2011年第4期。

一方面，荀子要求通过正名以"辨同异"，使思维的是非认知要正确反映事物的同异差别，这体现的是逻辑的求真功能。另一方面，荀子要求通过正名以"明贵贱"，以其正名问题的政治伦理性体现了逻辑的求善功能，"表露了对'害'与'恶'的恒常否定，对于人伦秩序合理正常的向往和追求"①，其最终目的仍然是保持社会稳定，促成并保障社会和谐，使"其民莫敢托为奇辞以乱正名。故其民悫，悫则易使，易使则公。其民莫敢托为奇辞以乱正名，故一于道法而谨于循令矣。如是，则其迹长矣"(《荀子·正名》)。

在社会现实中，善良未必是自愿的，却是真实的。而这种"善良"之所以会成为真实，是在社会伦理生活的现实社会关系中实现的。因此，逻辑的求善精神体现了逻辑的人文关怀。原因无他，因为我们所面对的世界是事实世界和价值世界的统一，虽然"在人类文明史上，价值世界高于事实世界，使以价值观念为根据的价值知识高于事实知识"②，但"是"与"应该"之间还是要求逻辑沟通的。鞠实儿教授提出要扩展逻辑学的范围，强调论证主体的文化隶属关系和论证的语境依赖性，表达了说理的社会文化性。这些逻辑理论的探讨可以提供"从逻辑与文化关系的角度进行逻辑研究的新方法"，可以为推动逻辑学的整体研究和发展提供新的思路和方法，尤其是可以"为中国古代逻辑思想史研究提供新的理念支撑、新的进入点"③。在这个新的进入点上，我们自可以领会为什么包括"正名"问题在内的先秦名辩思想，在理智的工作与实用的结果相统一的意义下，是一种牟宗三以"超越的解析"(Transcendental interpretation)④分析下的张东荪先生所说的"实际逻辑"(material logic)⑤，或如"图尔敏模式"下的"工作逻辑"或"操作逻辑"(working

---

① 张晓芒：《逻辑的求善功能》，《南开学报(哲学社会科学版)》2011年第4期。
② 同上。
③ 同上。
④ 牟宗三：《理则学》，正中书局1995年版，第77页。
⑤ 张东荪：《理智与条理》，见《理性与良知——张东荪文选》，上海远东出版社1995年版，第491页。

logic),或如温公颐先生所指出的是"内涵的逻辑"①。

这也印证了李泽厚所说的"实用理性便是中国传统思想在自身性格上所具有的特色"②,从而使得先秦名辩思想的实践理性取向,决定了自孔子至荀子的正名思想,主要是围绕道德的完善、政治的改良、人生的境界来展开的,其正名思想的动机除了"求真"这一逻辑的根本宗旨外,还有着"求善"的人格修养。可能正是在这个意义上,梁漱溟将中国的学问称为"人生实践之学",张东荪则称之为"文化哲学"或"生命哲学"。

要言之,我们对于每一种文化都应该给予逻辑的人文关怀。一方面,我们要坚持逻辑的理性分析和探索的精神;另一方面,我们也不能忽略逻辑的文化相对性,而应该"把不同的逻辑传统视为相应文化的有机组成部分,并参照那一时期的哲学、伦理学、政治学、语言学以及科学技术等方面的思想和文化发展的基本特征,对不同逻辑传统给出有故和成理的说明"③。如是,才既有利于推动逻辑学的整体研究和发展,又有利于以开放的心态看待不同的文化、思想,而不是仅仅简单地对某种异己的文化、思想给予绝对肯定或绝对否定的判断。因为,"任何一个文化理念的产生,都必然有一个背后的文化支撑,体现了一种集体性思考,并在历史的积淀中,以稳固的具有本文化特质的思维方式,形成了一种'文化三段论'。作为其公理基础的是本文化的历史形成的价值判断"④。而逻辑的社会文化性正是对每一种文化、思想有其自身发展历程的认同,是对每一种文化、思想都有其发生发展的历史必然性和思维必然性的肯认。这也可以映射马克思所说的"每个原理都有其出现

---

① 温公颐:《先秦逻辑史》,上海人民出版社 1983 年版,第 48 页。
② 李泽厚:《中国古代思想史论》,人民出版社 1986 年版,第 304 页。
③ 崔清田:《墨家逻辑与亚里士多德逻辑比较研究》,人民出版社 2004 年版,第 38 页。
④ 张晓芒:《文化交往中的公理问题》,《南开学报(哲学社会科学版)》2005 年第 3 期。

的世纪"①和恩格斯所说的"每一时代的理论思维,从而我们时代的理论思维,都是一种历史的产物,在不同的时代具有非常不同的形式,同时具有非常不同的内容。因此,关于思维的科学,也和其他各门科学一样,是一种历史的科学,是关于人的思维的历史发展的科学"②。

第四节　对名家因"独特"而遭非议的所谓谬误的辩证思考

名家因"独特"而遭非议的所谓谬误主要包括邓析的"两可"说、公孙龙的"白马"说和"坚白"说(《公孙龙的谬误思想》一节已经有过详细分析,本节不再赘述)、惠施的"历物十事"和辩者"二十一事"。

邓析的"两可"说主要体现在《吕氏春秋·离谓》所记载的邓析解决"尸体买卖"之争的故事中:

> 洧水甚大,郑之富人有溺者,人得其死者。富人请赎之,其人求金甚多。以告邓析,邓析曰:"安之。人必莫之卖矣。"得死者患之,以告邓析,邓析又答之曰:"安之。此必无所更买矣。"(《吕氏春秋·离谓》)

这里,邓析用同一判断"安之"来回答立场对立的赎尸和得尸双方,此即"两可"。而惠施的"历物十事"和辩者"二十一事"也都具有邓析"两可"思维方法的特点,它们实质上是邓析"两可"说在更深、更广领域中的发展与延伸。

惠施的"历物十事"为:

> 历物之意,曰:"至大无外,谓之大一;至小无内,谓之小一。无厚,不可积也,其大千里。天与地卑,山与泽平。日方

---

① 《马克思恩格斯选集》(第1卷),人民出版社1995年版,第146页。
② 《马克思恩格斯选集》(第4卷),人民出版社1995年版,第284页。

中方睨,物方生方死。大同而与小同异,此之谓小同异;万物毕同毕异,此之谓大同异。南方无穷而有穷,今日适越而昔来。连环可解也。我知天下之中央,燕之北、越之南是也。泛爱万物,天地一体也。"(《庄子·天下》)

辩者"二十一事"为:

卵有毛,鸡三足,郢有天下,犬可以为羊,马有卵,丁子有尾,火不热,山出口,轮不蹍地,目不见,指不至,至不绝,龟长于蛇,矩不方,规不可以圆,凿不围枘,飞鸟之景未尝动也,镞矢之疾而有不行不止之时,狗非犬,黄马骊牛三,白狗黑,孤驹未尝有母,一尺之捶,日取其半,万世不竭。(《庄子·天下》)

历史上,以上学说一直被视为"琦辞""怪说"而受到先秦诸子(墨家除外)的一致反对和批判。道家庄子指责惠施的思想"其道舛驳,其言也不中",是"饰人之心,易人之意,能胜人之口,不能服人之心"(《庄子·天下》);儒家荀子认为惠施、邓析"好治怪说,玩琦辞,甚察而不惠,辩而无用,多事而寡功,不可以为治纲纪"(《荀子·非十二子》);法家韩非指出"坚白无厚之词章,而宪令之法息"(《韩非子·问辩》);《吕氏春秋》指责邓析的"两可"说乃"以非为是,以是为非,是非无度,而可与不可日变。所欲胜因胜,所欲罪因罪"(《吕氏春秋·离谓》)。

但以现代观点来看,这些"独特"的思想究竟是否谬误,需要我们详细分析。

一、名家"独特"思想被视为谬误的原因分析

以上学说之所以被互訾的众学派视为谬误而加以批判,是因为它有着与先秦诸家思想所不同的自身"独特"个性之所在,主要表现在以下几个方面。

其一是"弱于德,强于物"(《庄子·天下》)。先秦时期的思想家,其言说谈辩的最终目的是围绕着社会治理和平定天下而展开的。与求真

相比，他们更注重追求政治伦理方面的求治目的，"《易大传》：'天下一致而百虑，同归而殊途。'……此务为治者也。"（司马谈《论六家要旨》）。政治、道德上的追求指导着先秦时期思想家的价值取向以及他们对各家思想的评价。与先秦其他学派相比，名家实属另类，因为他们思想中"务为治"的倾向最不明显。他们"散于万物而不厌""逐万物而不反""遍为万物说"（《庄子·天下》），重视对自然科学的研究，因而以上学说与社会的政治伦理追求没有什么直接关联。在其他学派看来，这样的思想不仅没有任何功用，"甚察而不惠，辩而无用，多事而寡功"（《荀子·非十二子》），反而会造成社会秩序的混乱，"今兼听杂学缪行同异之辞，安得无乱乎"（《韩非子·显学》），因而受到先秦时期思想家的批判。

其二是"反人为实"（《庄子·天下》）。名家学者有意追求命题的新与奇，因而以上学说，常常都与常识相悖而超出了人们日常所能理解和接受的程度，即"反人为实"或"失人情"（司马谈《论六家要旨》）。他们不仅提出上述命题，而且非常热衷于对上述命题的争论，甚至还认为这些命题还不足怪，想要增加其他更加与常识相悖的命题，即"说而不休，多而无已，犹以为寡，益之以怪"（《庄子·天下》）。因而即使这些命题已经被惠施和众辩者进行过论证而显得"持之有故""言之成理"（《荀子·非十二子》）且难以反驳，也难免被诸子视为"琦辞""怪说"的命运。而且由于有关惠施和众辩者对这些命题的论证的资料已经失传，现代有些学者也将它们视为诡辩而加以批判。

其三是以辩为乐，而且言辩"以胜人为名"（《庄子·天下》）。在"百家争鸣"的背景下，先秦各家的思想具有浓厚的论辩色彩。但是，对很多思想家来说，论辩只是各学派之间，甚至学派内部不同思想家之间相互辩难、是己异非的工具。因而多数思想家在用辩的同时非辩，甚至反辩。如孔子认为辩说是"巧言""利口"（《论语·阳货》）；孟子认为辩乃是"不得已"（《孟子·滕文公下》）而为之；荀子倡辩是为了"以辩止辩"；老子认为"善者不辩，辩者不善"（《老子·八十一章》）；庄子明确提出"辩无胜"（《庄子·齐物论》）；韩非也多次强调"辩无用"。但名家对辩的态度则与以上儒、道、法等诸家形成鲜明的对比。名家善辩,更乐辩。庄子指出,惠施"日以其知与人之辩",其"历物十事"提出之后,"天下之辩者相与乐之"(《庄子·天下》);反之,"辩士无谈说之序则不乐,察士无凌谇之事则不乐"(《庄子·徐无鬼》)。名家这种好辩、乐辩至"终身无穷"(《庄子·天下》)的程度,遭到了诸子的批判。而名家看重言辩能否取胜、热衷于追求"胜人之名"的行为更是为其他诸家所不耻。对其他诸家来说,论辩不仅仅是一种言语行为,更是对人们行为的一种指导与规范。因而他们更注重论辩的"理胜",追求论辩"能服人之心"的效果。以此为标准,名家"能胜人之口,不能服人之心"(《庄子·天下》)的"辞胜"自然被视为诡辩。

按照现代对谬误的理解,以上三种原因中的"弱于德,强于物"和以辩为乐而且言辩"以胜人为名",根本不能作为谬误的判定标准。即使是"反人为实"这一点,也需进行具体分析。因为常识虽然来自宝贵的经验,但总是特定时代的产物,它在具有科学性的同时,也有可能含有错误的部分。就像黑格尔所说,常识是一个时代的思维方式,"其中包含着这个时代的偏见"[①]。因而,常识也不能被认为是绝对正确的而用以对谬误进行评判。况且,荀子"持之有故""言之成理"的评价表明名家曾对这些命题进行过充分的论证,而且这些论证很难被反驳。因而,这些命题不可能是毫无根据的谬论。可惜的是,名家学者论证这些命题的相关资料并未保留下来。不过这也为我们运用现代观点挖掘这些命题中的合理价值留下了可能的空间。

二、名家"独特"思想中所蕴含的辩证思维精神

其实,名家以上看似违反常识的所谓"琦辞""怪说",并不是关于人们经验的认识,而是名家在探求事物本质过程中所进行的超出感觉经

---

① [德]黑格尔:《哲学史讲演录》(第二卷),贺麟、王太庆译,商务印书馆1983年版,第33页。

验局限的理性探索,逻辑思维在其中发挥着重要的作用。在这些命题中,蕴含着当时其他思想家所没有注意到的思维方法,包含有当时还不能解释清楚的科学道理,具有重要的科学意义。

(一) 整体性思维方式

按照辩证唯物主义的观点,任何事物内部都包含着相互矛盾的正反两个方面,它们相反相成,在一定条件下,还会相互转化。"两可"思维方式的特点就是看到了同一事物的正反两面,并对此事物从正反两个角度加以分析、考察,揭示看似矛盾的两个立论的合理性。而且这一思维方式更注重的是对易为常识所忽视的一面的分析,也就是说,它更注重"从反面看"①。这实质上是运用整体的观点来对事物进行观察,是对传统整体性思维方式的发展。

对于赎尸者和得尸者来说,他们各自只看到自身"急于买"和"急于卖"的劣势,但是邓析却看到了赎尸者的优势,即"人必莫之卖矣"和得尸者的优势,即"此必无所更买矣"。邓析运用整体性思维方式,找出了易为人们所忽视的赎尸者和得尸者的优势,为他对对立双方同时答以"安之"的行为提供了合理的解释。

惠施的"历物十事"和辩者"二十一事"中也都贯穿着整体性思维方式。如惠施"历物十事"中的"无厚不可积也,其大千里"表明了物体在空间上的有与无的对立统一;"天与地卑,山与泽平"表明了物体在空间上的高与低的对立统一;"日方中方睨,物方生方死"以及辩者"二十一事"中的"飞鸟之影未尝动也"和"镞矢之疾而有不行不止之时"表明了机械运动中的间断性和连续性的对立统一;"南方无穷而有穷"和"我知天下之中央,燕之北、越之南是也"表明了空间方位上有限性和无限性的对立统一;辩者"二十一事"中的"郢有天下"表明了整体和部分之间的对立统一;"指不至,至不绝"表明了人们认识的有穷与无穷的对立统一;等等。

---

① 张晓芒:《先秦诸子的论辩思想与方法》,人民出版社 2011 年版,第 17 页。

整体性的思维方式要求人们全面、辩证地看待问题，提醒人们注意从不同的角度对事物进行考察，从而意识到事物两方面的合理性。这样的思维方式有利于避免因对事物绝对肯定或绝对否定而造成的偏见。可惜的是，"两可"说，尤其是惠施的"历物十事"和辩者"二十一事"过分地强调了事物的某一方面，尤其是为常识忽视的那一方面，容易走向诡辩，这也是其被视为"琦辞""怪说"的重要原因之一。不过，这种对"从反面看"的重视，也是整体性思维方式发展过程中所必经的一环，对中国古代整体性思维方式的发展具有重要的推动作用。

（二）名的确定性和灵活性的统一

整体性思维方式反映在名的讨论过程中，就表现为坚持名的确定性和灵活性的统一。

名的确定性与灵活性的统一首先表现为概念的确定性和灵活性的统一。"任一概念都是特定时代的认识成果，就这一时代来讲，概念的内涵与外延是确定的。……但世界上唯一不变的法则是永远在变。人类的认识与客观事物总是发展变化的，不同时代的认识不断地揭示着事物的新的本质属性，因此，概念的内涵与外延又随着认识的发展有其灵活性。"[①]惠施和众辩者从整体宇宙观出发，认为矛盾的两个方面，如高低、中睨、生死、今昔、中旁、同异、大小等都是相对的、可变的，因而与之相应的名也就是相对的、可变的。如"我知天下之中央，燕之北、越之南是也"中，"中央"是一个相对、可变的概念。对"中央"的界定，跟使用者密切相关。使用者不同，"中央"的含义也有可能不同。如按照中国古人的常识，中原即为"中央"，而惠施则将其界定为"燕之北、越之南"，这反映了名的灵活性。但名在具体使用过程中，又必须有确定的所指，惠施将"中央"明确界定为"燕之北、越之南"，本身就反映了他对名的确定性的坚持。再如"日方中方睨"，随着日的运行轨迹，"中"变为"睨"，

---

① 张晓芒：《逻辑是把斧子——日常说理的工具》，企业管理出版社 2010 年版，第 5—6 页。

实变了,则名也要变,这也是名的灵活性与确定性的统一的体现。

　　名的确定性与灵活性的统一还表现为不同语境下名的语义灵活性与特定语境下名的语义确定性的统一。邓析的"两可"说,对于赎尸者和得尸者都回答以"可",但是赎尸者的"可"的得出和得尸者的"可"的得出有着不同的条件,二者在时间、对象、针对性等方面不同,因而此两"可"是完全不同的状态。也就是说,它们各自有着不同的指称,是在不同语境下,针对不同使用者,指称不同之实的。因而此两"可"的具体含义有所不同。这一方面反映了名的灵活性,即在不同语境下名的含义具有可变性;另一方面也反映了名的确定性,即如果因语境变化造成了实的变化,那么与之相应的名也必须有所变化,只有这样,才能保证名实一致的确定性。

　　从名的确定性角度看,名具有指称性、规约性和限定性的特征;从从名的灵活性角度看,名具有互动性、开放性和模糊性的特征。[①] 邓析、惠施和众辩者思想中所揭示的名的灵活性与确定性的统一的思想,向我们展现了名实关系上的一种辩证符合关系,即名与实之间由"位"到"非位"再到"位"的持续发展、不断精确过程[②]。

(三) 思维规律的条件性

　　"同一律的作用是保证在同一推理、论证过程中,概念、判断的自身同一,从而保证推理、论证的确定性。任何正确的言论,每一门科学体系,它的概念、判断都应当保持同一。否则,违反同一律的要求,任何言论或科学理论体系都难以成立。同一律只是推理、论证的规律,只是在思维领域内起作用,因此它不是支配外部客观世界的客观规律。它只是客观事物在确定时空下质的稳定性在人们头脑中的一种反映。同一律并没有把外部事物看作永远同一、永远不变的。因此,同一律的作用是有条件的,它只要求在同一个推理、论证的过程中,在同一时间、同一

---

① 参见朱前鸿:《名家四子研究》,中央编译出版社 2005 年版,第 218—223 页。
② 同上书,第 224 页。

关系下对同一对象(三同一),应该保持概念、判断的同一。如果脱离了这些条件,同一律就不起作用了。因此,同一律并不是绝对的、无条件的,而是相对的,有条件的。"①

"矛盾律的作用在于排除推理、论证过程中的逻辑矛盾,保证推理、论证的首尾一贯性。任何正确的思想、言论,任何科学理论,都应当具有一致性、不矛盾性。任何科学理论体系中,如果出现逻辑矛盾,就必须加以排除,否则,这种学说就不能成立。而从论辩的角度讲,矛盾律是反驳过程中发现并揭露对方矛盾,从而驳倒对方的有力武器。这在中国古代的论辩中尤其明显。矛盾律只是推理、论证的规律,它只要求在同一时间、同一关系下对同一对象不能做出两个自相矛盾的断定。因此,矛盾律排除的只是推理、论证中的逻辑矛盾。如果不是同一个推理、论证过程,或者给不同的对象做出不同的判断,就不构成逻辑矛盾。因此,矛盾律也不是绝对的、无条件的,而是相对的,有条件的。"②

"两可"说对两相对立的命题用同一判断加以回答,表面上看起来似乎相互矛盾,违反了思维规律中的同一律和矛盾律。但是同一律和矛盾律的运用,是有条件限制的,即必须在同一思维过程中,也就是说在同一时间、针对同一对象的同一关系而言。而邓析同样"安之"的回答,却是针对赎尸者和得尸者的不同对象、根据不同的条件和原因而得出的,因而不仅没有违反同一律和矛盾律,反而对揭示同一律和矛盾律在使用过程中的条件性具有重要的启发意义。

当然,名家这些具有"两可"思维方法特点的思想也并不是完全合理的,其致命缺陷在于"两可"说没有一个一定条件下的质的规定性,即缺乏一种确定性的标准,这也是"两可"说被称为诡辩的一个重要原因。③ 与之相比,《墨辩》"同异交得放有无"(《墨辩·经上》)思想中所

---

① 南开大学哲学系逻辑学教研室编著:《逻辑学基础教程》,南开大学出版社 2008 年版,第 138 页。
② 同上书,第 141—142 页。
③ 张晓芒:《先秦诸子的论辩思想与方法》,人民出版社 2011 年版,第 18 页。

坚持的整体、辩证观点就更为合理。它不仅要求人们全面理解事物的对立两面,如同与异;要求人们注意对立事物或事物对立两面之间的相互渗透、相互转化,如事物的同中有异、异中有同;同时还要求人们注意对立事物或事物对立两面之间转化的条件性。在《墨辩》中,"这种条件性就是以一定的标准来作为对立双方转化的中介,以一定的标准来衡量同异、是非"①,即"于所体之中,而权轻重之谓权。权非为是也,非非为非也。权,正也"(《墨辩·大取》)。如《墨辩·经说下》指出,"在尧善治,自今在诸古也。自古在之今,则尧不能治也"。在这里,《墨辩》明确肯定了"尧善治"的条件性,即"历史坐标"。也就是说,"尧善治"的正误,是要根据具体条件而定的。如果由今视古,将"尧善治"放在特定的古代,则为"是";反之,条件改变,即历史坐标和审视方向发生变化,由古视今,则"尧善治"为"非"。"在这里,《墨辩》将'权'之'正'放在了'历史坐标'这一条件性上了。"②

名家以上"独特"思想确实有其缺陷所在,但当时以及现代有些学者太过强调这些思想的不合理之处,而忽视其所蕴含的具有科学、合理精神的思维方法,这未免有失公正。

---

① 张晓芒:《先秦诸子的论辩思想与方法》,人民出版社 2011 年版,第 205 页。
② 同上。

结　语

先秦谬误思想相对零散，缺乏系统的理论研究，因而要想形成对这一时期谬误思想的全面、深入理解，需要对其进行重新挖掘与整理。这一重新整理和研究的工作始于中国近代，是伴随着西方逻辑传入中国的过程而展开的。梁启超对墨家谬误思想的研究，可以作为先秦谬误思想研究的起点。自此之后至今的百余年历史中，先秦谬误思想的研究已取得了丰硕的成果。主要表现为以下四个方面：一是中国近代学者借助西方传统逻辑中的谬误思想而进行的研究；二是当代西方学者从西方文化视角，依据西方文化中的哲学、逻辑和谬误的观念而进行的研究；三是中国当代学者借鉴中国逻辑史研究过程中的经验教训，将先秦谬误思想放置于其所产生的社会政治文化大背景之下，结合各学派的哲学主张、政治伦理思想、价值观等方面而进行的研究；四是近二三十年中国当代学者借助当代最新发展的谬误理论，尤其是非形式逻辑视角下的谬误理论的新方法和新视角而进行的研究。这些成果为先秦谬误思想的进一步研究奠定了坚实的基础。当然这些研究也有其局限性所在，为了进一步推动先秦谬误思想研究的深化，我们需要对先秦谬误思想的研究做一全面反思。

近代中国学者对先秦谬误思想的研究,是伴随着学者们对西方谬误思想进行学习和介绍的过程而展开的。因而用西方传统逻辑体系中的谬误思想挖掘、整理先秦谬误思想就成为近代先秦谬误思想研究的基本方法。这开创了比较研究这一先秦谬误思想研究的重要方法,对以后的研究产生了深刻的影响。但是,由于近代学者将先秦谬误思想简单置于西方传统逻辑中的谬误思想的框架之下进行生硬的比较,一方面可能使不属于先秦谬误思想的内容掺杂进来,另一方面也可能使先秦谬误思想特有的相关内容被忽略,从而造成了研究的局限。

当代西方学者在对先秦谬误思想研究的过程中,必然受到其自身的文化素养和学术背景知识等因素的影响。因而他们对先秦谬误思想的挖掘和整理,主要是从西方文化的视角进行的。这样的研究突破了以单一的西方传统逻辑中的谬误思想为分析工具的局限,而更注重语言分析在谬误研究中的作用。他们从语义和语用角度对先秦谬误思想的研究开创了新的研究视角,形成了对先秦谬误思想的新解释和新认识,有利于推动对先秦谬误思想的创造性诠释,扩大中国逻辑在世界逻辑学界的影响。但另一方面,这样的研究也容易使先秦谬误思想成为西方谬误思想的影子,造成对先秦谬误思想的误解,不利于显示中国古代谬误思想独立存在的价值。

借鉴中国逻辑史研究的经验教训,近代先秦谬误思想研究中的一味求同现象越来越受到学者们的质疑。有些学者逐渐开始从先秦谬误思想产生的历史文化条件和理论基础入手分析其谬误思想的独特特征。这样的研究有利于对先秦谬误思想的产生、发展过程有一个更为全面、合理的分析与解释,揭示了先秦时期,尤其是先秦名辩谬误思想的开放性与多元性、求治甚至求真等特点。

近二三十年,随着西方逻辑一些新的理论系统,如现代论证逻辑、非形式逻辑、实践逻辑等的建立和传入,有些当代中国学者开始用这些方法研究先秦谬误思想,并试图构造先秦谬误理论体系。这样的研究认为先秦谬误思想中含有极为丰富的现代论证逻辑和非形式逻辑思想,因而侧重于在现代论证逻辑和非形式逻辑视角下对先秦谬误思想进行创造性诠释,凸显了先秦谬误思想的现代价值,发挥了先秦谬误思想的现代意义。

从以上的研究中,我们不难看出:先秦谬误思想具有两重性,它既具有一般谬误思想的性质,又具有中国思想文化背景下的独特性。我们只有既重视先秦谬误思想所具有的中国文化个性的一面,又重视先秦谬误思想所具有的世界谬误思想共性的一面,才有可能形成对先秦谬误思想的全面、准确研究。

一方面,先秦谬误思想不是西方谬误思想的附庸,也不是西方谬误思想的补充。它和中国古代其他逻辑思想一样,有其独立存在的价值。它提供给我们的是一种并非基于印欧逻辑体系的谬误思想,对批判地反思西方传统和当代的谬误理论以及谬误的观念具有重要的意义和价值。尤其是在当今的谬误理论仍不完善、很多相关问题仍无定论的背景下,先秦谬误思想研究对谬误理论中一些基本问题的解决,如谬误的本质、研究对象、分类、产生原因、避免方法等,都具有借鉴意义。因而,先秦谬误思想的研究,需要我们对中国的社会政治、历史文化、哲学、逻辑等背景进行深入细致的分析,按照先秦谬误思想内在的发生、发展过程,揭示其自身的特性,而不是去附和西方谬误思想的特点。

另一方面,我们在揭示先秦谬误思想所具有的中国文化个性的同时,还应注重其与西方谬误思想、印度过论的比较研究,尤其是运用现代谬误理论发展的最新成果,如谬误的语用-辩证法理论、新辩证法理论、批评理论、修辞学理论等,深入理解先秦谬误思想的特征,挖掘其现代价值。我们已经初步认同先秦谬误思想与非形式逻辑视角下的谬误理论有许多共通之处,但是缺乏在此认知基础上的更为深入、细致的分析与研究。如先秦思想家重语用谬误的分析,那么他们是如何理解语用层面上的有效性问题的?与理性思维相对的人的内在感性意识,如价值观、信仰、社会政治追求等因素在谬误研究中的意义如何?如何形成对感性意识的有效评价?等等。这样的研究不仅有利于先秦谬误思想研究,有望构造先秦谬误思想体系,而且对当代谬误理论的丰富和发展也具有深远的意义。对此,张斌峰就曾有过明确表述,他指出:"包括'辩'的谬误在内的墨家辩学作为原创性的论证逻辑或'非形式逻辑',不仅是中国古代逻辑的重要组成部分,而且对它的创造性诠释,更可以作为建构具有中国本土特色的现代论证逻辑或'非形式逻辑'的重要组成部分。"①

我们在深入理解先秦谬误思想的基础上,还应该将其与西方谬误思想、印度过论加以结合,力图在全面把握三者各自特点的基础上概括出能涵盖世界范围内谬误思想的一般特性。只有这样,才有可能形成对谬误的较为全面、准确的理解。而当代中国文化处于传统与现代、本土与外来文化的交汇点上,有条件开展谬误的全面研究,进而促进世界谬误思想体系的构建。

---

① 张斌峰:《略论〈墨辩〉"辩"的谬误》,《江汉论坛》2000 年第 11 期。

参考文献

著作类

1. 谬误基本理论方面

[1] Christopher W. Tindale. *Act of Arguing: A Rhetorial Model of Argument* [M]. Albany: State University of New York Press, 1999.

[2] Douglas Walton. *Ad Hominem Arguments* [M]. Tuscaloosa: University of Alabama Press, 1998.

[3] C. L. Hamblin. *Fallacies* [M]. London: Methuen & Co. Ltd, 1970.

[4] John Stuart Mill. *A System of Logic* (eighth edition) [M]. New York: Harper & Brothers Publishers, 1882.

[5] [荷]弗朗斯·凡·爱默伦、[荷]弗兰西斯卡·斯·汉克曼斯. 论辩巧智——有理说得清的技术[M]. 熊明辉、赵艺译. 北京:新世界出版社,2006.

[6] [荷]弗朗斯·凡·爱默伦、[荷]罗布·荷罗顿道斯特. 批评性论辩:论辩的语用辩证法[M]. 张树学译. 北京:北京大学出版社,2002.

[7] [荷]弗朗斯·凡·埃默伦、[荷]罗布·荷罗顿道斯特. 论辩·交际·谬误[M]. 施旭译. 北京:北京大学出版社,1991.

[8] 武宏志、周建武主编. 批判性思维——论证逻辑视角(修订版)[M]. 北京:中国人民大学出版社,2010.

[9] 武宏志、周建武、唐坚. 非形式逻辑导论[M]. 北京:人民出版社,2009.

[10] 刘春杰. 论证逻辑研究[M]. 西宁:青海人民出版社,1999.

[11] 武宏志、马永侠. 谬误研究[M]. 西安:陕西人民出版社,1996.

[12] 梁彪. 思维的赝品[M]. 广州:广东人民出版社,1993.

[13] 黄华新、汤军. 雾区的寻觅:谬误学精华[M]. 上海:上海文化出版社,1990.

[14] 丁煌、武宏志. 谬误:思维的陷阱[M]. 延吉:延边大学出版社,1990.

[15] 余式厚、汤军. 悖论、谬误、诡辩[M]. 杭州:浙江人民出版社,1988.

2. 中国古代逻辑史研究方面

[16] Christoph Harbsmeier. *Logic and Language in Traditional China*[M]. Cambridge: Cambridge University Press, 1998.

[17] Xing Lu. *Rhetoric in Ancient China, Fifth to Third Century B.C.E.: A Comparison with Classical Greek Rhetoric* [M]. Columbia: University of South Carolina Press, 1997.

[18] A. C. Graham. *Disputers of the Tao: Philosophical Argument in Ancient China*[M]. La Salle (Illinois): Open Court Publishing Company, 1989.

[19] Hansen Chad. *Language and Logic in Ancient China*[M]. Ann

Arbor: University of Michigan Press,1983.

[20] A. C. Graham. *Later Mohist Logic, Ethics and Science* [M]. Hong Kong: The Chinese University Press,1978.

[21] Anton Dumitriu. *History of Logic* [M]. Tunbridge Wells: Abacus Press,1977.

[22] Hansen Chad. *Philosophy of Language and Logic in Ancient China*[D]. The University of Michigan,1972 Philosophy.

[23] [英]葛瑞汉.论道者:中国古代哲学论辩[M].张海晏译.北京:中国社会科学出版社,2003.

[24] [美]陈汉生.中国古代的语言和逻辑[M].周云之等译.北京:社会科学文献出版社,1998.

[25] 中国逻辑学会中国逻辑史专业委员会编.回顾与前瞻——中国逻辑史研究30年[C].北京:中国社会科学出版社,2011.

[26] 张晓芒.先秦诸子的论辩思想与方法[M].北京:人民出版社,2011.

[27] 程仲棠."中国古代逻辑学"解构[M].北京:中国社会科学出版社,2009.

[28] 董志铁.名辩艺术与思维逻辑(修订版)[M].北京:中国广播电视出版社,2007.

[29] 张晴.20世纪的中国逻辑史研究[M].北京:中国社会科学出版社,2007.

[30] 黄朝阳.中国古代的类比——先秦诸子譬论[M].北京:社会科学文献出版社,2006.

[31] 孙中原.中国逻辑研究[M].北京:商务印书馆,2006.

[32] 尹继左、周山主编.中国学术思潮史(卷一)·子学思潮[M].上海:上海社会科学院出版社,2006.

[33] 翟锦程.先秦名学研究[M].天津:天津古籍出版社,2005.

[34] 崔清田.墨家逻辑与亚里士多德逻辑比较研究[M].北京:人民出

版社,2004.

[35] 张晓芒. 中国古代论辩艺术[M]. 太原:山西人民出版社,2001.

[36] 温公颐、崔清田主编. 中国逻辑史教程(修订本)[M],天津:南开大学出版社,2001.

[37] 林铭钧、曾祥云. 名辩学新探[M]. 广州:中山大学出版社,2000.

[38] 章士钊. 章士钊全集(第七卷)[M]. 上海:文汇出版社,2000.

[39] 崔清田主编. 名学与辩学[M]. 太原:山西教育出版社,1997.

[40] 胡适. 中国哲学史大纲[M]. 上海:上海古籍出版社,1997.

[41] 张晓芒. 先秦辩学法则史论[M]. 北京:中国人民大学出版社,1996.

[42] 周云之. 名辩学论[M]. 沈阳:辽宁教育出版社,1996.

[43] 胡适. 胡适文存(第一册)[M]. 合肥:黄山书社,1996.

[44] 周云之. 墨经校注·今译·研究——墨经逻辑学[M]. 兰州:甘肃人民出版社,1993.

[45] 周云之编著. 先秦名辩逻辑指要[M]. 成都:四川教育出版社,1993.

[46] 刘培育主编. 虞愚文集(第一卷)[M]. 兰州:甘肃人民出版社,1993.

[47] 刘培育主编. 中国古代哲学精华·名辩篇[M]. 兰州:甘肃人民出版社,1992.

[48] 中国逻辑史研究会资料编选组编. 中国逻辑史资料选·先秦卷[M]. 兰州:甘肃人民出版社,1991.

[49] 中国逻辑史研究会资料编选组编. 中国逻辑史资料选·汉至明卷[M]. 兰州:甘肃人民出版社,1991.

[50] 李匡武主编. 中国逻辑史·先秦卷[M]. 兰州:甘肃人民出版社,1989.

[51] 梁启超. 饮冰室合集[M]. 上海:中华书局,1989.

[52] 温公颐. 中国中古逻辑史[M]. 上海:上海人民出版社,1989.

［53］周云之、刘培育.先秦逻辑史［M］.北京：中国社会科学出版社，1984.

［54］温公颐.先秦逻辑史［M］.上海：上海人民出版社，1983.

［55］胡适.先秦名学史［M］.上海：学林出版社，1983.

［56］周文英.中国逻辑思想史稿［M］.北京：人民出版社，1979.

3. 其他

［57］［瑞］索绪尔.普通语言学教程［M］.张绍杰等译.北京：外语教学与研究出版社，2011.

［58］［美］理查德·泰勒.形而上学［M］.晓杉译.上海：上海译文出版社，1984.

［59］［苏］阿·谢·阿赫曼诺夫.亚里士多德逻辑学说［M］.马兵译.上海：上海译文出版社，1980.

［60］［日］十时弥.论理学纲要［M］.田吴炤译.北京：生活·读书·新知三联书店，1960.

［61］［英］耶方斯.辨学［M］.王国维译.北京：生活·读书·新知三联书店，1959.

［62］［日］高山森次郎.论理学纲要［M］.李信臣译.北京：商务印书馆，1925.

［63］［日］大西祝.论理学［M］.胡茂如译.上海：上海泰东印书局，1914.

［64］艾约瑟.辨学启蒙［M］.上海：上海图书集成印书局，1898.

［65］黄克剑.名家琦辞疏解——惠施公孙龙研究［M］.北京：中华书局，2010.

［66］朱海雷.宋尹学派哲学初探及其著作译注［M］.香港：香港国际学术文化资讯出版公司，2009.

［67］周山主编.中国学术思潮史纲［M］.上海：上海社会科学院出版社，2008.

［68］张采民、张石川.《庄子》注评［M］.南京：凤凰出版社，2007.

[69] 刘文英主编. 中国哲学史[M]. 天津:南开大学出版社,2006.

[70] 郭桥. 逻辑与文化[M]. 北京:人民出版社,2006.

[71] 杨伯峻. 论语译注[M]. 北京:中华书局,2006.

[72] 陈蒲清. 鬼谷子详解[M]. 长沙:岳麓书社,2005.

[73] 宋文坚. 逻辑学的传入与研究[M]. 福州:福建人民出版社,2005.

[74] 张立文主编. 中国学术通史(秦汉卷)[M]. 北京:人民出版社,2004.

[75] 汤可敬. 说文解字今释[M]. 长沙:岳麓书社,2001.

[76] 索振羽. 语用学教程[M]. 北京:北京大学出版社,2000.

[77] 熊宪光. 纵横家研究[M]. 重庆:重庆出版社,1998.

[78] 关贤柱、廖进碧、钟雪丽. 吕氏春秋全译[M]. 贵阳:贵州人民出版社,1997.

[79] 廖名春、邹新明. 荀子[M]. 沈阳:辽宁教育出版社,1997.

[80] 彭永捷. 中国纵横家[M]. 北京:宗教文化出版社,1996.

[81] 刘文英. 漫长的历史源头——原始思维与原始文化新探[M]. 北京:中国社会科学出版社,1996.

[82] 张觉. 韩非子全译[M]. 贵阳:贵州人民出版社,1995.

[83] 房立中主编. 纵横家全书[M]. 北京:学苑出版社,1995.

[84] 马克思恩格斯选集(第1卷)[M]. 北京:人民出版社,1995.

[85] 周礼全主编. 逻辑——正确思维和有效交际的理论[M]. 北京:人民出版社,1994.

[86] 吴毓江. 墨子校注[M]. 北京:中华书局,1993.

[87] 许匡一. 淮南子全译[M]. 贵阳:贵州人民出版社,1993.

[88] 袁华忠、方家常. 论衡全译[M]. 贵阳:贵州人民出版社,1993.

[89] 王琯. 公孙龙子悬解[M]. 北京:中华书局,1992.

[90] 曾祥云. 中国近代比较逻辑思想研究[M]. 哈尔滨:黑龙江教育出版社,1992.

[91] 张岱年、成中英. 中国思维偏向[M]. 北京:中国社会科学出版社,

1991.

[92] 王路.亚里士多德的逻辑学说[M].北京:中国社会科学出版社,1991.

[93] 邓析撰.邓析子[M].上海:上海古籍出版社,1990.

[94] 张宪文辑.孙诒让遗文辑存[M].杭州:浙江人民出版社,1990.

[95] 赵守正.管子通解[M].北京:北京经济学院出版社,1989.

[96] 严北溟,严捷.列子译注[M].上海:上海古籍出版社,1986.

[97] 罗光.中国哲学思想史(先秦篇)[M].台北:台北学生书局,1987.

[98] 刘方元.孟子今译[M].南昌:江西人民出版社,1985.

[99] 刘培育、周云之、董志铁编.因明论文集[C].兰州:甘肃人民出版社,1982.

[100] 严复.名学浅说[M].北京:商务印书馆,1981.

[101] 严复.穆勒名学[M].北京:商务印书馆,1981.

[102] 庞朴.公孙龙子研究[M].北京:中华书局,1979.

[103] 张子和.新论理学[M].北京:生活·读书·新知三联书店,1959.

[104] 徐宗泽编著.明清间耶稣会士译著提要[M].北京:中华书局,1949.

[105] 林可培.论理学通义[M].上海:中国图书公司,1909.

论文类

1. 谬误基本理论方面

[1] 付玉成.亚里士多德的谬误理论及其方法论蕴思[J].东方论坛,2011(2).

[2] 李永成.沃尔顿谬误理论研究[J].重庆教育学院学报,2010(2).

[3] 马永侠.分析与评价谬误的新方法——以沃尔顿对"针对人身"论证的研究为范例[J].延安大学学报(社会科学版),2009(1).

[4] 张晓翔.谬误的比较研究——以三大逻辑的命题为视角[J].毕节学院学报,2009(10).

[5] 马永侠.谬误研究的新修辞学视角[J].延安大学学报(社会科学版),2008(1).

[6] 武宏志.标准谬误论的批评和重新解读[J].延安大学学报(社会科学版),2008(1).

[7] 李永成.当代谬误理论研究综述[J].重庆工学院学报(社会科学),2008(5).

[8] 蔡广超.汉布林对"标准谬误论"的批判[J].延安大学学报(社会科学版),2008(1).

[9] 黄展骥."白马非马"与"窜改词义"谬误——从与冯友兰不同的视角批判公孙龙[J].燕山大学学报(哲学社会科学版),2006(2).

[10] 王健平.从逻辑看歧义的产生及其解决途径[J].华南师范大学学报(社会科学版),2006(3).

[11] 张焱.谬误是什么——从传统逻辑到非形式逻辑[J].前沿,2005(3).

[12] 刘丽艳.歧义谬误的语用学诠释[J].社会科学战线,2005(2).

[13] 马永侠.论证的一般规范与谬误分析[J].延安大学学报(社会科学版),2004(4).

[14] 王露、黄华新.符号学维度中的语用谬误[J].哲学动态,2004(3).

[15] 刘邦凡.黄展骥与悖论、谬误研究[J].燕山大学学报(哲学社会科学版),2004(4).

[16] 戴春勤.非形式谬误理论初探[J].甘肃理论学刊,2004(1).

[17] 韩军喜.论证评估与谬误[J].商丘师范学院学报,2004(3).

[18] 马永侠."针对人的"论证与"人身攻击"谬误[J].安徽大学学报(哲学社会科学版),2003(3).

[19] 武宏志.论证规范的新诠释[J].哲学研究 2003 年增刊.

[20] 梁彪.不同历史时期谬误研究的特点[J].现代哲学,2002(4).

[21] 马永侠、武宏志.谬误理论的新进展[J].安徽大学学报(哲学社会科学版),2002(3).

[22] 张斌峰.面向生活世界的谬误研究——黄展骥先生的谬误研究述评[J].晋阳学刊,2002(2).

[23] 倪荫林.谬误剖析本身不要成为谬误[J].晋阳学刊,2002(2).

[24] 武宏志、刘春杰.谬误模式分类与界定[J].苏州铁道师范学院学报(社会科学版),2001(3).

[25] 武宏志、马永侠.论谬误模式[J].江汉论坛,2001(8).

[26] 刘邦凡.论我国谬误分析与谬误学研究[J].北方论丛,2001(4).

[27] 黄展骥."诉诸权威"及其"谬误"辨析[J].信阳师范学院学报(哲学社会科学版),2001(1).

[28] 徐瑾.歧义、歧义谬误的修辞学辨析[J].中州学刊,2001(2).

[29] 武宏志.若干新的谬误模式[J].佳木斯大学社会科学学报,2000(5).

[30] 武宏志.三个新的语言谬误模式——黄展骥对语言谬误模式分析的贡献[J].中州学刊,2000(6).

[31] 孙中原.谬误与诡辩析论[J].道德与文明,2000(3).

[32] 武宏志."非形式逻辑"与"论证逻辑"——兼评刘春杰的《论证逻辑研究》[J].延安大学学报(社会科学版),2000(1).

[33] 武宏志."人身攻击"辨谬——形式与非形式逻辑之"大用"[J].兵团教育学院学报,2000(1).

[34] 黄展骥."人身攻击"及其"谬误"辨析——略论"不相干"谬误[J].人文杂志,2000(1).

[35] 董业明.成语、俗语中的逻辑谬误分析[J].齐鲁学刊,2000(3).

[36] 马永侠、武宏志.论谬误分析及其意义——兼评黄展骥教授的谬误分析[J].人文杂志,1999(1).

[37] 马永侠、武宏志.论"歧义谬误"——兼评黄展骥教授的"歧义谬误"的观点[J].安徽大学学报(哲学社会科学版),1998(6).

[38] 刘春杰.论证的语言[J].青海师范大学学报(社会科学版),1998(3).

[39] 武宏志、刘春杰.论证研究的复兴[J].延安大学学报(社会科学版),1998(1).

[40] 马永侠、武宏志.论谬误分析的工具[J].延安大学学报(社会科学版),1997(1).

[41] 罗业宏、黄展骥.以情害意的谬误[J].社会科学辑刊,1997(2).

[42] 黄展骥."闯含混"谬误——蝌蚪是青蛙?[J].人文杂志,1997(4).

[43] 刘春杰、武宏志.论谬误分类[J].铁道师院学报,1996(6).

[44] 武宏志、马永侠.何谓谬误[J].延安大学学报(社会科学版),1996(1).

[45] 黄展骥.前提真 推论对 结论却是谬误——"片面真理"与"破斥两难"[J].安徽大学学报(哲学社会科学版),1996(4).

[46] 武宏志、丁煌.谬误研究总论(上)[J].辨谬漫话,1995(5).

[47] 武宏志、丁煌.谬误研究总论(下)[J].辨谬漫话,1995(6).

[48] 丁煌、武宏志.谬误研究史论[J].湖北师范学院学报(哲学社会科学版),1995(5).

[49] 黄展骥."非黑即白"的谬误——"书虫"与"独立思考"[J].人文杂志,1995(4).

[50] 武宏志、丁煌.评柯比的谬误分类[J].延安大学学报(社会科学版),1995(1).

[51] 武宏志、丁煌.假冒的修辞式推论——亚里士多德《修辞学》的谬误论[J].延安大学学报(社会科学版),1994(3).

[52] 武宏志、党燕妮.关于《辨谬篇》若干谬误的解释[J].延安大学学报(社会科学版),1993(2).

[53] 丁煌、武宏志.谬误的语用学考察[J].逻辑与语言学习,1992(4).

[54] 武宏志、丁煌.论"关联谬误"——传统谬误论批评之二[J].延安大学学报(社会科学版),1991(3).

[55] 杜桂芬、杭罗.古希腊时期谬误理论的发生和发展[J].青海师范大学学报(社会科学版),1991(1).

[56] 丁煌、武宏志.评"非形式谬误"——对逻辑教科书"谬误论"的批判之一[J].湖北师范学院学报,1990(1).

[57] 黄华新.谬误研究刍议[J].浙江学刊,1989(6).

[58] 丁煌、武宏志.谬误研究对传统逻辑的意义[J].湖北师范学院学报,1988(1).

[59] 王路.亚里士多德关于谬误的理论[J].哲学研究,1983(6).

[60] 李匡武.论逻辑谬误[J].华南师院学报(社会科学版),1982(2).

2. 中国古代谬误思想研究方面

[61] 訾其伦.尹文"名"之谬误思想探析[J].黑河学刊,2011(2).

[62] 刘邦凡.论墨家对谬误学的贡献[J].甘肃理论学刊,2005(1).

[63] 胡毅敏.试述墨辩逻辑谬误理论[J].求实,2004(6).

[64] 许锦云.墨家与亚里士多德谬误论比较研究[J].南通师范学院学报(哲学社会科学版),2002(3).

[65] 翟锦程.先秦名家论名及其谬误[J].中州学刊,2001(2).

[66] 曾昭式、崔秀荣.韩非"名"之谬误思想探析[J].中州学刊,2001(2).

[67] 郭桥.孟子谈辩中的若干谬误[J].人文杂志,2001(2).

[68] 郑立群.明故知类 有所止而正——中国古代逻辑中关于"说"的谬误[J].襄樊学院学报,2001(6).

[69] 郑立群.简论中国古代学者对论证谬误的批判[J].湖北财经高等专科学校学报,2001(6).

[70] 关兴丽.墨家对语用谬误的研究[J].人文杂志,2001(1).

[71] 张晓光.墨辩对谬误的辨析[J].社会科学辑刊,2001(1).

[72] 张晓芒.先秦诸子的谬误观及其时代精神[J].中州学刊,2000(6).

[73] 张斌峰.略论《墨辩》"辩"的谬误[J].江汉论坛,2000(11).

[74] 张斌峰.略论墨家关于"立辞"的谬误[J].中州学刊,2000(6).

[75] 曾昭式.荀子关于"名"之谬误思想刍议[J].江汉论坛,2000(11).

[76] 郑立群.中国古代逻辑学者的逻辑谬误论[J].武汉理工大学学报(社会科学版),2001(6).

[77] 张万玲.墨辩对谬误的研究[J].中州学刊,1999(2).

[78] 李卒.中国古代逻辑史关于"立辞"谬误之探究[J].广西社会科学,1997(3).

[79] 燕静君.中国古代逻辑关于"辩"的谬误理论[J].黑龙江教育学院学报,1997(4).

[80] 郑立群.中国古代逻辑中的谬误论[J].逻辑与语言学习,1991(5).

[81] 李卒.先秦逻辑史中有关"名"的谬误的探究[J].广西师范大学学报(哲学社会科学版),1990(4).

[82] 丁煌.墨辩逻辑与亚里士多德逻辑谬误理论之比较[J].湖北师范学院学报,1989(1).

[83] 陈道德.先秦类推谬误理论探析[J].湖北大学学报(哲学社会科学版),1987(5).

3. 其他

[84] 张晓芒、董华、关兴丽.先秦推类方法的模式构造及有效性问题[J].逻辑学研究,2013(4).

[85] 翟锦程、邱娅.近十年中国逻辑史研究的主要特点与趋势[J].哲学动态,2010(10).

[86] 张晓芒.中国古代从"类"范畴到"类"法式的发展演进过程[J].逻辑学研究,2010(1).

[87] 鞠实儿.论逻辑的文化相对性——从民族志和历史学的观点看[J].中国社会科学,2010(1).

[88] 翟锦程.用逻辑的观念审视中国逻辑研究——兼论逻辑史研究中的几个问题[J].南开学报(哲学社会科学版),2007(4).

[89] 赵艺、熊明辉.语用论辩学派的论证评价理论探析[J].自然辩证法通讯,2007(4).

[90] 熊明辉.语用论辩术——一种批判性思维视角[J].湖南科技大学学报(社会科学版),2006(1).

[91] 张晓芒.文化交往中的公理问题[J].南开学报(哲学社会科学版),2005(3).

[92] 崔清田、王左立.非形式逻辑与批判性思维[J].社会科学辑刊,2002(4).

[93] 翟锦程.比较逻辑研究的几个问题[J].内蒙古大学学报,1995(4).

[94] 李先焜.试论修辞的逻辑功能[J].湖北大学学报,1991(2).

[95] 吴志雄.因明、"墨辩"、亚里士多德逻辑比较研究[J].中山大学学报,1990(2).

[96] 谷振诣.东西方逻辑探源与比较[J].中国青年政治学院学报,1988(4).

[97] 孙中原.印度逻辑与中国、希腊逻辑的比较研究[J].南亚研究,1984(4).

[98] 王家良.中国"类"范畴的发展与演变研究[D].天津:南开大学哲学院,2013.

[99] 涂宗佑.鬼谷子名辩方法论研究[D].台北:东吴大学,2012.

[100] 淮芳.因明过论研究[D].天津:南开大学哲学院,2011.

[101] 张栋豪.中国逻辑史方法论在近代的演变[D].天津:南开大学哲学院,2010.

后　记

本书是在我的博士学位论文《先秦两汉时期的谬误思想研究》基础上修改、完善而成的。谬误问题是逻辑学的基本问题之一。在中国谬误研究的历史中,先秦时期的名辩谬误论最具中国古代逻辑特色。谬误现象比正确思维的现象更丰富多样、复杂艰深,谬误理论也有大量的问题需要对之进行深入探讨和研究。但当前对中国逻辑思想的研究更多地集中于正面,希望本书的研究能抛砖引玉,提高学界对古代谬误思想研究的关注程度,从而在广度和深度上拓展和深化中国逻辑思想研究。

本书的出版受到云南省哲学社会科学学术著作出版专项经费资助。云南省哲学社会科学办公室初步审定了书稿。

本书在撰写过程中,得到南开大学张晓芒教授和翟锦程教授的悉心指导和帮助。正是因为有了两位严格、中肯、无私的指导和建议,极大的关怀和鼓励,本书才得以完成,感激之情难以言表。本书的完成,既是我以前工作的一个总结,也是今后继续研究的新起点。

该书也是国家社科基金重大项目"八卷本《中国逻辑史》"(14ZDB013)的阶段性成果,并纳入"中国逻辑史研究丛书"出版计划。

项目首席专家翟锦程教授负责最终定稿、统稿工作,在此表示衷心感谢。

本书的出版也离不开南京大学出版社诸位编辑和工作人员的辛勤付出,他们的敬业、负责、细致、认真的态度与工作作风令人钦佩,在此一并致谢。

图书在版编目(CIP)数据

先秦谬误思想研究 / 张美玲著. — 南京：南京大学出版社，2020.12
(中国逻辑史研究丛书 / 翟锦程主编)
ISBN 978-7-305-23346-3

Ⅰ.①先… Ⅱ.①张… Ⅲ.①谬误－思想史－中国－先秦时代 Ⅳ.①B812.5

中国版本图书馆 CIP 数据核字(2020)第 168586 号

出版发行　南京大学出版社
社　　址　南京市汉口路 22 号　　邮　编　210093
出 版 人　金鑫荣

丛 书 名　中国逻辑史研究丛书
书　　名　先秦谬误思想研究
著　　者　张美玲
责任编辑　张　静

照　　排　南京南琳图文制作有限公司
印　　刷　南京爱德印刷有限公司
开　　本　635×965　1/16　印张 22.5　字数 317 千
版　　次　2020 年 12 月第 1 版　2020 年 12 月第 1 次印刷
ISBN 978-7-305-23346-3
定　　价　88.00 元

网址：http://www.njupco.com
官方微博：http://weibo.com/njupco
官方微信号：njupress
销售咨询热线：(025) 83594756

* 版权所有，侵权必究
* 凡购买南大版图书，如有印装质量问题，请与所购
　图书销售部门联系调换